ARM Architecture and Embedded C Programming

U0234890

ARM体系结构与嵌入式C语言编程技术

罗海波　肖良辉　徐堂基　编著

北京理工大学出版社
BEIJING INSTITUTE OF TECHNOLOGY PRESS

内 容 简 介

本书将 ARM 体系结构与嵌入式 C 语言结合起来，主要讲述了 ARM 体系结构的关键技术、关键设计（寄存器组织、异常处理、存储管理等）、ARM 指令集及其汇编语言设计，此外，还讲述了嵌入式系统中 C 语言编程的思维和技巧，特别是 C 语言特性与存储的关系。在此基础上，介绍了 ARM 汇编语言与 C 语言混合编程方法。最后，在以三星 S5P6818 八核 Corte - A53 1.4 GHz 处理器为核心的基础实验平台之上，介绍了实验平台的搭建，实验软硬件环境的配置，并分别用汇编语言和 C 语言实现了若干裸机基础实验案例。本书旨在针对嵌入式系统开发，从编译器和运行芯片内核的角度来理解 C 语言，从编程逻辑和语言的角度来理解 ARM 体系结构，即从计算机基本原理和体系结构的角度，提升软硬件协同设计能力。

图书在版编目（CIP）数据

ARM 体系结构与嵌入式 C 语言编程技术 / 罗海波，肖良辉，徐堂基编著. — 北京：北京理工大学出版社，2020.7（2023.1 重印）

ISBN 978 - 7 - 5682 - 8654 - 1

Ⅰ.①A…　Ⅱ.①罗…　②肖…　③徐…　Ⅲ.①微处理器 - 程序设计②C 语言 - 程序设计　Ⅳ.①TP332②TP312.8

中国版本图书馆 CIP 数据核字（2020）第 116259 号

出版发行 / 北京理工大学出版社有限责任公司

社　　址 / 北京市海淀区中关村南大街 5 号

邮　　编 / 100081

电　　话 / （010）68914775（总编室）

　　　　　（010）82562903（教材售后服务热线）

　　　　　（010）68944723（其他图书服务热线）

网　　址 / http：//www. bitpress. com. cn

经　　销 / 全国各地新华书店

印　　刷 / 北京虎彩文化传播有限公司

开　　本 / 787 毫米 × 1092 毫米　1/16

印　　张 / 21　　　　　　　　　　　　责任编辑 / 钟　博

字　　数 / 454 千字　　　　　　　　　　文案编辑 / 钟　博

版　　次 / 2020 年 7 月第 1 版　2023 年 1 月第 3 次印刷　　责任校对 / 周瑞红

定　　价 / 72.00 元　　　　　　　　　　责任印制 / 李志强

ARM 体系结构区别于 x86 架构、51 单片机等内核架构，具有指令集精简、功耗低、性能强、体积小等重要特点。目前全球大多数 IC 厂商均采用 ARM 架构进行芯片设计，并针对其所面向的行业或者应用设计存储和 I/O 资源，因此 ARM 架构特别适合专用的嵌入式计算机系统。目前采用 ARM 架构内核的芯片已广泛应用于消费电子、智能玩具、家电、汽车、工业、农业等领域，包括人们常用的手机、平板电脑等也采用了高端的 ARM 架构芯片。ARM 公司通过架构授权的方式，极大地扩大了自己的"朋友圈"，可以说，ARM 架构芯片在当前嵌入式计算机系统中使用最为普遍，促进了物联网、人工智能等技术的应用，给人类的生产和生活带来了极大的便利。可见，学习和理解 ARM 体系结构，既可以进一步扩大对计算机系统的认知，又可以提高系统设计能力。

本书将 ARM 体系结构与嵌入式 C 语言结合起来，主要有两方面的考虑：其一，对于 ARM 体系结构主要阐述 ARM 的内在结构特点，包括采用的关键技术、寄存器资源、异常处理等，并在此基础上讲述其寻址方式、指令集和汇编语言。这些技术都是面向"机器"（即内核）的，编者希望通过引入嵌入式 C 语言（包括实验环节）使这些技术也面向工程师和整体嵌入式体系。其二，更为重要的是，编者期望读者能从计算机系统和软、硬件协同的角度深入理解 ARM 体系结构，计算机系统特别是嵌入式系统，其软、硬件往往是高度协同的，嵌入式 C 语言在驱动 ARM 内核和芯片完成任务时，需要设计人员深入理解内核的行为，以及 C 语言对存储的操作，从而实现系统设计的优化。

本书的章节安排如下：

第 1 章"嵌入式系统与 ARM 概述"，主要描写了嵌入式系统的概念、组成和特点等内容，以及 ARM 的简要介绍、ARM 体系结构的发展历史、特征，并说明了 ARM 微处理器的系列和分类等。

第 2 章"ARM 体系结构"是本书的核心重点内容，介绍了 ARM 体系结构所用到的关键技术，ARM 处理器的 2 种工作状态和 8 种工作模式，ARM 寄存器的组织，ARM 对异常的处理机制，ARM 的存储系统、总线技术和 I/O 映射等。

第 3 章和第 4 章讲述了 ARM 指令的编码方式、ARM 的寻址方式、ARM 指令的详解以及在此基础上的 ARM 汇编语言程序设计方法，并通过实例和练习巩固上述内容。

第 5 章和第 6 章讲述嵌入式 C 语言设计及汇编语言和 C 语言混合编程方法。需要注意的是，本书并不重述 C 语言基础知识，而是从嵌入式编程的角度讲述 C 语言的一些关键字和编程优化思维、技巧。特别是需要从系统和存储的角度来深入理解 C 语言，作为嵌入式系统开发工程师，在编写运行于 ARM 芯片的程序时，每定义一个变量、每声明一个函数、每使用一个指针，都应该清楚地理解当系统运行之后，计算单元和存储单元所对应的行为，甚至编译器的行为。对于嵌入式系统开发，一定要从编译器和运行芯片内核的角度来理解 C 语言，从编程逻辑和语言的角度来理解 ARM 体系结构，即从计算机基本原理和体系结构的角度，养成软、硬件协同设计思维。

第 7 ~ 10 章在以三星 S5P6818 八核 Corte - A53 1.4 GHz 处理器为核心的基础实验平台之上，介绍了实验平台的搭建，实验软、硬件环境的配置，并分别用汇编语言和 C 语言实现了若干裸机基础实验案例，读者可以以此为基础进行 ARM 裸机系统的入门级开发。

本书作为 ARM 体系结构基础性教材，可作为高等院校本科教材或参考教材使用，也可供 ARM 系统开发工程师和相关专业研究生阅读参考。本书在编写的过程中，得到了很多单位和同仁的支持，感谢闽江学院给予的大力支持和帮助，也感谢北京瀚恒星火科技有限公司在实验案例设计等环节的技术和资料支持。同时，本书难免存在内容安排欠妥或语言组织疏漏之处，请读者见谅，如有意见或建议，请随时与我们联系，我们将在后续一并改进之。

纸上得来终觉浅，绝知此事要躬行。最后，希望拿起这本书的读者，能在阅读后放下书本去做实验和开发项目，用亲身实践巩固知识和提高能力。

编　者
2020 年 7 月

目　录
CONTENTS

第1章　嵌入式系统与 ARM 概述 ···················· 001

1.1　嵌入式系统概述 ······················· 001

1.1.1　嵌入式系统的概念 ··················· 001

1.1.2　嵌入式系统的组成 ··················· 002

1.1.3　嵌入式系统的特点 ··················· 005

1.1.4　嵌入式处理器 ····················· 006

1.1.5　嵌入式操作系统 ···················· 008

1.2　ARM 概述 ························· 011

1.2.1　ARM 简介 ······················ 011

1.2.2　ARM 体系结构的发展 ················· 012

1.2.3　ARM 体系结构的特征 ················· 024

1.2.4　ARM 体系结构的变种 ················· 025

1.2.5　ARM 处理器系列 ··················· 027

1.2.6　ARM 的应用范围与选型 ··············· 031

思考题与习题 ·························· 032

第2章　ARM 体系结构 ····················· 033

2.1　ARM 体系结构的关键技术 ················· 033

2.1.1　哈佛体系结构 ····················· 033

2.1.2　RISC 技术 ······················ 034

2.1.3　流水线技术 ······················ 037

2.2　ARM 处理器的工作状态 ·················· 040

2.2.1　两种工作状态 ····················· 040

2.2.2　工作状态的切换 ···················· 040

2.3　ARM 处理器的工作模式 ·················· 041

2.4   ARM 处理器的寄存器组织 ··· 042

2.4.1   通用寄存器 ·· 043

2.4.2   当前程序状态寄存器 ··· 045

2.5   ARM 处理器的异常 ··· 047

2.5.1   ARM 异常概述 ·· 047

2.5.2   ARM 异常的处理过程 ··· 049

2.5.3   ARM 异常的返回过程 ··· 053

2.5.4   ARM 异常向量表 ··· 055

2.5.5   ARM 异常优先级 ··· 055

2.6   ARM 存储数据类型 ··· 056

2.6.1   ARM 的基本数据类型 ··· 056

2.6.2   浮点数据类型 ·· 057

2.6.3   存储器大/小端 ··· 057

2.7   ARM 存储系统 ··· 059

2.7.1   ARM 存储系统概述 ·· 059

2.7.2   协处理器（CP15） ··· 060

2.7.3   存储管理单元（MMU） ·· 060

2.7.4   高速缓冲存储器（Cache） ··· 061

2.8   ARM 的 I/O 映射 ··· 061

2.8.1   I/O 位置取指 ·· 062

2.8.2   I/O 空间数据访问 ··· 062

2.9   ARM 总线技术 ··· 062

2.9.1   AHB ·· 062

2.9.2   APB ·· 064

2.9.3   ASB ·· 064

2.10   DMA 技术 ··· 064

2.10.1   DMA 技术简介 ·· 064

2.10.2   DMA 技术原理 ·· 065

2.10.3   DMA 传输过程 ·· 066

思考题与习题 ··· 066

第 3 章   ARM 处理器指令系统 ··· 068

3.1   ARM 指令集概述 ··· 068

3.1.1   ARM 指令的分类 ··· 068

3.1.2   ARM 指令的一般编码格式 ··· 068

3.1.3   ARM 指令的条件码域 ··· 069

3.2   ARM 指令的寻址方式 ··· 071

3.2.1   数据处理指令的寻址方式 ··· 072

3.2.2　内存访问指令的寻址方式 ……………………………………… 074

3.3　ARM 指令详解 ……………………………………………………… 077

3.3.1　数据操作指令 ……………………………………………… 077

3.3.2　乘法指令 …………………………………………………… 085

3.3.3　Load/Store 指令 …………………………………………… 087

3.3.4　单数据交换指令 …………………………………………… 092

3.3.5　跳转指令 …………………………………………………… 093

3.3.6　状态操作指令 ……………………………………………… 097

3.3.7　协处理器指令 ……………………………………………… 099

3.3.8　ARM 异常产生指令 ………………………………………… 103

3.3.9　其他指令 …………………………………………………… 104

3.4　Thumb 指令 ………………………………………………………… 106

3.4.1　Thumb 指令概述 …………………………………………… 106

3.4.2　Thumb 指令的特点 ………………………………………… 107

3.4.3　Thumb 指令集与 ARM 指令集的比较 ……………………… 107

思考题与习题 ……………………………………………………………… 108

第 4 章　ARM 汇编程序设计 …………………………………………… 110

4.1　ARM 汇编语言的语句格式 ………………………………………… 110

4.2　ARM 汇编语言的符号 ……………………………………………… 110

4.2.1　变量 ………………………………………………………… 111

4.2.2　常量 ………………………………………………………… 111

4.2.3　程序中的变量代换 ………………………………………… 111

4.3　GNU ARM 汇编器支持的伪操作 …………………………………… 112

4.3.1　数据定义伪操作 …………………………………………… 112

4.3.2　汇编控制伪操作 …………………………………………… 113

4.3.3　杂项伪操作 ………………………………………………… 116

4.4　ARM 汇编器支持的伪指令 ………………………………………… 117

4.4.1　ADR 伪指令 ………………………………………………… 117

4.4.2　ADRL 伪指令 ……………………………………………… 118

4.4.3　LDR 伪指令 ………………………………………………… 119

4.5　ARM 汇编程序结构 ………………………………………………… 120

4.5.1　ARM 汇编程序的分段 ……………………………………… 120

4.5.2　ARM 汇编子程序调用 ……………………………………… 121

4.6　ARM 汇编程序设计实例 …………………………………………… 121

4.6.1　段 …………………………………………………………… 121

4.6.2　分支程序设计 ……………………………………………… 122

4.6.3　循环程序设计 ……………………………………………… 123

思考题与习题 ·· 124

第 5 章　ARM 嵌入式 C 语言设计 ······································· 125

5.1　C 语言中变量的几个重要属性 ····································· 125
5.1.1　变量的存储位置 ··· 125
5.1.2　C 语言变量类型及属性说明 ·································· 127
5.2　C 语言的关键字及说明 ··· 129
5.2.1　数据类型关键字 ··· 130
5.2.2　存储类型关键字 ··· 133
5.2.3　其他类型关键字 ··· 137
5.3　C 语言指针与存储器 ··· 141
5.3.1　C 语言指针 ··· 141
5.3.2　C 语言内存陷阱 ··· 147
5.3.3　栈帧结构与局部变量 ··· 148
5.3.4　堆与动态内存分配 ·· 152
5.3.5　函数重入问题与全局变量 ····································· 157
5.4　C 语言的中断技术 ·· 162
5.5　C 语言的编译与调试 ·· 165
思考题与习题 ·· 172

第 6 章　ARM 汇编语言与 C 语言混合编程 ······················· 174

6.1　ATPCS ··· 174
6.1.1　ATPCS 概述 ··· 174
6.1.2　基本 ATPCS ·· 174
6.2　内嵌汇编 ··· 178
6.3　共享全局变量 ··· 180
6.4　混合编程调用举例 ··· 181
思考题与习题 ·· 183

第 7 章　ARM 硬件开发平台概述 ······································· 184

7.1　Cortex - A53 处理器概述 ··· 184
7.2　S5P6818 应用处理器 ··· 185
7.2.1　S5P6818 框图 ·· 185
7.2.2　S5P6818 特性 ·· 186
7.3　OURS - S5P6818 实验平台简介 ··································· 187
7.3.1　硬件配置 ·· 187
7.3.2　核心板 ··· 190

第 8 章　ARM 裸机系统开发环境搭建 ································· 196

8.1　安装 Yagarto 工具包 ··· 197

8.2　安装 Yagarto 编译器工具包 ································· 199

8.3　安装 JRE 及设置环境变量 ··································· 202

　8.3.1　安装 JDK ··· 202

　8.3.2　配置 Java 环境变量 ··································· 205

8.4　PuTTY 串口终端安装配置 ··································· 208

　8.4.1　安装 PuTTY ·· 209

　8.4.2　配置 PuTTY ·· 210

8.5　安装分区助手软件 ·· 211

8.6　Eclipse 下载与安装 ·· 212

8.7　Eclipse for ARM 使用 ·· 213

第 9 章　ARM 裸机实验汇编语言案例 ························· 225

9.1　S5P6818 启动分析 ··· 225

9.2　通过 TF 卡运行程序 ··· 238

9.3　ARM 汇编控制蜂鸣器实验 ··································· 244

9.4　ARM 汇编控制 LED 灯闪烁 ··································· 261

9.5　ARM 汇编控制 LED 灯交替闪烁 ····························· 266

9.6　ARM 汇编控制跑马灯 ··· 269

9.7　ARM 汇编按键控制蜂鸣器 ··································· 271

9.8　ARM 汇编按键控制 LED 灯 ··································· 277

9.9　ARM 汇编按键控制继电器 ··································· 280

9.10　ARM 汇编控制系统复位 ····································· 283

9.11　ARM 汇编串口输出实验 ····································· 287

第 10 章　ARM 裸机系统 C 语言实验 ························· 296

10.1　C 语言程序 LED 流水灯 ····································· 296

10.2　C 语言程序控制蜂鸣器 ······································ 303

10.3　C 语言程序复位控制 ··· 306

10.4　C 语言程序按键控制 LED 灯 ································· 307

10.5　C 语言程序按键控制 LED 灯和蜂鸣器 ····················· 310

10.6　C 语言程序 LED 灯模拟心脏跳动 ··························· 312

10.7　C 语言程序按键中断 ··· 314

10.8　C 语言程序串口 Shell ··· 316

10.9　C 语言程序串口输入 ··· 320

10.10　C 语言程序移植 printf() 函数 ······························ 321

参考文献 ·· 323

第1章

嵌入式系统与 ARM 概述

1.1 嵌入式系统概述

1.1.1 嵌入式系统的概念

嵌入式系统（Embedded System）是一种完全嵌入受控器件内部，且为某一个特定应用而设计的专用计算机系统，主要用于监测、控制和辅助终端设备与机器的运行，从而实现目标系统的电子化、自动化及智能化。嵌入式系统的定义为：以应用为中心，以现代计算机技术为基础，能够根据用户需求（功能、可靠性、成本、体积、功耗、环境等）灵活裁剪软、硬件模块的专用计算机系统。

与个人计算机这样的通用计算机系统不同，嵌入式系统完成的通常是带有特定要求的预先定义的任务。由于嵌入式系统只针对一项特殊的任务，设计人员能够对它进行定制化设计和高度优化，减小尺寸并降低成本。嵌入式系统通常会进行大批量生产，所以单个成本的节约所带来的经济效益能够随着产量的增加而成百上千倍地放大。

事实上，随着物联网、人工智能等行业产业与相关学科技术的发展，设备与系统的电子化与智能化趋势越发显著，小到电子玩具、智能手表、微波炉、录像机、银行 POS 机等消费类产品，大到汽车、飞机、智慧工厂系统、航空航天等工业产品，几乎所有的行业应用都用到嵌入式系统。由于所针对的行业及目标应用形态各异，嵌入式系统的架构、外观形态、功能特点等也千差万别，但其也有着计算机系统的基本构成部分：运算处理单元、存储系统、I/O 设备。

通常来说，嵌入式系统的核心是一个控制程序存储在 ROM 或 Flash 中的嵌入式处理器控制板。很多嵌入式系统都是由单个程序实现整个控制逻辑，但有些嵌入式系统还包含操作系统。与通用计算机能够动态运行用户选择的软件不同，嵌入式系统中的软件通常需要根据事先的业务逻辑进行设计和部署，并且在开始后其程序是暂时不变的，所以经常被称为"固件"。需要注意的是，有的嵌入式设备可以在部署后通过远程升级的方式实现固件更新，例如通过 GPRS、4G 等无线蜂窝网络实现空中下载和远程升级（Over The Air Programing，OTA）。

1.1.2　嵌入式系统的组成

一个嵌入式系统一般由嵌入式计算机系统、若干传感器和执行器构成。其中嵌入式计算机系统是整个嵌入式系统的控制核心部分；传感器用于感知外界环境信息，并传入嵌入式处理器；执行器被称为被控对象，接受来自嵌入式计算机系统发出的控制命令，执行所规定的操作和任务。

嵌入式系统可分为硬件层、中间层、系统软件层和应用软件层，如图 1 – 1 所示。

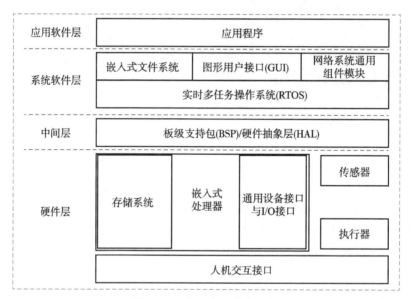

图 1 – 1　嵌入式系统的组成

1. 硬件层

一般来说，无论应用场景如何，嵌入式系统的硬件至少包含一个嵌入式计算机系统（由存储系统、嵌入式处理器、通用设备接口与 I/O 接口构成）和若干传感器和执行器。存储系统包括 SDRAM（构成主存）、ROM 和 Flash 等。通用设备接口与 I/O 接口可以是指示灯、按键、触摸屏、显示屏、定时器等部件。嵌入式系统仍然是计算机系统的范畴，因此嵌入式系统遵循计算机系统的基本构成原理。在一片嵌入式处理器上添加电源电路、时钟电路和存储器电路，就构成了一个嵌入式核心控制模块。其中操作系统和应用程序都可以固化在 ROM 中。

1）嵌入式处理器

嵌入式系统硬件层的核心是嵌入式处理器，嵌入式处理器与通用 CPU 最大的不同在于嵌入式处理器大多工作在为特定用户群专门设计的系统中，它将通用 CPU 的许多本该由主板完成的任务集成在芯片内部，从而有利于嵌入式系统在设计时趋于小型化，同时还具有很高的效率和可靠性。

嵌入式处理器可以采用冯·诺依曼体系或哈佛体系结构，指令系统可以选用精简指令集计算机（Reduced Instruction Set Computer，RISC）或复杂指令集计算机（Complex

Instruction Set Computer，CISC）。

　　嵌入式处理器有各种不同的体系，即使在同一体系中也可能具有不同的时钟频率和数据总线宽度，或集成不同的外设和接口。据不完全统计，全世界嵌入式处理器已经超过 1 000 种，体系结构有 30 多个系列，其中主流的体系结构有 ARM、MIPS、PowerPC、X86 和 SH 等。但与全球 PC 市场不同的是，没有一种嵌入式处理器体系可以占据所有市场，仅以 32 位的产品而言，就有 100 种以上的嵌入式处理器。嵌入式处理器的选择是根据具体的应用确定的，关于嵌入式处理器的详细介绍见 1.1.4 节。

　　2）存储系统

　　嵌入式系统一样需要存储系统存放数据和代码。嵌入式系统的存储系统包含 Cache、主存和 I/O 存储器。

　　（1）Cache。

　　Cache 是一种容量小、速度快的存储器阵列，它位于主存和嵌入式处理器内核之间，存放的是一段时间内嵌入式处理器使用最多的程序代码和数据。在需要进行数据读取操作时，嵌入式处理器尽可能从 Cache 中读取数据，而不是从主存中读取，这大大改善了系统的性能，提高了嵌入式处理器和主存之间的数据传输速率。Cache 的主要目标是：减小存储系统（如主存和 I/O 存储器）给嵌入式处理器内核造成的存储系统访问瓶颈，使处理速度更快、实时性更强。

　　在嵌入式系统中，Cache 全部集成在嵌入式处理器内，可分为数据 Cache、指令 Cache 或混合 Cache。Cache 的大小依不同的嵌入式处理器而定。一般中、高档的嵌入式处理器才会集成 Cache。

　　（2）主存。

　　主存是嵌入式处理器能直接访问的存储器，用来存放运行过程中系统和用户的程序及数据。它可以位于处理器的内部或外部，其容量一般为几十 KB ~ 几 GB，根据具体的应用而定，一般片内存储器容量小、速度快，片外存储器容量大。

　　常用作主存的存储器是 RAM 类存储器，如 SRAM、DRAM 和 SDRAM 等。

　　（3）I/O 存储器。

　　本文把除了跟运算单元直接打交道的主存外的存储部件称为 I/O 存储器，I/O 存储器可以直接挂载到系统总线上，或者通过一定的 I/O 接口接入系统。I/O 存储器用来存放大数据量的程序代码或信息，它的容量大，但读取速度与主存相比慢得多，可以用来长期保存用户的信息。

　　嵌入式系统中常用的 I/O 存储器有 ROM、硬盘、NAND Flash、CF 卡、U 盘、MMC 和 SD 卡等。

　　3）通用设备接口和 I/O 接口

　　嵌入式系统和外界交互需要一定形式的通用设备接口和 I/O 接口，外设通过和片外其他设备或传感器的连接来实现微处理器的输入/输出功能。每个外设通常都只有单一的功能，它可以在芯片外，也可以内置在芯片中。外设的种类很多，可从一个简单的串行通信设备到非常复杂的 IEEE 802.11 无线设备，再到多媒体摄像头设备等。

嵌入式系统中常用的通用设备接口有 A/D、D/A 等，I/O 接口有 RS – 232 接口（串行通信接口）、Ethernet（以太网接口）、USB（通用串行总线接口）、音频接口、VGA 视频输出接口、I2C（现场总线接口）、SPI（串行外围设备接口）和 IrDA（红外线接口）等。

2. 中间层

硬件层与系统软件层之间为中间层，也称为硬件抽象层（Hardware Abstract Layer，HAL）或称为板级支持包（Board Support Package，BSP），它将系统上层软件与底层硬件分离开来，使系统的底层驱动程序与硬件无关，上层软件开发人员无须关心底层硬件的具体情况，根据中间层提供的接口即可进行开发。该层一般包含相关底层硬件的初始化、数据的输入/输出操作和硬件设备的配置功能。中间层具有以下两个特点。

1）硬件相关性

因为嵌入式实时系统的硬件环境具有应用相关性，而作为上层软件与硬件平台之间的接口，中间层需要为操作系统提供操作和控制硬件的方法。

2）操作系统相关性

不同的操作系统具有各自的软件层次结构，因此，不同的操作系统具有特定的硬件接口形式。同一个硬件平台面向不同系统提供的不同中间层，一般来说，芯片厂商会提供支持某个系统的中间层，以便应用系统开发人员快速形成产品。实际上，中间层是一个介于操作系统和底层硬件之间的软件层次，包括系统中大部分与硬件联系紧密的软件模块。设计一个完整的中间层需要完成两部分工作：嵌入式系统的硬件初始化、中间层的功能以及硬件相关的设备驱动的设计。

3. 系统软件层

系统软件层由实时多任务操作系统（Real – time Operation System，RTOS）、文件系统、图形用户接口（Graphic User Interface，GUI）、网络系统及通用组件模块组成。RTOS 是嵌入式应用软件的基础和开发平台。

1）实时多任务操作系统

实时多任务操作系统是一种用途广泛的软件系统，是相对于桌面操作系统而言的。过去它主要应用于工业控制和国防系统领域。实时多任务操作系统负责嵌入式系统的全部软、硬件资源的分配、任务调度，控制和协调并发活动。它必须体现其所在系统的特征，能够通过装卸某些模块达到系统所要求的功能。

随着互联网技术的发展、智能家电的普及应用及实时多任务操作系统的微型化和专业化，实时多任务操作系统开始从单一的弱功能向高专业化的强功能方向发展。实时多任务操作系统除了具有桌面操作系统最基本的功能，在系统实时高效性、硬件的相关依赖性、软件固化以及应用的专用性等方面也具有较为突出的特点。

2）嵌入式文件系统

嵌入式文件系统相对于通用文件系统来说相对简单，主要提供文件存储、检索和更新等功能，它以系统调用和命令方式提供文件的各种操作，主要有：设置、修改对文件和目录的存取权限；提供建立、修改、改变和删除目录等服务；提供创建、打开、读写、关闭和撤销文件等服务。

嵌入式文件系统的特点如下：

（1）具有兼容性。嵌入式文件系统通常支持几种标准，如 FAT32、JFFS2、YAFFS 等。

（2）支持实时文件系统。除支持标准的文件系统外，为了提高实时性，有些嵌入式文件系统还支持自定义的实时文件系统，实时文件系统一般采用连续的方式存储文件。

（3）可裁剪、可配置。根据嵌入式系统的要求选择所需的嵌入式文件系统，选择所需的存储介质，配置可同时打开的最大文件数等。

（4）支持多种存储设备。嵌入式系统的外存形式多样，嵌入式文件系统需方便地挂接不同存储设备的驱动程序，具有灵活的设备管理能力。同时根据不同外部存储器的特点，嵌入式文件系统还需要考虑其性能、寿命等因素，发挥不同外存的优势，提高存储设备的可靠性和使用性。

4. 应用软件层

应用软件层由基于实时多任务操作系统开发的应用程序组成，用来实现系统的业务逻辑。为了方便用户操作，往往需要提供一个友好的人机界面。对于一些复杂的系统，在系统设计的初期就要对系统需求进行分析，确定系统的功能，然后将系统的功能映射到整个系统的硬件、软件和执行器的设计过程中，这称为系统的功能实现。

当然，对于一些简单的嵌入式系统应用，不需要实时多任务操作系统和嵌入式文件系统等，开发人员直接通过应用函数调用硬件接口，此时其系统分层不会非常明晰。作为嵌入式研发工程师，了解系统的分层思想，养成系统的分层设计方法，对于提高系统的稳定性至关重要，也可以为设计大型嵌入式系统打下基础。比如，在单片机应用工程中，将单片机和外设的驱动程序封装成接口放在一个文件中，而将业务逻辑程序放在另外一个文件中，而不是将它们全部混合在一起。

1.1.3　嵌入式系统的特点

嵌入式系统的硬件和软件必须根据具体的应用任务，以功耗、成本、体积、可靠性、处理能力等为指标进行选择。嵌入式系统的核心是系统软件和应用软件，由于存储空间有限，因此要求软件代码紧凑、可靠，且对实时性有严格要求。

从构成上看，嵌入式系统是集软、硬件于一体的，可独立工作的计算机系统。从外观上看，嵌入式系统像一个"可编程"的电子"器件"。从功能上看，嵌入式系统是对目标系统（宿主对象）进行控制，使其实现电子化和智能化的控制装置。从用户和开发人员的不同角度来看，相对于桌面计算机系统而言，嵌入式系统具有如下特点：

（1）专用性强。由于嵌入式系统通常是面向某个特定应用的，所以嵌入式系统的硬件和软件，尤其是软件，都是为特定用户群设计的，通常具有某种专用性。

（2）体积小型化。嵌入式系统把通用计算机系统中许多由板卡完成的任务集成在芯片内部，从而有利于实现小型化，方便嵌入到目标系统中。

（3）实时性好。嵌入式系统广泛应用于生产过程控制、数据采集、传输通信等场合，主要用来对宿主对象进行控制，所以对嵌入式系统有实时性要求。例如，对武器中的嵌入式系统、车载嵌入式系统、某些工业控制装置中的控制系统等的实时性要求就极高。当然，有些嵌入式系统对实时性要求并不是很高，例如近年来发展速度比较快的智能终端的嵌入式系统等。总体来说，实时性是对嵌入式系统的普遍要求，是设计者和用户应重点考虑的一个指标。

（4）可裁剪性好。从嵌入式系统的专用性特点来看，嵌入式系统的供应者理应提供各式各样的硬件和软件以备选用，力争在同样的芯片面积（对于软件来说）和主板上（对于硬件来说）实现更高的性能，这样才能在具体应用中更具竞争力。

（5）可靠性高。由于有些嵌入式系统所承担的计算任务涉及被控产品的关键质量、人身设备安全、金融安全，甚至国家机密等重大事务（如银行 POS 机、支付宝的人脸支付终端、车载电子系统），且有些嵌入式系统的宿主对象工作在无人值守的场合（如在危险性高的工业环境和恶劣的野外环境中的监控装置），所以，与普通系统相比，嵌入式系统对可靠性的要求有时候也极高。

（6）功耗低。许多嵌入式系统的宿主对象是一些小型且由电池供电的应用系统，如消费类的移动电话、数码相机、无人机，行业应用类的森林防火监控器、远程抄水终端、智能井盖等，这些设备不可能配置交流电源或容量较大的电源，因此在超高密度储能技术出现以前，低功耗将一直是嵌入式系统追求的目标。

（7）成本低。由于嵌入式系统只针对一些特殊的任务，设计人员能够对它进行定制化设计和高度优化，减小尺寸和减少一些不相关的硬件以达到降低成本的目的。

（8）开发环境异构性。嵌入式系统本身不具备自我开发能力，必须借助通用计算机平台来开发（称为交叉开发环境）。嵌入式系统设计完成以后，普通用户通常没有办法对其中的程序或硬件结构进行修改，必须有一套开发工具和环境才能进行相关操作。

（9）嵌入式系统通常采用软、硬件协同设计的方法实现。早期的嵌入式系统设计方法通常采用"硬件优先"原则，即在只粗略估计软件任务需求的情况下，首先进行硬件设计与实现，然后在硬件平台上进行软件设计。如果采用传统的设计方法，一旦在测试中发现问题，需要对设计进行修改时，整个设计流程将重新进行，对成本和设计周期的影响很大。系统的设计在很大程度上依赖于设计者的经验。20 世纪 90 年代以来，随着电子和芯片等相关技术的发展，出现了软、硬件协同设计方法，即使用统一的方法和工具对软件和硬件进行描述、综合和验证。在系统目标要求的指导下，通过综合分析系统软、硬件功能及现有资源，协同设计软、硬件体系结构，以最大限度地挖掘系统软、硬件能力，避免独立设计软、硬件体系结构所带来的种种弊端，得到高性能、低代价的优化设计方案。

1.1.4 嵌入式处理器

嵌入式处理器是嵌入式系统的核心，是控制、辅助系统运行的硬件单元，直接关系到整个嵌入式系统的性能。嵌入式处理器可分为以下 5 种类型。

1. 嵌入式微处理器（Micro Processor Unit，MPU）

嵌入式微处理器是由通用计算机中的 CPU 演变而来的。它的特征是具有 32 位以上的运算单元，具有较高的性能，当然其价格也相应较高。与桌面计算机处理器不同的是，在实际嵌入式应用中，只保留和嵌入式应用紧密相关的功能硬件，去除其他冗余功能部分，这样就以最低的功耗和资源实现了嵌入式应用的特殊要求。和桌面计算机处理器相比，嵌入式微处理器具有体积小、质量小、成本低、功耗低、可靠性高的优点。主要的嵌入式微处理器类型有 Am186/88、386EX、SC - 400、Power PC、68000、MIPS、ARM/ StrongARM系列等。

2. 嵌入式微控制器（Microcontroller Unit，MCU）

嵌入式微控制器的典型代表是单片机，从 20 世纪 70 年代末单片机出现至今，虽然已经经过了 40 多年，但这种 8 位的电子器件在嵌入式设备中仍然有着极其广泛的应用。现在的商用单片机芯片内部往往集成了 ROM/EEPROM/Flash、RAM、定时/计数器、看门狗、I/O、串行口、PWM、A/D、D/A 等各种必要功能和外设。和嵌入式微处理器相比，嵌入式微控制器的最大特点是单片化，体积大大减小，从而使功耗和成本下降。嵌入式微控制器的片上外设资源一般比较丰富，适合控制，因此称为微控制器。

由于嵌入式微控制器价格低廉，功能优良，所以其品种和数量较多，比较有代表性的包括 8051、MCS - 251、MCS - 96/196/296、P51XA、C166/167、68K 系列以及 MCU8XC930/931、C540、C541 系列，并且有支持 I2C、CAN - Bus、LCD 的众多专用和兼容系列。嵌入式微控制器占嵌入式系统约 70% 的市场份额，且一直推陈出新，例如 Atmel 生产的 AVR 单片机由于集成了 FPGA 等器件，所以具有很高的性价比，将推动单片机获得更好的发展。

3. 嵌入式 DSP 处理器（Embedded Digital Signal Processor，EDSP）

顾名思义，DSP 处理器是专门用于数字信号处理方面的处理器，其在系统结构和指令算法方面进行了特殊设计，具有很高的编译效率和指令执行速度。DSP 在数字滤波、FFT、谱分析、图像算法等仪器和设备上获得了大规模应用。

DSP 的理论算法在 20 世纪 70 年代就已经出现，但是由于专门的 DSP 处理器还未出现，所以这种理论算法只能通过嵌入式微处理器等器件实现。嵌入式微处理器较低的处理速度无法满足 DSP 的大数据量运算算法的要求，其应用局限于一些尖端的高科技领域。随着大规模集成电路技术的发展，1982 年世界上诞生了首枚 DSP 芯片，其运算速度比嵌入式微处理器快了几十倍，在语音合成和编码解码器中得到了广泛应用。至 20 世纪 80 年代中期，随着 CMOS 技术的进步与发展，第二代基于 CMOS 工艺的 DSP 芯片应运而生，其存储容量和运算速度都得到成倍提高，成为语音处理、图像硬件处理技术的基础。到了 20世纪 80 年代后期，DSP 的运算速度进一步提高，应用领域也从上述范围扩大到了通信和计算机方面。20 世纪 90 年代后，DSP 芯片发展到了第五代产品，集成度更高，使用范围也更加广阔。

目前，最为广泛应用的 DSP 处理器德州仪器是（TI）的 TMS320C2000/C5000 系列，另外如英特尔（Intel）的 MCS - 296 和 Siemens 的 TriCore 也有各自的应用范围。

4. 可编程逻辑器件（Programmable Logic Device，PLD）

可编程逻辑器件是作为一种通用集成电路产生的，它的逻辑功能通过用户对器件编程来确定。可编程逻辑器件的集成度很高，足以满足一般的数字系统的需要。这样就可以由设计人员自行编程而把一个数字系统集成在可编程逻辑器件上，制作成嵌入式片上系统，而不必请芯片制造厂商设计和制作专用的集成电路芯片了。可编程逻辑器件与一般数字芯片不同的是：可编程逻辑器件内部的数字电路可以在出厂后规划决定，目前大多类型的可编程逻辑器件允许在规划决定后再次进行改变，而一般数字芯片在出厂前就已经决定其内部电路，无法在嵌入式微控制器出厂后再次改变。特别需要指出的是，可编程逻辑器件的编程与上述嵌入式微处理器和嵌入式微控制器的编程不一样，可编程逻辑器件的编程是通过一定方法确定内部电路的连接关系和硬件逻辑结构，而嵌入式微处理器和嵌入式微控制器的编程是设定它们的指令执行流程，两者是有本质区别的。

5. 嵌入式片上系统（System On Chip，SOC）

在某一类特定的应用中，对嵌入式系统的性能、功能、接口有相似的要求，针对嵌入式系统的这个特点，利用大规模集成电路技术将某一类应用需要的大多数模块集成在一个芯片上，从而在芯片上实现一个嵌入式系统大部分核心功能，这种处理器就是嵌入式片上系统。

嵌入式片上系统把微处理器和特定应用中常用的模块集成在一个芯片上，应用时往往只需要在嵌入式片上系统外部扩充接口驱动、一些分立元件及供电电路就可以构成一套实用的系统，极大地简化了系统的设计难度，同时还有利于减小电路板面积、降低系统成本、提高系统可靠性。

由于嵌入式片上系统往往是专用的，所以大部分都不为用户所知，比较典型的嵌入式片上系统产品是飞利浦（Philips）的 Smart XA；少数通用系列，如西门子（Siemens）的 TriCore、摩托罗拉（Motorola）的 M－Core；某些 ARM 系列器件，如埃施朗（Echelon）和摩托罗拉联合研制的 Neuron 芯片等。

1.1.5　嵌入式操作系统

嵌入式操作系统（Embedded Operating System，EOS）是指用于嵌入式系统的操作系统。嵌入式操作系统是一种用途广泛的软件系统，通常包括与硬件相关的底层驱动软件、系统内核、设备驱动接口、通信协议、图形界面、标准化浏览器等。嵌入式操作系统负责嵌入式系统的全部软、硬件资源的分配，任务调度以及控制、协调并发活动。它必须体现其所在系统的特征，能够通过装卸某些模块达到系统所要求的功能。目前在嵌入式领域广泛使用的嵌入式操作系统有：嵌入式实时操作系统 uC/OS－Ⅱ、嵌入式 Linux、Windows CE、VxWorks 等，以及面向物联网设备和应用软件的 mbed OS、Android Things、Windows 10 IoT Core、AliOS Things、Lite OS 等物联网操作系统。

1. uC/OS－Ⅱ

uC/OS－Ⅱ是著名的源代码公开的实时内核，是专为嵌入式应用设计的，可用于 8 位、16 位和 32 位单片机或 DSP 处理器。它在原版本的基础上作了重大改进与升级，并有了近十年的使用实践，有许多成功应用实例。它的主要特点如下：

（1）公开源代码：能够比较容易地把操作系统移植到各个不同的硬件平台上；

（2）可移植：绝大部分源代码是用 C 语言编写的，便于移植到其他嵌入式微处理器上；

（3）可固化；

（4）可裁剪：可有选择地使用需要的系统服务，以减少所需的存储空间；

（5）占先式：完全是占先式的实时内核，即总是运行就绪条件下优先级最高的任务；

（6）多任务：可管理 64 个任务，任务的优先级必须是不同的，不支持时间片轮转调度法；

（7）可确定性：函数调用与服务的执行时间具有可确定性，不依赖于任务的多少；

（8）实用性和可靠性：成功应用该实时内核的实例，是其实用性和可靠性的最好证据。

由于 uC/OS - Ⅱ仅是一个实时内核，它提供给用户的只是一些 API 函数接口，还有很多工作需要用户自己完成。

2. 嵌入式 Linux

嵌入式 Linux 是将日益流行的 Linux 操作系统进行裁剪修改，使之能在嵌入式系统上运行的一种操作系统。嵌入式 Linux 既继承了 Internet 上无限的开放源代码资源，又具有嵌入式操作系统的特性。

嵌入式 Linux 最大的特点是源代码公开并且遵循 GPL 协议。也正是因为其源代码公开，人们可以任意修改，以满足自己的应用，并且查错也很容易。它具备以下几个特点：

（1）有大量的应用软件可用，这些软件大部分都遵循 GPL 协议，是开放源代码和免费的，可以稍加修改后应用于用户自己的系统。

（2）有大量免费的、优秀的开发工具，且都遵循 GPL 协议，是开放源代码的。

（3）有庞大的开发人员群体，其无须专门的人才，只要掌握 Unix/Linux 和 C 语言即可。随着 Linux 的普及，这类人才越来越多，所以软件的开发和维护成本很低。

（4）具有优秀的网络功能，这在 Internet 时代尤其重要。

（5）稳定，这也是 Linux 本身的一个很大优点。

（6）内核精悍，运行所需资源少，十分适合嵌入式应用。

（7）支持的硬件数量庞大。嵌入式 Linux 和普通 Linux 并无本质区别，嵌入式 Linux 几乎支持 PC 上用到的任何硬件。

当然，在嵌入式系统上运行 Linux 的一个缺点是 Linux 体系提供实时性能需要添加实时软件模块，而这些模块运行的内核空间正是操作系统实现调度策略、硬件中断异常和执行程序的部分。由于这些实时软件模块是在内核空间运行的，因此代码错误可能破坏操作系统从而影响整个系统的可靠性，这对于实时应用是一个非常严重的弱点。

3. Windows CE

Windows CE（Windows Embedded Compact）是微软公司嵌入式、移动计算平台的基础，它是一个开放的、可升级的 32 位嵌入式操作系统，是基于平板电脑类的电子设备操作系统。它为建立针对掌上设备、无线设备的动态应用程序和服务提供了一种功能丰富的操作系统平台，能在多种处理器体系结构上运行，并且通常适用于那些对内存占用空间具有一定限制的设备。它是从整体上为有限资源的平台设计的多线程、完整优先权、多任务的操作系统。它的模块化设计允许它对从掌上电脑到专用的工业控制器的用户电子设备进行定制。

从技术角度讲，Windows CE 作为嵌入式操作系统有很多缺陷：不开放源代码，使应用开发人员很难实现产品的定制；在效率、功耗方面的表现并不出色，而且和 Windows 一样占用过多的系统内存，运行程序庞大；版权许可费也是厂商不得不考虑的因素。

4. VxWorks

VxWorks 是美国风河系统（WindRiver）公司于 1983 年设计开发的一种实时多任务操作系统，是 Tornado 嵌入式开发环境的关键组成部分。它具有良好的持续发展能力、高性能的内核以及友好的用户开发环境，在多任务实时操作系统领域逐渐占据一席之地。它以其良好的可靠性和卓越的实时性被广泛地应用在通信、军事、航空、航天等高精尖技术及实时性要求极高的领域，如卫星通信、军事演习、弹道制导、飞机导航等。

VxWorks 具有以下特点：

（1）可裁剪微内核结构；

（2）高效的任务管理；

（3）灵活的任务间通信；

（4）微秒级的中断处理；

（5）支持 POSIX 1003.1b 实时扩展标准；

（6）支持多种物理介质及标准的、完整的 TCP/IP 网络协议等。

VxWorks 的价格比较高，由于操作系统本身以及开发环境都是专有的，通常需花费 1 万元人民币以上才能建起一个可用的开发环境，并且对每一个应用一般还要另外收取版税。同时，由于它是专用操作系统，需要专门的技术人员掌握开发和维护技术，所以软件的开发和维护成本都非常高。

5. mbed OS

mbed OS 是一种专为物联网（IoT）中的"物体"而设计的开源嵌入式操作系统。它包含基于 ARM Cortex – M 处理器开发产品所必需的全部功能，非常适合涉及智能城市、智能家庭和穿戴式设备等领域的应用程序。简单来说，mbed OS 是一个基于 ARM Cortex – M 系列的单片机开发平台。

mbed OS 可提供核心操作系统，稳健的安全基础，基于标准的通信功能以及针对传感器、I/O 设备和连接性开发的驱动程序，能够加快从初始创意到部署产品的进程。mbed OS 是模块化的可配置软件堆栈，能够对目标开发设备实现操作系统的自定义，以及通过排除不必要的软件组件降低内存要求。

6. Android Things

Android Things 是谷歌公司为 Google Brillo 更改名称后的新版系统，后者是谷歌公司在 2015 年推出的一款物联网操作系统。尽管 Google Brillo 的核心是 Android 系统，但是它的开发和部署明显不同于常规 Android 开发。Google Brillo 把 C ++ 作为主要开发环境，而 Android Things 则面向所有 Java 开发者，不管开发者有没有移动开发经验。

Android Things 整合了物联网设备通信平台 Weave，Weave SDK 嵌入设备进行本地和远程通信。Weave Server 用来处理设备注册、命令传送、状态存储以及与谷歌助手等谷歌服务整合的云服务。这意味着智能设备没必要非得将 Android 系统作为其操作系统，只要能够使用 Weave 进行通信即可。这为一大批厂商将 Weave 集成到物联网产品中敞开了大门。

7. Windows 10 IoT

Windows 10 IoT 是面向各种智能设备的 Windows 10 版本系列，涵盖了小的行业网关以至大的复杂设备（如销售点终端和 ATM），种类繁多。结合最新的 Microsoft 开发工具和 Azure IoT 服务，合作伙伴可以收集、存储和处理数据，从而打造可行的商业智能和有效的业务结果。

由于 Windows 10 IoT 是全新产品，它在用户群和经验丰富的开发者方面显然落后于其他物联网操作系统。但是，这款操作系统大有潜力，如果想在内部开发应用程序则更是如此。最终，那些习惯使用 Visual Studio 和 Azure 物联网服务，针对 Windows 从事开发工作的人会被整套的 Windows 10 IoT 方案吸引。

8. AliOS Things

AliOS Things 是面向物联网领域的轻量级物联网嵌入式操作系统。其致力于搭建云端一体化物联网基础设备，具备极致性能、极简开发、云端一体、丰富组件、安全防护等关键能力，并支持终端设备连接到阿里云 Link，可广泛应用在智能家居、智慧城市、新出行等领域。

9. Lite OS

Lite OS 是华为公司面向物联网领域开发的一个基于实时内核的轻量级操作系统。其属于华为物联网操作系统基础内核源码，现有代码支持任务调度、内存管理、中断机制、队列管理、事件管理、IPC 机制、时间管理、软定时器以及双向链表等常用数据结构。

Lite OS 是目前世界上最轻量级的物联网操作系统，其系统体积轻巧到 10KB 级，具备零配置、自组网、跨平台的能力。Lite OS 具有能耗最低、体积最小、响应最快的特点，已推出全开放开源社区。

Lite OS 主要应用于智能家居、穿戴式设备、车联网、智能抄表、工业互联网等领域的智能硬件，数据采集、实时控制等是其典型使用环境。

1.2　ARM 概述

1.2.1　ARM 简介

ARM（Advanced RISC Machines）有 3 种含义：它是一个公司的名称，是一类微处理器的通称，还是一种技术的名称。1991 年，ARM 公司（Advanced RISC Machine Limited）成立于英国剑桥，最早由 Arcon、Apple 和 VLSI 3 家公司合资成立，主要进行芯片设计技术的授权。1985 年 4 月 26 日，第一个 ARM 原型在英国剑桥的 Acorn 公司诞生（由美国 VLSI 公司制造）。目前，ARM 架构处理器已在高性能、低功耗、低成本的嵌入式应用领域中占据领先地位。

ARM 公司是专门从事基于 RISC 技术芯片设计开发的公司。作为嵌入式 RISC 处理器的知识产权（IP）供应商，公司本身并不直接从事芯片生产，而是靠转让设计许可，由合作公司生产各具特色的芯片。世界各大半导体生产商从 ARM 公司购买其设计的 ARM 微处理器核，根据各自不同的应用领域，加入适当的外围电路，从而形成自己的 ARM 微处理器芯片进入市场。利用这种合伙关系，ARM 公司很快成为许多全球性 RISC 标准的缔造者。目前，全世界有几十家大的半导体公司都使用 ARM 公司的授权，其中包括英特尔、IBM、三星（SAMSUNG）、LG、NEC、索尼（SONY）、飞利浦、华为海思等公司，这也使 ARM 技术获得更多第三方工具、制造厂商、软件的支持，使整个系统成本降低，使产品更容易进入市场并被消费者所接受，从而更具有竞争力。

采用 RISC 架构的 ARM 微处理器一般具有如下特点：① 体积小、功耗低、成本低、性能高；② 采用 32 位/16 位双指令集；③ 在全球拥有众多合作伙伴。

1. 2. 2　ARM 体系结构的发展

在讨论 ARM 体系结构前，先解释体系结构的定义。体系结构定义了指令集（ISA）和基于这一体系结构下处理器的编程模型。基于同种体系结构可以有多种处理器，每个处理器性能不同，所面向的应用也不同，但每个处理器的实现都要遵循这一体系结构。

ARM 体系结构为嵌入式系统发展商提供了很高的系统性能，同时保持优异的功耗和面积效率。ARM 体系结构为满足 ARM 合作者及设计领域的一般需求正稳步发展。目前，ARM 体系结构共定义了 7 个版本，从版本 1 到版本 7，ARM 体系结构的指令集功能不断扩大。不同系列的 ARM 处理器的性能差别很大，应用范围和对象也不尽相同。但是，对于相同的 ARM 体系结构，它们的应用软件是兼容的。

1. ARMv1 架构

ARMv1 版本的 ARM 处理器并没有实现商品化，其采用的地址空间是 26 位的，寻址空间大小为 64MB，在目前的版本中已不再使用这种结构。

2. ARMv2 架构

与 ARMv1 架构的 ARM 处理器相比，ARMv2 架构的 ARM 处理器的指令结构有所完善，比如增加了乘法指令并且支持协处理器指令，该版本 ARM 的处理器仍然采用 26 位的地址空间。

3. ARMv3 架构

从 ARMv3 架构开始，ARM 处理器的体系结构有了很大的改变，实现了 32 位的地址空间，指令结构相对前面的两种结构也有所完善。

4. ARMv4 架构

ARMv4 架构的 ARM 处理器增加了半字指令的读取和写入操作，增加了处理器系统模式，并且有了 T 变种——v4T，在 Thumb 状态下支持的是 16 位的 Thumb 指令。属于 v4T（支持 Thumb 指令）体系结构的处理器（核）有 ARM7TDMI、ARM7TDMI – S（ARM7TDMI 综合版本）、ARM710T（ARM7TDMI 核的处理器）、ARM720T（ARM7TDMI 核的处理器）、ARM740T（ARM7TDMI 核的处理器）、ARM9TDMI、ARM910T（ARM9TDMI 核的处理器）、ARM920T（ARM9TDMI 核的处理器）、ARM940T（ARM9TDMI 核的处理器）和 StrongARM（英特尔公司的产品）。

5. ARMv5 架构

ARMv5 架构的 ARM 处理器提升了 ARM 和 Thumb 两种指令的交互工作能力，同时有了 DSP 指令（ARMv5E 架构）、Java 指令（ARMv5J 架构）的支持。属于 ARMv5T（支持 Thumb 指令）体系结构的处理器（核）有 ARM10TDMI 和 ARM1020T（ARM10TDMI 核的处理器）。

属于 ARMv5TE（支持 Thumb、DSP 指令）体系结构的处理器（核）有 ARM9E、ARM9E – S（ARM9E 可综合版本）、ARM946（ARM9E 核的处理器）、ARM966（ARM9E 核的处理器）、ARM10E、ARM1020E（ARM10E 核的处理器）、ARM1022E（ARM10E 核的处理器）和 XScale（英特尔公司的产品）。

属于 ARMv5TEJ（支持 Thumb、DSP 、Java 指令）体系结构的处理器（核）有 ARM9EJ、ARM9EJ – S（ARM9EJ 可综合版本）、ARM926EJ（ARM9EJ 核的处理器）和 ARM10EJ。

6. ARMv6 架构

ARMv6 架构是在 2001 年发布的，在该版本中增加了 Media 指令，属于 ARM v6 体系结构的处理器（核）有 ARM11（2002 年发布）。ARM v6 体系结构包含 ARM 体系结构中所有的 4 种特殊指令：Thumb 指令（T）、DSP 指令（E）、Java 指令（J）和 Media 指令。

7. ARMv7 架构

ARMv7 架构是在 ARMv6 架构的基础上产生的。该架构采用了 Thumb – 2 技术，它是在 ARM 的 Thumb 代码压缩技术的基础上发展起来的，并且保持了对现存 ARM 解决方案的完整的代码兼容性。Thumb – 2 技术比纯 32 位代码少使用 31% 的内存，减小了系统开销，同时能够提供比已有的基于 Thumb 技术的解决方案高出 38% 的性能。ARMv7 架构还采用了 NEON 技术，将 DSP 和媒体处理能力提高了近 4 倍，并支持改良的浮点运算，可满足下一代 3D 图形、游戏物理应用及传统嵌入式控制应用的需求。

目前市场上广泛应用的 Cortex 系列处理器是基于 ARMv7 架构的，分为 Cortex – M、Cortex – R 和 Cortex – A 三个系列，每个系列的处理器的应用场景各不相同。

1）Cortex – M 系列

M0：是目前最小的 ARM 处理器，该处理器的芯片面积非常小，能耗极低，且编程所需的代码占用量很少，这使开发人员可以直接跳过 16 位系统，以接近 8 位系统的成本开销获取 32 位系统的性能。ARM Cortex – M0 处理器超低的门数开销，使它可以用在仿真和数模混合设备中。ARM Cortex – M0 处理器结构如图 1 – 2 所示。

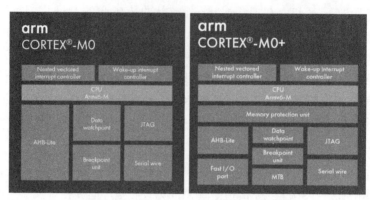

图 1 – 2　ARM Cortex – M0 处理器结构

M0 + ：以 ARM Cortex – M0 处理器为基础，保留了全部指令集和数据兼容性，同时进一步降低了能耗，提高了性能。采用 2 级流水线，性能效率可达 1.08 DMIPS/MHz。

M1：第一个专为 FPGA 的实现设计的 ARM 处理器。ARM Cortex – M1 处理器面向所有主要 FPGA 设备并包括对领先的 FPGA 综合工具的支持，允许设计者为每个项目选择最佳实现。

M3：适用于具有较高确定性的实时应用，它经过专门开发，可使合作伙伴针对广泛的设备（包括微控制器、汽车车身系统、工业控制系统以及无线网络和传感器）开发高性能、低成本平台。ARM Cortex – M3 处理器具有出色的计算性能以及对事件的优异系统响应能力，同时可应对实际中对低动态和静态功率需求的挑战。

M4：由 ARM 专门开发的最新嵌入式处理器，用以满足需要有效且易于使用的控制和信号处理功能混合的数字信号控制市场。

ARM Cortex – M3/M4 处理器结构如图 1 – 3 所示。

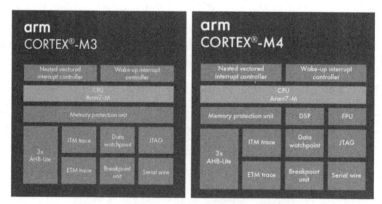

图 1 – 3　ARM Cortex – M3/M4 处理器结构

M7：在 Cortex – M 系列中，Cortex – M7 的性能最为出色。它拥有 6 级超标量流水线、灵活的系统和内存接口（包括 AXI 和 AHB）、Cache 以及高度耦合内存（TCM），为嵌入式微控制器提供出色的整数、浮点和 DSP 性能。ARM Cortex – M7 处理器结构如图 1 – 4 所示。

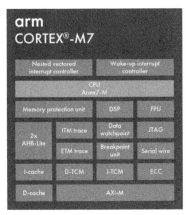

图 1 - 4　ARM Cortex - M7 处理器结构

互联：64 位 AMBA4 AXI，AHB 外设端口（64 ~ 512 MB）。

指令 Cache：0 ~ 64 KB，双路组相联，带有可选 ECC。

数据 Cache：0 ~ 64 KB，四路组相联，带有可选 ECC。

指令 TCM：0 ~ 16 MB，带有可选 ECC。

数据 TCM：0 ~ 16 MB，带有可选 ECC。

Cortex - M 系列规格对比见表 1 - 1。

表 1 - 1　Cortex - M 系列规格对比

类别	M0	M3	M4	M7
体系结构	ARMv6 - M（冯. 诺依曼体系）	ARMv6 - M（哈佛体系）	ARMv6 - M（哈佛体系）	ARMv7 - M（哈佛体系）
ISA 支持	Thumb，Thumb - 2	Thumb，Thumb - 2	Thumb，Thumb - 2	Thumb，Thumb - 2
DSP 扩展	—	—	单周期 16/32 位 MAC　单周期双 16 位 MAC　8/16 位 SIMD 运算　硬件除法（2 ~ 12 周期）	单周期 16/32 位 MAC　单周期双 16 位 MAC　8/16 位 SIMD 运算　硬件除法（2 ~ 12 周期）
浮点单元	—	—	单精度浮点单元，符合 IEEE 754	单/双精度浮点单元，与 IEEE 754 兼容
流水线	3 级	3 级	3 级 + 分支预测	6 级超标量 + 分支预测
DMISP/MHz	0. 9 ~ 0. 99	1. 25 ~ 1. 50	1. 25 ~ 1. 52	2. 14/2. 55/3. 23

类别	M0	M3	M4	M7
中断	NMI + 1 ~ 32 物理中断	NMI + 1 ~ 240 物理中断	NMI + 1 ~ 240 物理中断	NMI + 1 ~ 240 物理中断
中断优先级	—	8 ~ 256	8 ~ 256	8 ~ 256
唤醒中断控制器	—	最多 240 个	最多 240 个	最多 240 个
内存保护	—	带有子区域和后台区域的可选 8 区域 MPU	带有子区域和后台区域的可选 8 区域 MPU	带有子区域和背景区域和可选的 8/16 区域 MPU
睡眠模式	集成的 WFI、WFE 指令和"退出时睡眠"功能；睡眠和深度睡眠信号；ARM 电源管理工具包提供的可选的 Retention 模式	集成的 WFI、WFE 指令和"退出时睡眠"功能；睡眠和深度睡眠信号；ARM 电源管理工具包提供的可选保留模式	集成的 WFI、WFE 指令和"退出时睡眠"功能；睡眠和深度睡眠信号；随 ARM 电源管理工具包提供的可选 Retention 模式	集成的 WFI、WFE 指令和"退出时睡眠"功能。睡眠和深度睡眠信号；ARM 电源管理工具包提供的可选 Retention 模式
增强的指令	硬件单周期（32 × 32）乘法选项	硬件除法（2 ~ 12 个周期）和单周期（32 × 32）乘法、饱和数学支持	—	—
调试	可选 JTAG 和 Serial – Wire 调试端口，最多 4 个断点和 2 个观察点	可选 JTAG 和串行线调试端口，最多 8 个断点和 4 个检测点	可选 JTAG 和 Serial – Wire 调试端口，最多 8 个断点和 4 个检测点	可选的 JTAG 和串行线调试端口，最多 8 个断点和 4 个观察点
跟踪	—	可选指令跟踪（ETM）、数据跟踪（DWT）和测量跟踪（ITM）	可选指令跟踪（ETM）、数据跟踪（DWT）和测量跟踪（ITM）	可选指令跟踪（ETM）、数据跟踪（DWT）和测量跟踪（ITM）

2）Cortex – A 系列

Cortex – A 系列是用于复杂操作系统和用户应用程序的 ARM 处理器。Cortex – A 系列 ARM 处理器支持 ARM、Thumb 和 Thumb – 2 指令。

A5：一个高性能、低功耗的 ARM 宏单元，带有 L1 高速缓存子系统，能提供完全的虚拟内存功能。ARM Cortex - A5 处理器实现了 ARMv7 体系结构并运行 32 位 ARM 指令、16 位和 32 位 Thumb 指令，还可在 Jazelle 状态下运行 8 位 Java 字节码。Cortex - A5 是最小以及功耗最低的 ARM Cortex - A 处理器，但处理性能比其他 Cortex - A 系列差。

A7：ARM Cortex - A7 处理器的功耗和芯片面积与超高效 Cortex - A5 相似，但性能提升 15% ~ 20%，Cortex - A7 是 ARM 的大、小核设计中的小核部分，并且与高端 Cortex - A15 CPU 体系结构完全兼容。ARM Cortex - A7 处理器包括了高性能 ARM Cortex - A15 处理器的一切特性，包括虚拟化（virtualization）、大容量物理内存地址扩展（Large Physical Address Extensions，LPAE；可以寻址到 1TB 的存储空间）、NEON、VFP 以及 AMBA 4 ACE coherency［AMBA 4 Cache Coherent Interconnect（CCI）］。Cortex - A7 支持 MPCore 的设计以及大、小核设计。小型高能效的 Cortex - A7 是最新低成本智能手机和平板电脑中独立 CPU 的理想之选，并可在大、小核处理配置中与 Cortex - A15 结合。

ARM Cortex A5 - A7 所理器结构如图 1 - 5 所示。

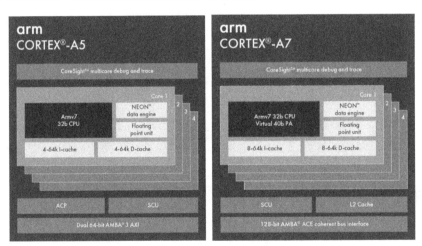

图 1 - 5　ARM Cortex - A5/A7 处理器结构

A8：第一个使用 ARMv7 - A 架构的处理器，很多应用处理器以 Cortex - A8 为核心。ARM Cortex - A8 处理器是一个双指令执行的有序超标量处理器，针对高度优化的能效实现可提供 2.0 MIPS/ MHz 的性能效率，这些实现可提供基于传统单核处理器的设备所需的高级别的性能。

Cortex - A8 在市场中构建了 ARMv7 体系结构，可用于不同应用，包括智能手机、智能本、便携式媒体播放器以及其他消费类和企业平台。分开的 L1 指令和数据 Cache 容量可以为 16 KB 或者 32 KB，指令和数据共享 L2 Cache，容量可以达到 1MB。L1 和 L2 Cache 的数据宽度为 128 bit，L1 Cache 是虚拟索引，物理上连续，而 L2 Cache 完全使用物理地址。

Cortex - A8 的 L1 Cache 行宽度为 64Byte，L2 Cache 在片内集成。另外和 Cortex - A9 相比，由于 Cortex - A8 支持的浮点 VFP 运算非常有限，其 VFP 的速度非常慢，对相同的浮点运算，其速度是 Cortex - A9 的 1/10。Cortex - A8 能并发某些 NEON 指令（如 NEON 的 Load/Store 和其他的 NEON 指令），而 Cortex - A9 因为 NEON 位宽限制不能并发。

Cortex - A8 的 NEON 和 ARM 是分开的，即 ARM 核和 NEON 核的执行流水线分开，NEON 访问 ARM 寄存器很快，但是 ARM 端访问 NEON 寄存器的数据会非常慢。

A9：Cortex - A9 多核或者单核处理器的单 MHz 性能比 Cortex - A5 或者 Cortex - A8 高，支持 ARM、Thumb、Thumb - 2、TrustZone、Jazelle RCT、Jazelle DBX 技术。L1 Cache 控制器提供了硬件的 Cache 一致性并维护支持多核的 Cache 一致性。核外的 L2 Cache 控制器（L2C - 310 或 PL310）支持最多 8MB 的 Cache。Cortex - A9 的 L1 Cache 行宽度为 32Byte，L2 Cache 因为多核的原因在核外集成，即通过 SCU 访问多核共享的 L2 Cache。

常见的 ARM Cortex - A9 处理器包括 nVidia's 双核 Tegra - 2 以及 TI's OMAP4 平台。使用 ARM Cortex - A9 处理器的设备包括 Apple 的 iPad2（Apple A5）、LG Optimus 2X（nVidia Tegra - 2）、SAMSUNG Galaxy S Ⅱ 等。

ARM Cortex - A8/A9 处理器结构如图 1 - 6 所示。

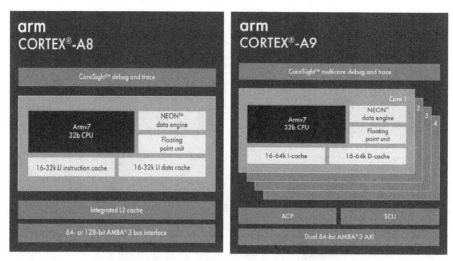

图 1 - 6　ARM Cortex - A8/A9 处理器结构

A15：ARM Cortex - A15 多核处理器是目前 Cortex - A 系列中性能最高的处理器，其突出的特性是硬件虚拟化（hardware virtualization）以及大容量物理内存地址扩展能寻址到 1TB 的存储空间。

目前集成 Cortex - A15 的处理器量产的只有三星的 Exynos 5 系列处理器，德州仪器的 OMAP5 系列处理器也采用 Cortex - A15 的核，具体的设备有 Arndale Board 。

A17：是 A12 的提升版，也就是将 A12 合并到 A17 中，是最新的高性能 ARMv7 - A 核处理器，以更小和更节能的优势提供与 A15 相仿的性能。相比 A9 有 60% 的性能提升，仍为 32 位 ARMv7 架构。

ARM Cortex - A17 处理器提供了优质的性能和高端的特性，使它适合从智能手机到智能电视的屏幕。ARM Cortex - A17 处理器在架构上与广泛使用的 ARM Cortex - A7 处理器一致，促使下一代中档设备基于 big. LITTLE 技术。

ARM Cortex - A15/A17 处理器结构如图 1 - 7 所示。

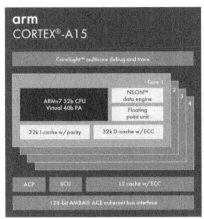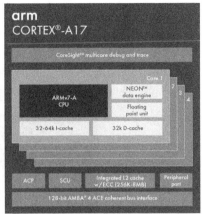

图 1 - 7　ARM Cortex - A15/A17 处理器结构

A53：最低功耗的 ARMv8 架构处理器，能够无缝支持 32 位和 64 位代码，是世界上能效最高、芯片面积最小的 64 位处理器。使用高效的 8 - stage 顺序管道获取数据技术性能平衡。

Cortex - A53 提供比 Cortex - A7 更高的性能，并能作为一个独立的应用处理器或在 big. LITTLE 配置下搭配 ARM Cortex - A57 处理器，以达到最优性能和可伸缩性。

A57：最高效的 64 位处理器，具有扩展移动和企业计算应用程序功能，包括计算密集型 64 位应用，比如高端电脑、平板电脑和服务器产品，其性能比 A15 提升一倍。

ARM Cortex - A53/A57 处理器结构如图 1 - 8 所示。

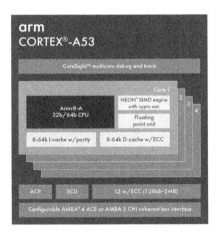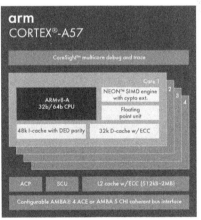

图 1 - 8　ARM Cortex - A53/A57 处理器结构

A72：Cortex - A72 是性能最出色、最先进的 ARM 处理器，于 2015 年年初正式发布。Cortex - A72 基于 ARMv8 - A 架构，并构建于 ARM Cortex - A57 处理器在移动和企业设备领域成功的基础之上。在相同的移动设备电池寿命的限制下，ARM Cortex - A72 处理器相较基于 ARM Cortex - A15 处理器、28nm 工艺节点的设备，能提供 3.5 倍的性能表现，展现优异的整体功耗效率。

Cortex – A72 的强化性能和功耗水平重新定义了高端设备为消费者带来的丰富连接和情境感知（context – aware）的体验。

Cortex – A72 可在芯片上单独实现，也可以搭配 ARM Cortex – A53 处理器与 ARM CoreLinkTM CCI 高速缓存一致性互联，构成 ARM big. LITTLETM 配置，进一步提升能效。

ARM Cortex – A72 处理器结构如图 1 –9 所示。

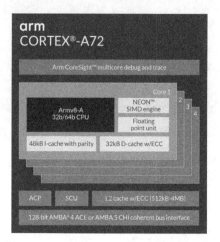

图 1 –9　ARM Cortex – A72 处理器结构

Cortex – A 系列规格对比见表 1 –2。

表 1 –2　Cortex – A 列规格对比

类别	Cortex – A5	Cortex – A7	Cortex – A8	Cortex – A9	Cortex – A15
发布时间	2009 年 12 月	2011 年 10 月	2006 年 7 月	2008 年 3 月	2011 年 4 月
时钟频率	1 GHz	1 GHz （28 nm）	1 GHz （65 nm）	2 GHz （40 nm）	2. 5 GHz （28 nm）
执行顺序	顺序执行	顺序执行	顺序执行	乱序执行	乱序执行
多核支持	1 ~4	1 ~4	1	1 ~4	1 ~4
DMIPS/MHz	1. 6	1. 9	2	2. 5	3. 5
VFP/NEON 支持	VFPv4/NEON	VFPv4/NEON	VFPv3/NEON	VFPv3/NEON	VFPv4/NEON
半精度扩展 （16 bit 浮点数）	是	是	否，只有 32 bit 单精度和 64 bit 双精度浮点数	是	是
FP/NEON 寄存器重命名	否	否	否	否	是
GP 寄存器重命名	否	否	否	是	是
硬件的除法器	否	是	否	否	是

续表

类别	Cortex - A5	Cortex - A7	Cortex - A8	Cortex - A9	Cortex - A15
大容量物理内存地址扩展（40 bit 物理地址）	否	否	否	否	是
硬件虚拟化	否	是	否	否	是
big. LITTLE	否	LITTLE	否	否	Big
融合的 MAC 乘累加	是	是	否	否	是
流水线级数	8	8	13	9 ~ 12	15 +
指令译码	1	2（部分）	2	2	3
返回堆栈条目	4	8	8	8	48
浮点运算单元（FPU）	可选	可选	是	可选	可选
AMBA 总线宽度	64 bit I/F AMBA 3	128 bit I/F AMBA 4	64/128 bit I/F AMBA 3	2 ×64 bit I/F AMBA 3	128 bit
L1 数据 Cache 容量	4 ~ 64 KB	8 ~ 64 KB	16/32 KB	16/32/ 64 KB	32 KB
L1 指令 Cache 容量	4 ~ 64 k	8 ~ 64 KB	16/32 KB	16/32/ 64 KB	32 KB
L1 Cache 结构	2 - way set associative（指令）4 - way set associative（数据）	2 - way set associative（指令）4 - way set associative（数据）	4 - way set associative	4 - way set associative（指令）4 - way set associative（数据）	2 - way set associative（指令）4 - way set associative（数据）
L2 Cache 类型	外部	集成	集成	外部	集成
L2 Cache 容量	—	128 KB ~ 1 MB	128 KB ~ 1 MB	—	512 KB ~ 1 MB
L2 Cache 结构	—	8 - way set associative	8 - way set associative	—	8 - way set associative
Cache 行数据宽度	32 Byte	32 Byte	64 Byte	32 Byte	64

3）Cortex - R 系列

R4：第一个基于 ARMv7 - R 体系的嵌入式实时处理器，专用于大容量深层嵌入式片上系统应用，如硬盘驱动控制器、无限基带处理器、消费产品手机 MTK 平台和汽车系统的电子控制单元。

R5：于 2010 年推出，基于 ARMv7 – R 体系，扩展了 ARM Cortex – R4 处理器的功能集，支持在可靠的实时系统中获得更高级别的系统性能、提高效率和可靠性并加强错误管理。这些系统级功能包括高优先级的低延迟外设端口（LLPP）和加速器一致性端口（ACP），前者用于快速外设读写，后者用于提高效率并与外部数据源达成更可靠的高速缓存一致性。

基于 40 nm G 工艺，ARM Cortex – R5 处理器可以实现以将近 1 GHz 的频率运行，此时它可提供 1 500 D MIPS 的性能。该处理器提供高度灵活且有效的双周期本地内存接口，使 SOC 设计者可以最大限度地降低系统成本和功耗。

ARM Cortex – R4/R5 处理器结构如图 1 – 10 所示。

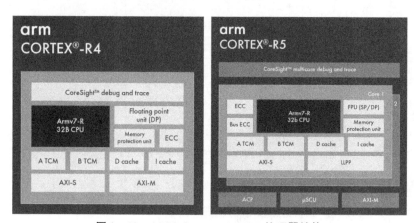

图 1 – 10　ARM Cortex – R4/R5 处理器结构

R7：ARM Cortex – R7 处理器是性能最高的 Cortex – R 系列 ARM 处理器。它采用高性能实时 SOC 的标准。ARM Cortex – R7 处理器是为基于 28～65nm 的高级芯片工艺的实现而设计的，此外其设计重点在于提升能效、实时响应性，实现高级功能和简化系统设计。基于 40 nm G 工艺，ARM Cortex – R7 处理器可以实现以超过 1 GHz 的频率运行，此时它可提供 2 700 D MIPS 的性能。该处理器提供支持高度耦合内存（TCM）、本地共享内存和外设端口的灵活的本地内存系统，使 SOC 设计人员可在受限制的芯片资源内达到高标准的硬实时要求。

ARM Cortex – R7 处理器结构如图 1 – 11 所示。

Cortex – R 系列规格对比见表 1 – 3。

Cortex 系列应用方向如下：

（1）Cortex – A：面向尖端的基于虚拟内存的操作系统和用户应用；

（2）Cortex – R：针对实时系统应用；

（3）Cortex – M：微控制器。

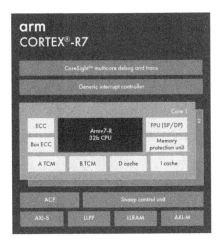

图 1 – 11　ARM Cortex – R7 处理器结构

表 1 – 3　Cortex – R 系列规格对比

ARM Cortex – R4	ARM Cortex – R5	ARM Cortex – R7
1. 68/2. 02/2. 45 DMIPS/MHz 3. 47 CoreMark/MHz	1. 67/2. 01/2. 45 DMIPS/MHz 3. 47 CoreMark/MHz	2. 50/2. 90/3. 77 DMIPS/MHz 4. 35 CoreMark/MHz
锁步配置	锁步配置，多核非对称多处理（AMP）配置	锁步配置，带 QoS 的多核非对称多处理（AMP），多核非对称多处理（SMP）
高度耦合内存（TCM）	高度耦合内存（TCM），（μSCU）	高度耦合内存（TCM），低延迟外设端口，加速器一致性端口，窥探控制单元（SCU）
带指令预取和分支预测的 8 级双发射流水线	带指令预取和分支预测的 8 级双发射流水线	具有无序执行和寄存器重命名 11 级超标量流水线以及使用指令循环缓冲区的高级动态和静态分支预测
指令和数据 Cache	指令和数据 Cache	指令和数据 Cache
硬件除法，SIMD，DSP	硬件除法，SIMD，DSP	硬件除法，SIMD，DSP
IEEE754 双精度 FPU	IEEE754 双精度 FPU 或优化的 SP FPU	IEEE754 双精度 FPU 或优化的 FPU
带 8/12 个存储区域的嵌入式微处理器	带 12/16 个存储区域的嵌入式微处理器	带 12/16 个存储区域的嵌入式微处理器
L1 存储器的 ECC 和奇偶校验保护	L1 存储器和 AXI 总线端口的 ECC 和奇偶校验保护	L1 存储器的 ECC 和奇偶校验保护，用错误库进行错误管理
向量中断控制器（VIC）或通用中断控制器（GIC）	向量中断控制器（VIC）或通用中断控制器（GIC）	集成通用中断控制器（GIC）

8. ARMv8 架构

ARMv8 架构是在 32 位 ARM 架构的基础上进行开发的，首先用于对扩展虚拟地址和

64 位数据处理技术有更高要求的产品领域，如企业应用、高档消费电子产品。ARMv8 架构包含两个执行状态：AArch64 和 AArch32。AArch64 执行状态针对 64 位处理技术，引入了一个全新指令集 A64，可以存取大虚拟地址空间；AArch32 执行状态支持现有的 ARM 指令集。目前的 ARMv7 架构的主要特性都在 ARMv8 架构中得以保留或进一步拓展，如 TrustZone 技术、虚拟化技术及 NEON advanced SIMD 技术等。

1.2.3　ARM 体系结构的特征

ARM 内核采用精简指令集结构（Reduced Instruction Set Computer，RISC）。结合 RISC 的设计思想，总结 ARM 体系结构的主要特征如下。

1. 大量的寄存器可以用于多种用途

RISC 处理器拥有更多的通用寄存器，每个寄存器都可存放数据或地址。寄存器可为所有的数据操作提供快速的局部存储访问。寄存器是可以直接参与运算和指令执行的存储单元，在 C 语言中，使用关键字 register 修饰的变量将被安排在寄存器中生成；②几乎所有的编译器在开启了编译优化选项后，都尽可能将形参和局部变量安排在寄存器中存储，以加快形参或局部变量的访问速度。

2. Load/Store 体系结构

Load/Store 体系结构也称为寄存器/寄存器体系结构。在这类机器中，操作数和运算结果不是通过主存储器直接取回，而是借用大量标量和矢量寄存器取回的，即除了加载和存储指令外，其他任何指令都不能去内存读写数据。单片机 MCS – 51 和 X86 体系结构可以通过直接寻址读取内存单元的数据，即指令中的操作数直接来自内存。

3. 每条指令按条件执行

只有当某个特定条件满足时指令才会被执行。这个特性可以减少分支指令数目，从而改善性能，提高代码密度。

4. 多寄存器的 Load/Store 指令

这些指令的灵活性比单寄存器传送指令差，但可以使大量的数据更有效地传送。它们用于进入和退出进程、保存和恢复工作寄存器以及拷贝存储器中的一块数据。

5. 单指令周期完成基本操作

能够在单时钟周期执行的单条指令内完成一项普通的移位操作和一项普通的 ALU 操作。

6. 在 Thumb 体系结构中以高密度 16 位压缩形式表示指令集

ARM 处理器根据 RICS 原理设计，但是由于各种原因，在低代码密度上它比其他多数 RICS 好一些，然而它的代码密度仍不如某些 CISC 处理器。在代码密度重要的场合，ARM 公司在某些版本的 ARM 处理器中加入了一个称为 Thumb 的新型机构。Thumb 指令集是原来 32 位 ARM 指令集的 16 位压缩形式，并在指令流水线中使用了动态解压缩硬件。Thumb 代码密度优于多数 CISC 处理器的代码密度。

1.2.4　ARM 体系结构的变种

ARM 体系结构的变种是根据某些特定功能定义的。下面具体介绍 T 变种、M 变种、E 变种、J 变种、SIMD 变种。

1. T 变种（Thumb 指令集）

Thumb 指令集是将 ARM 指令集的一个子集重新编码而形成的一个指令集。ARM 指令长度为 32 位，Thumb 指令长度为 16 位。使用 Thumb 指令集可以得到密度更高的代码，这对于需要严格控制产品成本的设计是非常有意义的。

（1）与 ARM 指令集相比，Thumb 指令集具有以下局限：

①完成相同的操作，Thumb 指令集通常需要更多的指令。因此，在对系统运行时间要求苛刻的应用场合，ARM 指令集更为适合。

②Thumb 指令集没有包含进行异常处理时需要的一些指令，因此在异常中断的低级处理中，仍需要使用 ARM 指令。这种限制决定了 Thumb 指令需要与 ARM 指令配合使用。对于支持 Thumb 指令的 ARM 体系结构版本，使用字符 T 来表示。

（2）相关 Thumb 指令集版本的示例如下：

① Thumb 指令集版本 1，用于 ARM 体系结构版本 4 的 T 变种。

② Thumb 指令集版本 2，用于 ARM 体系结构版本 5 的 T 变种。

（3）与版本 1 相比，Thumb 指令集版本 2 具有以下特点：

①通过增加指令和对已有指令的修改，提高 ARM 指令和 Thumb 指令混合使用的效率。

②增加了软件断点指令。

③更加严格地定义了 Thumb 乘法指令对条件标志位的影响。

这些特点与 ARM 体系结构版本 4 到版本 5 进行的扩展密切相关。实际上，通常并不使用 Thumb 指令集版本号，而是使用相应的 ARM 体系结构版本号。

2. M 变种（长乘法指令）

M 变种增加了两条用于进行长乘法操作的 ARM 指令。其中一条指令用于实现 32 位整数乘以 32 位整数，生成 64 位整数的长乘法操作；另一条指令用于实现 32 位整数乘以 32 位整数，然后再加上 32 位整数，生成 64 位整数的长乘加操作。M 变种很适合需要这种长乘法的应用场合。

然而，在有些应用场合中，乘法操作的性能并不重要，但对于尺寸的要求很苛刻，在系统实现时就不适合增加 M 变种的功能。

M 变种首先在 ARM 体系结构版本 3 中引入。如果没有上述设计方面的限制，在 ARM 体系结构版本 4 及其以后的版本中，M 变种是系统中的标准部分。对于支持长乘法指令的 ARM 体系结构版本，使用字符 M 表示。

3. E 变种（增强型 DSP 指令）

E 变种包含了一些附加的指令，这些指令用于增强处理器对一些典型的 DSP 算法的处理性能，主要包括：

（1）几条新的实现 16 位数据乘法和乘加操作的指令。

（2）实现饱和的带符号数的加减法操作的指令。所谓饱和的带符号数的加减法操作，是指在加减法操作溢出时，结果并不进行卷绕，而是使用最大的整数或最小的负数表示。

（3）进行双字数据操作的指令，包括双字读取指令 LDRD、双字写入指令 STRD 和协处理器的寄存器传输指令 MCRR/MRRO。

（4）Cache 预取指令 PLD。

E 变种首先在 ARM 体系结构版本 5T 中使用，用字符 E 表示。在 ARM 体系结构版本 5 以前的版本中，以及在非 M 变种和非 T 变种的版本中，E 变种是无效的。

在早期的一些 E 变种中，未包含双字读取指令 LDRD、双字写入指令 STRD、协处理器的寄存器传输指令 MCRR/MRRO 以及 Cache 预取指令 PLD。这种 E 变种记作 ExP，其中 x 表示缺少，P 代表上述几种指令。

4. J 变种（Java 加速器 Jazelle）

ARM 的 Jazelle 技术将 Java 的优势和先进的 32 位 RISC 芯片完美地结合在一起。Jazelle 技术提供了 Java 加速功能，可以得到比普通 Java 虚拟机高得多的性能。与普通的 Java 虚拟机相比，Jazelle 使 Java 代码运行速度提高了 8 倍，而功耗降低了 80%。

Jazelle 技术使程序员可以在一个单独的处理器上同时运行 Java 应用程序、已经建立好的操作系统、中间件以及其他应用程序。与使用协处理器和双处理器相比，使用单独的处理器可以在提供高性能的同时保证低功耗和低成本。

J 变种首先在 ARM 体系结构版本 4TEJ 中使用，用字符 J 表示 J 变种。

5. SIMD 变种（ARM 媒体功能扩展）

ARM 媒体功能扩展为嵌入式系统提供了高性能的音频/视频处理技术。

新一代的 Internet 应用系统、移动电话和平板电脑等设备需要提供高性能的流式媒体，包括音频和视频等，而且这些设备需要提供更加人性化的界面，包括语音识别和手写输入识别等。这就要求处理器能够提供很强的数字信号处理能力，同时还必须保持低功耗，以延长电池的使用时间。ARM 的媒体功能扩展［单指令多数据流（Single Instruction Multiple Data，SIMD）］为这些应用系统提供了解决方案。它为包括音频和视频处理在内的嵌入式应用系统提供了优化功能，可以使音频和视频处理性能提高 4 倍。

（1）它的主要特点如下：

①将音频和视频处理性能提高了 2~4 倍；

②可以同时进行两个 16 位操作数或者 4 个 8 位操作数的运算；

③提供了小数算术运算；

④用户可以定义饱和运算的模式；

⑤两套 16 位操作数的乘加/乘减运算；

⑥ 32 位乘以 32 位的小数 MAC；

⑦同时进行 8 位/16 位选择操作。

（2）它的主要应用领域如下：

① Internet 应用系统；

②流式媒体应用系统；

③ MPEG4 编码/解码系统；

④语音和手写输入识别；

⑤ FFT 处理；

⑥复杂的算术运算；

⑦维特比（Viterbi）处理。

1.2.5 ARM 处理器系列

ARM 处理器的产品系列非常多，包括 ARM7、ARM9、ARM9E、ARM10E、ARM11 和 SecurCore、Cortex 等。每个系列提供一套特定的性能来满足设计者对功耗、性能、体积的要求。SecurCore 是一个单独的产品系列，是专门为安全设备设计的。表 1-4 总结了 ARM 处理器各系列所包含的不同类型。

表 1-4 ARM 处理器各系列所包含的不同类型

ARM 处理器系列	包含类型
ARM9/9E 系列	ARM920T、ARM922T、ARM926EJ-S、ARM940T、ARM946E-S、ARM966E-S、ARM968E-S
向量浮点运算（VFP）系列	VFP9-S、VFP10
ARM10E 系列	ARM1020E、ARM1022E、ARM1026EJ-S
ARM11 系列	ARM1136J-S、ARM1136JF-S、ARM1156T2（F）-S、ARM1176JZ（F）-S、ARM11 MPCore
Cortex 系列	Cortex-A、Cortex-R、Cortex-M
SecurCore 系列	SC100、SC110、SC200、SC210
其他合作伙伴产品	StrongARM、XScale、MBX

1. ARM9 系列

ARM9 系列于 1997 年问世。由于采用了 5 级指令流水线，ARM9 处理器能够运行在比 ARM7 更高的时钟频率上，改善了处理器的整体性能。其存储器系统根据哈佛体系结构重新设计，区分了数据总线和指令总线。

ARM9 系列的第一个处理器是 ARM920T，它包含独立的数据/指令 Cache 和存储器管理单元（Memory Management Unit，MMU）。此处理器能够用在要求有虚拟存储器支持的操作系统上。该系列中的 ARM922T 处理器是 ARM920T 处理器的变种，只有一半大小的数据/指令 Cache。

ARM940T 处理器包含一个更小的数据/指令 Cache 和一个 MPU。它是针对不要求运行操作系统的应用而设计的。ARM920T、ARM940T 都执行 ARM v4T 架构指令。

ARM9 系列主要应用于以下场合：

（1）下一代无线设备，包括视频电话和平板电脑等。

（2）数字消费品，包括机顶盒、家庭网关、MP3 播放器和 MPEG－4 播放器。

（3）成像设备，包括打印机、数码照相机和数码摄像机。

（4）汽车、通信和信息系统。

2. ARM9E 系列

ARM9 系列的下一代处理器基于 ARM9E－S 内核，这个内核是 ARM9 内核带有 E 扩展的一个可综合版本，包括 ARM946E－S 和 ARM966E－S 两个变种。两者都执行 ARM v5TE 架构指令。它们也支持可选的嵌入式跟踪宏单元，支持开发者实时跟踪处理器指令和数据的执行。当调试对时间敏感的程序段时，这种方法非常重要。

ARM946E－S 包括 TCM、Cache 和一个 MPU。TCM 和 Cache 的大小可配置。该处理器是针对要求有确定的实时响应的嵌入式控制而设计的。ARM966E－S 有可配置的 TCM，但没有 MPU 和 Cache 扩展。

ARM9 系列的 ARM926EJ－S 内核为可综合的处理器内核，发布于 2000 年。它是针对小型便携式 Java 设备，如 3G 手机和 PDA 应用而设计的。ARM926EJ－S 是第一个包含 Jazelle 技术，可加速 Java 字节码执行的 ARM 处理器内核。它还有一个 MMU、可配置的 TCM 及具有零或非零等待存储器的数据/指令 Cache。

ARM9E 系列主要应用于以下场合：

（1）下一代无线设备，包括视频电话和平板电脑等。

（2）数字消费品，包括机顶盒、家庭网关、MP3 播放器和 MPEG－4 播放器。

（3）成像设备，包括打印机、数码照相机和数码摄像机。

（4）存储设备，包括 DVD 和 HDD 等。

（5）工业控制，包括电机控制等。

（6）汽车、通信和信息系统的 ABS 和车体控制。

（7）网络设备，包括基于 IP 的语音传输（VoIP）、无线局域网（WirelessLAN）等。

3. ARM11 系列

ARM11 系列是为了更有效地提高处理器能力而设计的。该系列主要有 ARM1136J、ARM1156T2 和 ARM1176JZ 三个内核型号。ARM11 主频高达 500 MHz。ARM11 以消费产品市场为目标，推出了许多新的技术，包括针对多媒体处理的 SIMD，用以提高安全性能的 TrustZone 技术（通过硬件和软件结合，为片上数据提供安全环境），智能能源管理［耳内监听（In－Ear Monitoring，IEM）］，以及 DMIPS 非常高的多处理器技术。

ARM1136J－S 是第一个执行 ARMv6 架构指令的处理器。它集成了一条具有独立的 Load/Stroe 和算术流水线的 8 级流水线。ARMv6 架构指令包含了针对媒体处理的单指令多数据流扩展，采用特殊的设计改善视频处理能力。

ARM1176JZF－S 处理器专门用于包括数字电视、机顶盒、游戏机以及手机在内的家电产品和无线产品。该处理器采用 Java 加速技术、TrustZone 技术以及 VFP 协处理器，为嵌入式 3D 图像提供强大的加速功能。

4. SecurCore 系列

SecurCore 系列提供了基于高性能的 32 位 RISC 技术的安全解决方案。SecurCore 系列除了具有体积小、功耗低、代码密度高等特点外，还提供了安全解决方案支持。SecurCore 系列的主要特点如下：

(1) 支持 ARM 指令集和 Thumb 指令集，以提高代码密度和系统性能。

(2) 采用软内核技术以提供最大限度的灵活性，可以防止外部对其进行扫描探测。

(3) 提供了安全特性，可以抵制攻击。

(4) 提供面向智能卡和低成本的存储保护单元 MPU。

(5) 可以集成用户自己的安全特性和其他协处理器。

SecurCore 系列包含 SC100、SC110、SC200 和 SC210 四种类型。SecurCore 系列主要应用于一些安全产品及应用系统，包括电子商务、电子银行业务、网络、移动媒体和认证系统等。

5. StrongARM 和 XScale 系列

StrongARM 系列最初是 ARM 公司与 Digital Semiconductor 公司合作开发的，现在由英特尔公司单独许可，在低功耗、高性能的产品中应用广泛。它采用哈佛架构，具有独立的数据和指令 Cache，以及 MMU。StrongARM 是第一个包含 5 级流水线的高性能 ARM 处理器系列，但它不支持 Thumb 指令集。

英特尔公司的 XScale 是 StrongARM 系列的后续产品，在性能上有显著改善。它执行 v5TE 架构指令，也采用哈佛结构，类似于 StrongARM，也包含一个 MMU。

6. MPCore 系列

MPCore 是在 ARM11 核心的基础上构建的，结构上仍属于 ARM v6 指令体系。根据不同的需要，MPCore 可以被配置为 1~4 个处理器的组合方式，最高性能达到 2 600 DMIPS，运算能力几乎与 Pentium Ⅲ 1 GHz 处于同一水准（Pentium Ⅲ 1 GHz 的指令执行性能约为 2 700 DMIPS）。多核心设计的优点是在频率不变的情况下让处理器的性能获得明显提升，在多任务应用中表现尤其出色，这一点很适合未来家庭消费型电子产品的需要。例如，机顶盒在录制多个频道电视节目的同时，还可通过互联网收看数字视频点播节目；车内导航系统在提供导航功能的同时，可以向后座乘客提供各类视频娱乐信息等。在这类应用环境下，多核心结构的嵌入式处理器表现出极强的性能优势。

7. Cortex 系列

关于 ARM Cortex 版本架构的系列已在 1.2.2 节作了描述，本节仅补充一些特点如下。

1) ARM Cortex 处理器技术特点

ARMv7 架构是在 ARMv6 架构的基础上诞生的。该架构采用 Thumb - 2 技术，是在 ARM 的 Thumb 代码压缩技术的基础上发展起来的，并且保持了对现存 ARM 解决方案的完整的代码兼容性。Thumb - 2 技术比纯 32 位代码少使用 31% 的内存，减小了系统开销，同时能够提供比已有的基于 Thumb 技术的解决方案高出 38% 的性能。ARMv7 架构还采用了 NEON 技术，将 DSP 和媒体处理能力提高了近 4 倍，并支持改良的浮点运算，满足下一代

3D 图形、游戏物理应用及传统嵌入式控制应用的需求。此外，ARMv7 还支持改良的运行环境，以迎合不断增加的 JIT（Just In Time）和 DAC（Dynamic Adaptilve Compilation）技术的使用。

在与早期 ARM 处理器软件的兼容性方面，ARMv7 架构在设计时也进行了充分考虑。ARM Cortex－M 系列支持 Thumb－2 指令集（Thumb 指令集的扩展集），可以执行所有已存的为早期处理器编写的代码。通过一个前向的转换方式，为 ARM Cortex－M 系列所写的用户代码可以与 ARM Cortex－R 系列完全兼容。ARM Cortex－M 系列系统代码（如实时操作系统）可以很容易地移植到基于 ARM Cortex－R 系列的系统上。

ARM Cortex－A 和 Cortex－R 系列还支持 ARM 32 位指令集，向后完全兼容早期的 ARM 处理器，包括 1995 年发布的 ARM7TDMI 处理器、2002 年发布的 ARM11 处理器。由于应用领域不同，基于 ARM v7 架构的 ARM Cortex 处理器所采用的技术也不相同。在命名方式上，基于 ARMv7 架构的 ARM Cortex 处理器已经不再沿用过去的数字命名方式，而是冠以 Cortex 的代号。基于 ARM v7A 的称为 Cortex－A 系列，基于 ARM v7R 的称为 Cortex－R 系列，基于 ARM v7M 的称为 Cortex－M 系列。

2）ARM Cortex－M3 处理器技术特点

ARM Cortex－M3 处理器是为存储器和处理器的尺寸对产品成本影响极大的各种应用专门开发设计的。它整合了多种技术，减少了内存使用，并在极小的 RISC 内核上提供低功耗和高性能，可实现由以往的代码向 32 位微控制器的快速移植。ARM Cortex－M3 处理器使用最少门数的 ARM CPU，相对于过去的设计大大减小了芯片面积，可减小装置的体积或采用更低成本的工艺进行生产，仅 33 000 门的内核性能可达 1.2 DMIPS/MHz。此外，基本系统外设还具备高度集成化的特点，集成了许多紧耦合系统外设，合理利用了芯片空间，使系统满足下一代产品的控制需求。

ARM Cortex－M3 处理器结合了执行 Thumb－2 指令的 32 位哈佛体系结构和系统外设，包括内嵌向量中断控制器和 Arbiter 总线。该技术方案在测试和实例应用中表现出较高的性能：在台机电180 nm 工艺下，芯片性能达 1.2 DMIPS/MHz，时钟频率高达 100 MHz。Cortex－M3 处理器还实现了末尾连锁（Tail－Chaining）中断技术。该技术是一项完全基于硬件的中断处理技术，最多可减少 12 个时钟周期数，在实际应用中可减少 70% 的中断；推出了新的单线调试技术，避免使用多引脚进行 JTAG 调试，并全面支持 RealView 编译器和 RealView 调试产品。Realview 工具向设计者提供模拟、创建虚拟模型、编译软件、调试、验证和测试基于 ARMv7 架构的系统等功能。

为微控制器应用而开发的 ARM Cortex－M3 处理器具有以下性能：

（1）实现单周期 Flash 应用最优化；

（2）准确快速地进行中断处理，永不超过 12 周期，仅 6 周期末尾连锁；

（3）有低功耗时钟门控（Clock Gating）的 3 种睡眠模式；

（4）单周期乘法和乘法累加指令；

（5）ARM Thumb－2 混合的 16/32 位固有指令集，无模式转换；

（6）包括数据观察点和 Flash 补丁在内的高级调试功能；

（7）原子位操作，在一个单一指令中读取/修改/编写；

（8）1.25 DMIPS/MHz（与 0.9DMIPS/MHz 的 ARM7 和 1.1DMIPS/MHz 的 ARM9 相比）。

3）ARM Cortex - R4 处理器技术特点

Cortex - R4 处理器支持手机、硬盘、打印机及汽车电子设计，能协助新一代嵌入式产品快速执行各种复杂的控制算法与实时工作的运算；可通过内存保护单元 MPU、高速缓存及高度耦合内存让处理器针对各种不同的嵌入式应用进行最佳化调整，且不影响基本的 ARM 指令集兼容性。这种设计能够在沿用原有程序代码的情况下，降低系统的成本与复杂度，同时其高度耦合内存也能提供更小的规格及更高效率的整合，并带来快速的响应时间。

ARM Cortex - R4 处理器采用 ARMv7 体系结构，能与现有的程序维持完全的回溯兼容性，能支持现今全球各地数十亿的系统，并已针对 Thumb - 2 指令进行最佳化设计。此项特性带来很多利益，包括：①更低的时钟速度所带来的省电效益；②更高的性能将各种多功能特色带入移动电话与汽车产品的设计；③更复杂的算法支持更高性能的数码影像与内建硬盘的系统。运用 Thumb - 2 指令集，加上 RealView 开发套件，使芯片内部存储器的容量最多降低 30%，大幅降低系统成本，其速度比在 ARM926E - S 处理器所使用的 Thumb 指令集高出 40%。由于存储器在芯片中占用的空间越来越多，因此这项设计将大幅节省芯片容量，让芯片制造商运用这款处理器开发各种 SOC 器件。

相比于前几代处理器，ARM Cortex - R4 处理器高效率的设计方案使其能以更低的时钟达到更高的性能；经过最佳化设计的 Artisan Metro 内存可进一步降低嵌入式系统的体积与成本。处理器搭载一个先进的微架构，具备双指令发送功能，采用 90 nm 工艺并搭配 Artisan Advantage 程序库的组件，底面积不到 1 mm^2，耗电最低低于 0.27 mW/MHz，并能提供超过 600 DMIPS/MHz 的性能。

ARM Cortex - R4 处理器在各种安全应用上加入容错功能和内存保护机制，支持最新版 OSEK 实时操作系统；支持 RealView Develop 系列软件开发工具、RealView Create 系列 ESL 工具与模块，以及 Core Sight 除错与追踪技术，协助设计者迅速开发各种嵌入式系统。

1.2.6　ARM 的应用范围与选型

随着国内嵌入式应用领域的发展，ARM 芯片必然获得广泛的重视和应用。但是由于 ARM 芯片有多达十几种的芯核结构、70 多个芯片生产厂家及千变万化的内部功能配置组合，开发人员在选择方案时会有一定的困难。现从产品设计和应用角度分析 ARM 选型的几个因素。

1）核心性能

主要从处理器的主频（运算速度）、内置存储器容量、功耗、稳定性和可靠性等方面考虑。

2）功能和 I/O 资源

考虑 ARM 芯片本身能够支持的功能，如 USB、网络、串口、液晶显示功能、视频输入编码、图形图像处理加速器等。

3）价格

设计产品时总是希望在完成功能要求的基础上，成本越低越好。在选择处理器时需要考虑处理的价格，及由处理器衍生出的开发成本，如开发板价格、处理器自身价格、外围芯片、开发工具、制版价格等。

4）熟悉程度及开发资源

通常公司对产品的开发周期都有严格的要求，选择一款熟悉的处理器可以大大降低开发风险。在熟悉的处理器无法满足功能的情况下，可以尽量选择开发资源丰富的处理器。

5）操作系统支持

在选择嵌入式处理器时，如果最终的程序需要运行在操作系统上，那么还应该考虑处理器对操作系统的支持。

6）升级

很多产品在开发完成后都会面临升级的问题，所以在选择处理器时必须考虑升级的问题。考虑产品未来可能增加的功能，应该尽量选择具有相同封装的不同性能等级的处理器，这样硬件升级时只需更换芯片即可，而不需要重新设计主板。

7）货源稳定

货源稳定也是 ARM 选型的一个重要参考因素，尽量选择大厂家生产的比较通用的芯片。

思考题与习题

1.1 什么是嵌入式系统？嵌入式系统的特点是什么？

1.2 嵌入式处理器分为哪几类？

1.3 什么是嵌入式操作系统？简单分析几种常用的嵌入式操作系统。

1.4 ARM 体系结构的发展分为几个阶段？

1.5 ARM 体系结构的特征有哪些？

1.6 ARM 采用多少位的体系结构？

1.7 目前常用的 ARM 处理器分为哪几大类？

第 2 章
ARM 体系结构

本章是本书的重要章节，阐述了 ARM 体系结构的关键技术，ARM 处理器的工作状态、工作模式，ARM 处理器中寄存器的分布和组织，ARM 的异常处理机制，以及 ARM 存储和总线技术等内容。掌握这些内容，对于理解 ARM 体系结构的基本特征和特点至关重要。

2.1　ARM 体系结构的关键技术

2.1.1　哈佛体系结构

人们熟知的程序和数据存储体系是冯·诺依曼体系结构，即所谓的"存储程序、顺序执行"，在冯·诺依曼体系结构中，指令存储和数据存储是合并在一起的，提取指令和数据是通过同一条内部数据总线进行的，如图 2 – 1 所示。

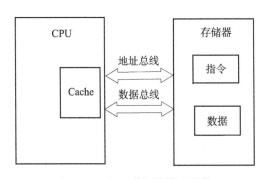

图 2 – 1　冯·诺依曼体系结构

哈佛体系结构是一种将指令存储和数据存储分开的存储器结构。可以说哈佛体系结构是一种并行体系结构，它的主要特点是将指令和数据存储在不同的存储空间中，即指令存储器和数据存储器是两个独立的存储空间，并且有两套对应的总线和高速缓存，它们可以被运算单元同时读写数据。

如图 2 – 2 所示，与两个存储器对应的是系统的 4 条总线：指令和数据的数据总线与地址总线。这种分离的数据总线和地址总线可允许在一个机器周期内同时获得指令字（来自程序存储器）和操作数（来自数据存储器），从而提高了执行速度和数据的吞吐率。又由于指令和数据存储在两个分开的物理空间中，因此取址和执行能完全同时进行。运算单元首先到程序存储器中读取程序指令内容，解码后得到数据地址，再到相应的数据存储器中读取数据，并进行下一步操作（通常是执行）。此外，指令存储和数据存储分开，可以使指令和数据有不同的数据宽度。

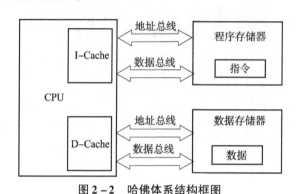

图 2-2　哈佛体系结构框图

2.1.2　RISC 技术

传统的 CISC 侧重于由硬件执行指令，CISC 指令集设计的主要趋势是增加指令的功能集，而降低业务逻辑的复杂度，因此使 CISC 指令变得非常复杂。许多典型计算机的指令系统非常庞大，指令的功能相当复杂。而 CISC 的高性能是以宝贵有限的芯片面积和功耗为代价的。

在此背景下，1979 年美国加州大学伯克利分校提出 RISC，旨在设计出一套能在高时钟频率下周期执行、简单而有效的指令集，因此设计的重点在于用编译器软件降低由硬件执行的指令复杂度。

RISC 的中心思想是精简指令集的复杂度，简化指令实现的硬件设计，硬件只执行很有限的最常用、最基础的那部分指令，而将所有复杂的操作分解为基础指令来实现。从图 2-3 可以看出 CISC 和 RISC 的不同。

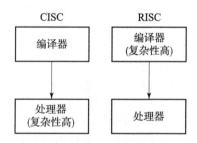

图 2-3　CISC 和 RISC 的对比

因此，RISC 的设计初衷是针对 CISC CPU 复杂的弊端，选择一些可以在单个 CPU 周期完成的指令，以降低 CPU 的复杂度，将复杂性交给编译器。举两个例子来说明：① 一个现实生活的例子：假如有 2 个家庭机器人，可以帮助人们干家务活。甲机器人能接受和执行复杂的指令，例如"去洗碗""去扫地""去洗衣服"等；而乙机器人只能接受和执行简单的指令，例如"左转""右转""手臂上升"等。显然地，对于甲机器人，只需要将一个任务简单地翻译成几个指令即可命令它去执行；而对于乙机器人，需要将一个任务（比如"去洗碗"）进行复杂地翻译工作，变成它能理解的指令（比如"去洗碗"可能包含几十个"左转""右转"动作等）。在这个例子中，机器人是处理器，人脑是编译器，甲机器人是复杂指令集，甲机器人的设计和制造复杂，但是人脑的编译工作简单；而乙机器人是精简指令集，乙机器人的设计和制造相对简单，但是人脑的编译器工作非常复杂。② 一个运算的例子：CISC 提供的加法指令，调用时可完成内存 a 和内存 b 中的两个数相加的操作，结果直接存入内存 a，需要多个 CPU 周期才可以完成；而 RISC 提供这种"一站式"的加法指令，需调用 4 条单 CPU 周期指令完成两个数相加的操作：内存 a 加载到寄存器，内存 b 加载到寄存器，两个寄存器中的数相加，结果存入内存 a。

1. RISC 的特点

RISC 的特点是指令及其格式少而精、寻址方式简单、操作和控制简捷，具体表现在以下方面。

1）精简指令集

RISC 结构采用精简的、编码长度统一的指令集，使大多数操作获得尽可能高的效率。某些在传统结构中要用多周期指令实现的操作，在 RISC 结构中，通过编译器的翻译，可以用多条单周期指令来代替。精简指令集大大改善了处理器的性能，并推动了 RISC 的设计。

2）指令时钟周期、指令长度相等

如果每条指令要执行的任务简单明了，则执行每条指令所需的时间可以被压缩并且周期数也可减少。RISC 的设计目标是一个机器周期执行一条指令，以使系统操作更加有效。接近这个目标的技术包括指令流水线及特定的加载/存储/获取内存数据方式等。典型的指令可包括取指、译码、执行和数据存储等阶段。

3）指令流水线

以工厂生产为例，其提高时间效率的方式是将一个操作分解为更多更小的操作，每一个小操作都由专人实现。指令流水线采用这样的工作方式：将每条指令的执行分为几个离散部分，这样可以由不同部件同时执行多条指令。任何指令的取指和执行阶段占据相同时间，即一个单周期，这也是 RISC 最重要的设计原则。所有从内存到 CPU 执行的指令，都遵循一种恒定的流的形式，每条指令都以同样的步调执行，无等待的指令。流水线深度越大，代表执行的步调越细致。

需要指出的是，流水线高效运转的前提是，流水线始终充满有用指令且没有任何东西阻碍指令通过流水线，这样的需求给结构设计增加了一定负担。例如，ALU 等资源的竞争阻止了流水线中指令的流动。长短不一的执行时间所引起的不良后果更是显而易见，这也是 RISC 需要定义一个有前面所述特点的指令集的原因。

4）加载/存储（Load/Store）结构

执行与内存有关的操作指令，不是需要增加每个周期的时间，就是要求增加指令的周期数，二者必取其一。因为这些指令要计算操作数的地址，将所需的操作数从内存中读出，计算得出结果，再把结果送回内存，所以它们执行的时间长得多。为了避免这种影响，RISC 采用了这样的内存数据存取方法：只有 Load 和 Store 指令才能访问内存，所有其他操作只能访问保存在处理器寄存器中的操作数。其优点在于：

（1）减少了访问内存的次数，降低了对内存带宽的要求；

（2）将其他指令的操作数限制于寄存器，有利于指令集的简化；

（3）取消了直接内存操作，使编译器对寄存器的分配优化更容易，这种特性减少了对内存的存取，同时也减少了每个任务的指令数。

5）拥有较多寄存器组

为了便于实现多数指令在寄存器之间的操作，即所谓的寄存器到寄存器操作，必须有足够量的通用寄存器。足量的寄存器可以尽量保障在随后的指令中需作为操作数用的中间结果暂存在 CPU 寄存器中，因此减少了对内存的读取次数，提高了运行速度。工业化 RISC 系统中至少采用 32 个通用 CPU 寄存器。

6）采用硬连线控制

由于微程序设计给设计者提供的灵活性，许多 CISC 系统是微程序控制的。不同的指令通常具有不同长度的微程序，这意味着每条指令执行的周期数不一样，这与所有指令长度一致、流水线的处理原则矛盾。这时可以采用硬连线控制来解决，其执行速度更快。

2. RISC 的优点

1）降低设计成本，提高可靠性

CPU 相对小而简单的控制单元通常会导致下列成本及可靠性方面的益处：

（1）RISC 控制单元的设计时间缩短，从而使整个设计成本降低。

（2）设计时间缩短可降低最终产品在设计完成时被废弃的可能性。

（3）较小的控制单元能减少设计错误，从而提高可靠性，并且定位和修正错误也比 CISC 容易。

2）更有效地支持高级语言程序

从 CISC 向 RISC 演变的过程，类似于汇编语言向高级语言的发展过程。RISC 在追求精简指令的同时，把体系结构和优化编译的设计紧密结合起来，以改善整体性能。

3）更有利于开发

（1）一个更为统一的指令集用起来很方便。

（2）由于指令数和周期数之间有比较严格的对应关系，代码优化的真实效果容易度量。

（3）编程者对于硬件的把握更为准确。

3. CISC 和 RISC 的主要区别

总的来说，CISC 的指令能力强，但大多数指令使用率低，且指令编码是可变长格式，增加了 CPU 的复杂度。RISC 的指令大部分为单周期指令，指令编码长度固定，且只有 Load/Store 指令可操作内存。除了这些指令编码长度、执行周期、内存访问的区别外，其他方面的区别还有：

（1）CISC 支持的寻址方式较多；RISC 支持的寻址方式较少。

（2）CISC 通过微程序控制技术实现；RISC 则增加了通用寄存器数量，硬布线以逻辑控制为主，适合采用流水线。

（3）CISC 的研制周期长。

2.1.3　流水线技术

1. 流水线的概念与原理

计算机中的处理器都是按照一系列步骤来执行每一条指令，典型的步骤如下：

（1）从存储器读取指令（fetch）。

（2）译码以鉴别它属于哪一条指令（decode）。

（3）从指令中提取指令的操作数［这些操作数往往存于寄存器（reg）中］。

（4）将操作数进行运算以得到结果或存储器地址（ALU）。

（5）如果需要，则访问存储器以存储数据（mem）。

（6）将结果写回到寄存器堆（res）。

并不是所有指令都需要上述每一个步骤，但是，多数指令需要其中的多个步骤。这些步骤往往由不同的硬件实现，例如 ALU 可能只在步骤（4）中用到。因此，如果一条指令不是在前一条指令结束之前就开始，那么在每一步骤内处理器只有少部分的硬件被使用。

有一种方法可以明显改善硬件资源的使用率和处理器的吞吐量，这就是在当前一条指令结束之前就开始执行下一条指令，即通常所说的流水线技术。流水线是 RISC 处理器执行指令时采用的机制。使用流水线，可在取下一条指令的同时译码和执行其他指令，从而加快执行速度。可以把流水线看作汽车生产线，在每个阶段每个硬件模块只完成自己负责的专门的处理器任务。

采用上述操作顺序，处理器可以这样组织：当一条指令刚刚执行完步骤（1）并转向步骤（2）时，下一条指令就开始执行步骤（1）。从原理上来说，这样的流水线应该比没有重叠的指令执行速度快 6 倍，但由于硬件结构本身的一些限制，实际情况会比理想状态差一些。

2. 流水线的分类

1）3 级流水线

到 ARM7 为止的 ARM 处理器使用简单的 3 级流水线，它包括下列流水线级：

（1）取指（fetch）：从存储器装载一条指令。

（2）译码（decode）：解码和识别被执行的指令，并为下一个周期准备数据通道的控制信号。在这一级，指令占有译码逻辑通道，不占用数据通道。

（3）执行（execute）：处理指令并将结果写回寄存器。

图 2-4 所示为 3 级流水线指令的执行过程。

图 2-4　3 级流水线指令的执行过程

当处理器执行简单的数据处理指令时，流水线技术使平均每个时钟周期都能完成 1 条指令。但 1 条指令需要 3 个时钟周期来完成，因此，有 3 个时钟周期的延时（latency），但系统的吞吐率（throughput）是每个时钟周期 1 条指令。需要指出的是，这里说的时钟周期，是系统工作频率的倒数，即所谓的电路工作时钟脉冲。而前面提到的 "RISC 指令大部分都是单周期指令"，其 "单周期" 是指 "指令周期"，一个指令周期通常由多个时钟周期组成。

下面用一个简单的例子说明流水线的机制，在连续的地址空间放有以下 3 条指令：

```
ADD  R0,R1,R2
SUB  R3,R4,#2
CMP  R5,R1
```

在第一个周期，内核从存储器取出指令 ADD。

在第二个周期，内核取出指令 SUB，同时对指令 ADD 译码。

在第三个周期，指令 ADD 被执行，而指令 SUB 被译码，同时又取出指令 CMP。可见，流水线使每个时钟周期都可以执行一条指令。

3 级流水线指令执行示意如图 2 – 5 所示。

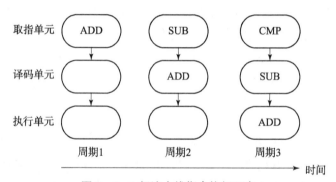

图 2 – 5   3 级流水线指令执行示意

2）5 级流水线

ARM7 的内核一般都是 3 级流水线，而 ARM9 的内核把流水线增加到了 5 级，增加了存储器的访问段和回写段，这使 ARM9 的处理能力大幅提升。但是，为了得到更高的性能，需要重新考虑处理器的组织结构。

在 ARM9TDMI 中使用了典型的 5 级流水线，5 级流水线包括下面的流水线级：

（1）取指（fetch）：从存储器中取出指令，并将其放入指令流水线。

（2）译码（decode）：指令被译码，从寄存器堆中读取寄存器操作数。在寄存器堆中有 3 个操作数读端口，因此，大多数 ARM 指令能在 1 个周期内读取其操作数。

（3）执行（execute）：将其中 1 个操作数移位，并在 ALU 中产生结果。如果指令是 Load 或 Store 指令，则在 ALU 中计算存储器的地址。

（4）访存（access）：如果有需要则访问数据存储器，否则 ALU 只是简单地缓冲 1 个时钟周期。

（5）回写（write – back）：将指令的结果回写到寄存器堆，包括任何从寄存器读出的数据。

5 级流水线指令的执行过程如图 2 – 6 所示。

图 2 – 6　5 级流水线指令的执行过程

在程序执行过程中，PC 值是基于 3 级流水线操作特性的。5 级流水线中提前 1 级读取指令操作数，得到的值是不同的（PC + 4 而不是 PC + 8）。这里产生代码不兼容是不容许的，但 5 级流水线 ARM 完全仿真 3 级流水线的行为。在取指级增加的 PC 值被直接送到译码级的寄存器，穿过两级之间的流水线寄存器。下一条指令的 PC + 4 等于当前指令的 PC + 8，因此，未使用额外的硬件便得到了正确的 PC 值。

3）13 级流水线

在 ARM Cortex – A8 及以上内核中采用 13 级流水线，但是由于 ARM 公司没有对其中的技术公开任何相关细节，这里只能简单介绍。从经典 ARM 系列到现在的 Cortex 系列，ARM 处理器的结构在向复杂的阶段发展，但没改变的是 CPU 的取指指令和地址关系，不管是几级流水线，都可以按照最初的 3 级流水线的操作特性来判断其当前的 PC 位置，这样做主要是考虑软件兼容性。

3. 影响流水线性能的因素

1）互锁

在典型的程序处理过程中，经常会遇到这样的情形，即一条指令的结果被用作下一条指令的操作数。例如如下指令序列：

```
LDR R0, [ R0 ,#0 ]
ADD R0, R0, R1    ;在 5 级流水线上产生互锁
```

从上述例子可以看出，流水线的操作可能产生中断，因为第 1 条指令的结果在第 2 条指令取数时还没有产生。第 2 条指令必须暂停，直到结果产生为止。

2）跳转指令

跳转指令也会破坏流水线的行为，因为后续指令的取指步骤受到跳转目标计算的影响，因此必须推迟。但是，当跳转指令被译码时，在它被确认是跳转指令之前，后续的取指操作已经发生。这样一来，已经被预取进入流水线的指令不得不被丢弃。如果跳转目标的计算是在 ALU 阶段完成的，那么在得到跳转目标之前已经有两条指令按原有指令流读取。

显然，只有当所有指令都依照相似的步骤执行时，流水线的效率才能达到最高。如果处理器的指令非常复杂，每一条指令的行为都与下一条指令不同，那么就很难用流水线实现。

2.2　ARM 处理器的工作状态

2.2.1　两种工作状态

ARM 处理器有两种工作状态：

（1）ARM 状态：此时处理器执行 32 位的字对齐的 ARM 指令；

（2）Thumb 状态：此时处理器执行 16 位的半字对齐的 Thumb 指令。

在程序的执行过程中，微处理器可以随时在两种工作状态之间切换，并且处理器工作状态的转变并不影响处理器的工作模式和相应寄存器中的内容。

2.2.2　工作状态的切换

ARM 指令集和 Thumb 指令集均有切换处理器状态的指令，这样就可以在两种工作状态之间切换。在 ARMv4 版本中可以实现程序间处理器工作状态切换的指令为 BX，从 ARMv5 版本开始，指令 BLX、LDR 及 LDM 也可以实现处理器工作状态的切换。下面以 BX 指令为例，介绍处理器工作状态是如何切换的。

BX 指令的语法格式如下：

```
BX {cond}   <Rm >
```

{cond}：指令的条件码，忽略时无条件执行。

<Rm>：寄存器中为跳转的目标地址，当 Rm 寄存器的 bit[0] 为 0 时，目标地址处的指令为 ARM 指令；当 Rm 寄存器的 bit[0] 为 1 时，目标地址处的指令为 Thumb 指令。

指令操作的伪代码如下：

```
if condition passed (cond) then
T Flag = Rm[0]
PC = Rm & 0XFFFFFFFE   ;将寄存器 Rm 的值与 0XFFFFFFFE 按位与操作后赋值
给 PC
```

ARM 指令是字节对齐的（指令首地址的后两位 bit[1:0] = 0b00），也就是指令在存储器中的首地址的最后两位必须都为 0；Thumb 指令是半字对齐的（指令首地址的最后一位 bit[0] = 0x0），也就是指令的最后一位必须为 0。因此，BX 指令（不管是往 ARM 指令跳转还是往 Thumb 指令跳转）必须保证指令地址的最后一位为 0（上述伪代码将寄存器 Rm 与 0XFFFFFFFE 按位与操作，就能够使指令地址的最后一位为 0）。

注意：ARM 处理器在复位或上电时处于 ARM 状态，发生异常时也处于 ARM 状态。如果处理器在 Thumb 状态进入异常，则当异常处理返回时，仍然回到之前的 Thumb 状态。

2.3　ARM 处理器的工作模式

一款 ARM 处理器的工作模式的数量主要取决于处理器的架构，其中，ARMv7 及 ARMv7 版本之前的处理器有 6 种工作模式，分别为用户模式、快速中断模式、外部中断模式、数据访问中止模式、未定义指令中止模式、系统模式，而 ARMv7 版本之后的处理器除了保留原来的 6 种工作模式之外，还增加了管理模式和监控模式，具体描述见表 2 – 1。

表 2 – 1　ARM 处理器的工作模式

ARM 处理器的工作模式	简写	描述
用户模式（User）	usr	正常程序执行模式，大部分任务在这个模式下执行
快速中断模式（FIQ）	fiq	当一个高优先级（fast）中断产生时将会进入这种模式，一般用于高速数据通道和传输处理
外部中断模式（IRQ）	irq	当一个低优先级（normal）中断产生时将会进入这种模式，一般用于通常的中断处理
管理模式（Supervisor）	svc	当复位或软中断指令执行时进入这种模式，是一种供操作系统使用的保护模式
数据访问中止模式（Abort）	abt	当向内存取数据异常时将会进入这种模式，用于虚拟存储或存储保护
未定义指令中止模式（Undef）	und	当执行未定义指令时进入这种模式，有时用于通过软件仿真协处理器硬件的工作方式
系统模式（System）	sys	使用和用户模式相同寄存器集的模式，用于运行特权级操作系统任务
监控模式（Monitor）	mon	可以在安全模式与非安全模式之间进行转换

除用户模式外的其他 7 种工作模式称为特权模式（Privileged Modes）。在特权模式下，程序可以访问所有系统资源，也可以任意进行 ARM 处理器工作模式的切换。其中以下 6 种工作模式又称为异常模式：

（1）快速中断模式（FIQ）；

（2）外部中断模式（IRQ）；

（3）管理模式（Supervisor）；

（4）数据访问中止模式（Abort）；

（5）未定义指令中止模式（Undef）；

（6）监控模式（Monitor）。

ARM 处理器工作模式可以通过软件控制进行切换，也可以通过外部中断或异常处理过程进行切换。大多数用户程序运行在用户模式下，当 ARM 处理器工作在用户模式下时，应用程序不能访问受操作系统保护的一些系统资源，应用程序也不能直接进行工作模式切换。当需要进行工作模式切换时，应用程序可以产生异常处理，在异常处理过程中进行工作模式切换。这种体系结构可以使操作系统控制整个系统资源的使用。

当应用程序发生异常中断时，ARM 处理器进入相应的异常模式。在每一种异常模式中都有一组专用寄存器供相应的异常处理程序使用，这样就可以保证在进入异常模式时用户模式下的寄存器（保存程序运行状态）不被破坏。

系统模式并不是通过异常过程进入的，它和用户模式具有完全一样的寄存器组。但是系统模式属于特权模式，可以访问所有的系统资源，也可以直接进行工作模式切换。它主要供操作系统的任务使用，通常操作系统的任务需要访问所有的系统资源，同时该任务仍然使用用户模式的寄存器组，而不是使用异常模式下相应的寄存器组，这样可以保证当异常中断发生时任务状态不被破坏。

2.4 ARM 处理器的寄存器组织

ARM 处理器有如下 40 个 32 位长的寄存器：

（1）33 个通用寄存器，包括程序计数器 PC。

（2）7 个状态寄存器：1 个当前程序状态寄存器（Current Program Status Register，CPSR），6 个备份程序状态寄存器（Saved Program Status Register，SPSR）。

如上所述，ARM 处理器共有 8 种不同的工作模式，在每一种工作模式中都有一组相应的物理上独立的寄存器组（逻辑上寄存器编号一致）。表 2-2 列出了 ARM 状态下的寄存器组织，其中有底纹标注的寄存器为物理空间上独立的寄存器。

表 2-2 ARM 状态下的寄存器组织

用户模式 （User）	系统模式 （System）	管理模式 （Supervisor）	数据访问 中止模式 （Abort）	未定义指令 中止模式 （Undef）	监控模式 （Monitor）	外部中断 模式 （IRQ）	快速中断 模式 （FIQ）
R0	R0	R0	R0	R0	R0	R0	R0
R1	R1	R1	R1	R1	R1	R1	R1
R2	R2	R2	R2	R2	R2	R2	R2
R3	R3	R3	R3	R3	R3	R3	R3
R4	R4	R4	R4	R4	R4	R4	R4
R5	R5	R5	R5	R5	R5	R5	R5
R6	R6	R6	R6	R6	R6	R6	R6
R7	R7	R7	R7	R7	R7	R7	R7
R8	R8	R8	R8	R8	R8	R8	R8_fiq
R9	R9	R9	R9	R9	R9	R9	R9_fiq

用户模式 （User）	系统模式 （System）	管理模式 （Supervisor）	数据访问 中止模式 （Abort）	未定义指令 中止模式 （Undef）	监控模式 （Monitor）	外部中断 模式 （IRQ）	快速中断 模式 （FIQ）
R10	R10	R10	R10	R10	R10	R10	R10_fiq
R11	R11	R11	R11	R11	R11	R11	R11_fiq
R12	R12	R12	R12	R12	R12	R12	R12_fiq
R13	R13	R13_svc	R13_abt	R13_und	R13_mon	R13_irq	R13_fiq
R14	R14	R14_svc	R14_abt	R14_und	R14_mon	R14_irq	R14_fiq
PC	PC	PC	PC	PC	PC	PC	PC
CPSR	CPSR	CPSR	CPSR	CPSR	CPSR	CPSR	CPSR
—	—	SPSR_svc	SPSR_abt	SPSR_und	SPSR_mon	SPSR_irq	SPSR_fiq

当前处理器的模式决定着可以操作哪组寄存器，任何模式都可以存取下列寄存器：

（1）相应的 R0 ~ R12。

（2）相应的 R13 ［栈指针（Stack Pointer，SP）］和 R14 ［链接寄存器（Link Register，LR）］。

（3）相应的 R15（PC）。

（4）相应的 CPSR。

特权模式（除系统模式外）还可以存取相应的 SPSR。通用寄存器根据其分组与否可分为以下两类：

（1）未分组寄存器（Unbanked Register），包括 R0 ~ R7。

（2）分组寄存器（Banked Register），包括 R8 ~ R14。

2.4.1　通用寄存器

1. 未分组寄存器

在所有运行模式下，未分组寄存器都指向同一个物理寄存器，它们未被系统用作特殊的用途。因此在中断或异常处理进行工作模式切换时，由于不同的工作模式均使用相同的物理寄存器，因此可能造成寄存器中数据的破坏，需要对数据进行保护。

2. 分组寄存器

对于分组寄存器，它们每一次所访问的物理寄存器都与当前处理器的运行模式有关。对于 R8 ~ R12 来说，每个寄存器对应 2 个不同的物理寄存器，当使用快速中断模式时，访问寄存器 R8_fiq ~ R12_fiq；当使用除快速中断模式以外的其他工作模式时，访问寄存器 R8_usr ~ R12_usr。

对于寄存器 R13 和 R14 来说，每个寄存器对应 7 个不同的物理寄存器，其中一个是用户模式与系统模式共用，另外 6 个物理寄存器对应其他 6 种不同的运行模式，并采用以下记号区分不同的物理寄存器，名字形式如下：

（1）R13_＜mode＞；

（2）R14_＜mode＞。

其中，＜mode＞可以是以下几种工作模式之一：usr、sys、svc、abt、und、irp、fiq 及 mon。

除了保存数据，ARM 体系结构中习惯将几个寄存器用作其他特殊功能，如下所述：

（1）R13 寄存器在 ARM 处理器中常用作栈指针。当然，这只是一种习惯用法，并没有任何指令强制性地使用 R13 作为栈指针，用户完全可以使用其他寄存器作为栈指针。而在 Thumb 指令集中，有一些指令强制性地将 R13 作为栈指针，如栈操作指令。

由于 ARM 处理器的每种工作模式均有独立的物理寄存器 R13，在用户应用程序的初始化部分，一般都要初始化每种工作模式下的 R13，使其指向该工作模式的栈空间。这样，当程序的运行进入异常模式时，可以将需要保护的寄存器放入 R13 所指向的栈空间，而当程序从异常模式返回时，则从对应的栈中恢复，采用这种方式可以保证异常发生后程序正常执行。

（2）R14 寄存器在 ARM 体系结构中具有两种特殊的作用，每一种 ARM 处理器工作模式用自己的 R14 存放当前子程序的返回地址。当通过 BL 或 BLX 指令调用子程序时，R14 被设置成该子程序的返回地址，而在子程序返回时，把 R14 的值复制到程序计数器（PC）。典型的做法是使用下列两种方法之一：

①返回时执行下面任何一条指令：

```
MOV PC, LR
BX LR
```

②在子程序入口处使用下面的指令将 PC 保存到栈中。

```
STMFD SP!, {＜register＞, LR}
```

在子程序返回时，使用如下相应的配套指令返回：

```
LDMFD SP!, {＜register＞, PC}
```

当异常中断发生时，该异常模式特定的物理寄存器 R14 被设置成该异常模式的返回地址，对于有些模式 R14 的值可能与返回地址有一个常数的偏移量（如数据异常使用"SUB PC, LR, #8"返回）。具体的返回方式与上面的子程序返回方式基本相同，但使用的指令稍有不同，以保证当异常出现时正在执行的程序的状态被完整保存。另外，R14 也可以用作通用寄存器。

3. 程序计数器（R15）

寄存器 R15 用作程序计数器（PC）。在 ARM 状态下，由于 ARM 指令是字节对齐的，所以 PC 的第 0 位和第 1 位总为 0；在 Thumb 状态下，PC 的第 0 位为 0。R15 虽然可以作为一般的通用寄存器使用，但是有一些指令在使用 R15 时有一些特殊限制。违反这些限制时，该指令执行结果将是不可预料的。

由于 ARM 体系结构采用流水线机制（以 3 级流水线为例），PC 总是指向"正在取指"的指令，而不是指向"正在执行"的指令或正在"译码"的指令。人们习惯将"正在执行的指令作为参考点"，称之为当前第 1 条指令，因此 PC 总是指向第 3 条指令。在 ARM 状态下，每条指令为 4 字节长，所以 PC 始终指向该指令地址加 8 字节的地址，即 PC 值 = 当前程序执行位置 + 8；

2.4.2 　当前程序状态寄存器

CPSR 可以在任何工作模式下被访问，它包含下列内容：

（1）ALU 状态标志的备份。

（2）当前的 ARM 处理器工作模式。

（3）中断使能标志。

（4）ARM 处理器的工作状态。每一种工作模式下都有一个专用的物理寄存器作 SPSR。当特定的异常中断发生时，这个物理寄存器负责存放 CPSR 的内容。当异常处理程序返回时，再将其内容恢复到 CPSR。

CPSR（和保存它的 SPSR）中的位分配见表 2 - 3。

表 2 - 3　状态寄存器的格式

bit[31]	bit[30]	bit[29]	bit[28]	bit[27]	……	bit[7]	bit[6]	bit[5]	bit[4:0]
N	Z	C	V	Q	……	I	F	T	M4 ~ M0

下面给出各个标志位的定义。

1. 标志位

N（Negative）、Z（Zero）、C（Carry）和 V（overflow）通称为条件标志位。这些条件标志位会根据程序中的算术指令或逻辑指令的执行结果进行修改，而且这些条件标志位可由大多数指令检测以决定指令是否执行（即条件执行时的标志码）。各条件标志位的具体含义如下。

1）N 标志位

本位设置成当前指令运行结果的 bit[31] 的值。当两个由补码表示的有符号整数运算时，N = 1 表示运算的结果为负数，N = 0 表示运算的结果为正数或零。

2）Z 标志位

Z = 1 表示运算的结果为零，Z = 0 表示运算的结果不为零。

3）C 标志位

下面分 4 种情况讨论 C 标志位的设置方法。

（1）在加法指令中（包括比较指令 CMP），当结果产生了进位（即无符号数运算发生上溢出），则 C = 1；其他情况下 C = 0。

（2）在减法指令中（包括比较指令 CMP），当运算中发生了借位（即无符号数运算发生下溢出），则 C = 0；其他情况下 C = 1。

（3）对于在操作数中包含移位操作的运算指令（非加/减法指令），C 标志位被设置成被移位寄存器最后移出去的位。

（4）对于其他非加/减法运算指令，C 标志位的值通常不受影响。

4）V 标志位

下面分两种情况讨论 V 标志位的设置方法。

（1）对于加/减法运算指令，当操作数和运算结果都是以二进制的补码表示的带符号数，且运算结果超出了有符号运算的范围时溢出。V = 1 表示符号位溢出。

（2）对于非加/减法指令，通常不改变 V 标志位的值（具体可参照 ARM 指令手册）。

2. Q 标志位

在带 DSP 指令扩展的 ARMv5 及更高版本中，bit[27] 被指定用于指示增强的 DSP 指令是否发生了溢出，因此也被称为 Q 标志位。同样，在 SPSR 中 bit[27] 也被称为 Q 标志位，用于在异常中断发生时保存和恢复 CPSR 中的 Q 标志位。

在 ARMv5 以前的版本及 ARMv5 的非 E 系列处理器中，Q 标志位没有被定义，属于待扩展的位。

3. 控制位

CPSR 的低 8 位（I、F、T 及 M[4:0]）统称为控制位。当异常发生时，这些位的值将发生相应的变化。另外，在特权模式下，也可以通过软件编程来修改这些位的值。

1）中断禁止位

I = 1，IRQ 被禁止；I = 0，IRQ 被允许。

F = 1，FIQ 被禁止；F = 0，FIQ 被允许。

2）状态控制位

T 是 ARM 处理器的工作状态指示位。

对于 ARMv4 及以上版本的 T 系列处理器，T = 0，表示 ARM 处理器正处于 ARM 状态（即正在执行 32 位的 ARM 指令）。T = 1，表示 ARM 处理器处于 Thumb 状态（即正在执行 16 位的 Thumb 指令）。

对于 ARMv5 及以上版本的非 T 系列处理器，T = 0，表示 ARM 处理器正于 ARM 状态；T = 1，执行下一条指令以引起未定义的指令异常。

3）模式控制位

M[4:0] 作为模式控制位，其组合确定了 ARM 处理器处于哪种状态。表 2 - 4 列出了其具体含义，只有表中列出的组合是有效的，其他组合无效。

表 2 - 4　状态控制位 M[4:0]

M[4:0]	ARM 处理器的工作模式	可以访问的寄存器
0b10000	User	PC，R14 ~ R0，CPSR
0b10001	FIQ	PC，R14_fiq ~ R8_fiq，R7 ~ R0，CPSR，SPSR_fiq
0b10010	IRQ	PC，R14_irq ~ R13_irq，R12 ~ R0，CPSR，SPSR_irq
0b10011	Supervisor	PC，R14_svc ~ R13_svc，R12 ~ R0，CPSR，SPSR_svc

M[4:0]	ARM 处理器的工作模式	可以访问的寄存器
0b10111	Abort	PC，R14_abt ~ R13_abt，R12 ~ R0，CPSR，SPSR_abt
0b11011	Undefined	PC，R14_und ~ R13_und，R12 ~ R0，CPSR，SPSR_und
0b11111	System	PC，R14 ~ R0，CPSR（ARMv4 及更高版本）
0b10110	Monitor	PC，R14_mon ~ R13_mon，R12 ~ R0，CPSR，SPSR_mon

2.5 ARM 处理器的异常

在 ARM 体系中，通常有以下 3 种方式来控制程序的执行流程。

1. 正常程序执行

在正常程序执行过程中，每执行一条 ARM 指令，PC 的值加 4 个字节，每执行一条 Thumb 指令，PC 的值加 2 个字节，整个过程是顺序执行的。

2. 跳转指令执行

可想而知，一个有意义的应用程序，编译器是不可能将所有的指令都按顺序排列的。通过跳转指令，程序可以跳转到特定的地址标号处执行，或者跳转到特定的子程序处执行。其中，B 指令用于执行跳转操作；BL 指令在执行跳转操作的同时，还自动保存子程序的返回地址；BX 指令在执行跳转操作的同时，根据目标地址的最低位，可以将程序状态切换到 Thumb 状态；BLX 指令执行 3 个操作：①跳转到目标地址处执行；②自动保存子程序的返回地址；③根据目标地址的最低位，判断是否需要将程序状态切换到 Thumb 状态。

3. 异常中断执行

上述两种情况是可预知的程序流，只要符合一定的条件，就一定会按照设定的指令流往下执行。异常则不一样，异常的发生时间是不可预知的，当异常发生后，系统执行完当前指令后，将跳转到相应的异常处理程序处执行。当异常处理程序执行完成后，程序返回到发生异常的指令的下一条指令处执行。在进入异常处理程序时，要保存被中断的程序的执行现场，在从异常处理程序退出时，要恢复被中断的程序的执行现场。

2.5.1 ARM 异常概述

异常可以由内部源或者外部源产生，并引起 ARM 处理器处理一个事件。例如，外部中断或者试图执行未定义指令都会产生异常。在处理异常之前，ARM 处理器的状态必须保存，以便在处理异常完成后，原来程序能够继续执行。在同一时刻，可能出现多个异常，这时要根据各个异常的优先级选择响应优先级最高的异常进行处理。

单片机课程介绍了中断的概念和作用，ARM 异常与中断的作用类似，但从概念上来看，异常比中断的概念更大一些，也就是异常包含中断，是中断的扩展，为了说明这个问题，请看图 2-7。

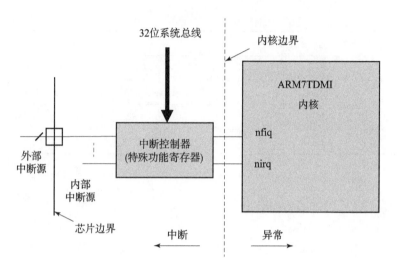

图 2 - 7　芯片 S3C4510B 的中断控制器结构

图 2 - 7 所示是芯片 S3C4510B 的中断控制器结构，中断控制器管理芯片外部中断（如 I/O 引脚中断）与内部中断源（如内部定时器中断），并将这些中断源映射到内核的 irq 或 fiq 异常。可见：① 对于 ARM 体系结构来说，中断是异常的一部分；② 中断一般是芯片内核之外产生的，而异常除了由这些内核外部事件产生，还由内核自身产生（如未定义指令异常）。

ARM 体系结构共支持 7 种异常类型，见表 2 - 5。

表 2 - 5　ARM 体系结构支持的异常类型及 ARM 处理器工作模式

异常类型	处理器工作模式	具体含义
复位异常 （Reset）	管理模式	当 ARM 处理器的复位引脚有效时，系统产生复位异常，程序跳转到复位异常处理程序处执行。复位异常通常用在下面两种情况下： （1）系统上电时； （2）系统复位时。 跳转到复位异常向量处执行，称为软复位
未定义指令异常 （Undefined Instruction）	未定义指令中止模式	当 ARM 处理器或者是系统中的协处理器认为当前指令未定义时，产生未定义指令异常。可以通过该异常机制仿真 VFP
软件中断异常 （Software Interrupt，SWI）	管理模式	这是一个由用户定义的异常指令。可用于用户模式下的程序调用特权操作指令。在实时多任务操作系统中可以通过该机制实现系统功能 API 调用
指令预取中止异常 （Prefetch Abort）	数据访问中止模式	如果 ARM 处理器预取的指令地址不存在，或者该地址不允许当前指令访问，当该被预取的指令执行时，ARM 处理器产生指令预取中止异常

异常类型	处理器工作模式	具体含义
数据中止异常 （Data Abort）	数据访问中止模式	如果数据访问指令的目标地址不存在，或者该地址不允许当前指令访问，ARM 处理器产生数据中止异常
外部中断请求异常 （IRQ）	外部中断模式	当 ARM 处理器的外部中断请求引脚有效，而且 CPSR 的 I 控制位被清除时，ARM 处理器产生外部中断请求异常。系统中各外设通常通过该异常请求处理服务
快速中断请求异常 （FIQ）	快速中断模式	当 ARM 处理器的快速中断请求引脚有效，而且 CPSR 的 F 控制位被清除时，ARM 处理器产生快速中断请求异常

2.5.2　ARM 异常的处理过程

ARM 处理器对异常的响应过程是，当异常产生时，ARM 内核将自动完成以下工作：

（1）保存 ARM 处理器当前状态、中断屏蔽位以及各条件标志位。这是通过将 CPSR 的内容保存到将要执行的异常对应的 SPSR 中实现的。各异常有自己的物理 SPSR。

（2）设置 CPSR 中相应的位，使处理进入相应的执行模式；设置 CPSR 中相应的位，禁止外部中断请求异常，当进入快速中断模式时，禁止快速中断请求异常；

（3）将寄存器 LR_mode 设置成异常返回地址；

（4）将 PC 设置成该异常的异常向量地址，从而跳转到相应的异常处理程序处执行。

上述 ARM 处理器对异常的响应过程可以用如下伪代码描述：

```
R14_<exception mode> = return link
SPSR_<exception mode> = CPSR
CPSR[4:0] = exception mode number
CPSR[5] = 0   /*表示运行于 ARM 状态,异常处理程序必须处理 ARM 状态 */
if <exception mode> == Reset or FIQ then /* 当复位或产生快速中断请求异常时,禁止新的快速中断请求异常
CPSR[6] = 1
CPSR[7] = 1 /*禁止新的外部中断请求异常
PC = exception vector address
```

下面按异常的类型分情况讨论。

1. 响应复位异常

当 ARM 处理器发生复位异常时，系统进入管理模式，切换到 ARM 状态，同时禁止快速中断请求异常和外部中断请求异常，然后设置 PC 使其从复位地址 0x00000000（或者

0xFFFF0000）取下一条指令执行，伪代码描述如下：

```
R14_svc = UNPREDICTABLE value
SPSR_svc = UNPREDICTABLE value
CPSR[4:0] = 0b10011              /*进入管理模式*/
CPSR[5] = 0                      /*切换到 ARM 状态*/
CPSR[6] = 1                      /*禁止快速中断请求异常*/
CPSR[7] = 1                      /*禁止外部中断请求异常*
if high vectors configured then
    PC = 0XFFFF0000
else
    PC = 0x0000000
```

2. 响应未定义指令异常

当处理器发生未定义指令异常时，系统将下一条指令的地址存入 R14_und，同时将 CPSR 的值复制到 SPSR_und 中；然后强制设置 CPSR 的值，使系统进入未定义指令工作模式，同时切换到 ARM 状态；设置 CPSR 的 I 位为 1，用来禁止外部中断请求异常；最后设置 PC，使其从未定义指令异常向量地址 0x00000004（或者 0xFFFF0004）取下一条指令执行。伪代码描述如下：

```
R14_und = address of next instruction after the undefined instruction
SPSR_und = CPSR
CPSR[4:0] = 0b11011              /*进入未定义模式*/
CPSR[5] = 0                      /*切换到 ARM 状态*/
                                /*CPSR[6]不变*
CPSR[7] = 1                      /*禁止外部中断请求异常*/
if high vectors configured then
    PC = 0xFFFF0004
else
    PC = 0x00000004
```

3. 响应软件中断异常

当 ARM 处理器发生软件中断异常时，系统将下一条指令地址存入 R14_svc。同时将 CPSR 的值复制到 SPSR_svc 中，然后强制设置 CPSR 的值，使系统进入管理模式，同时切换到 ARM 状态；设置 CPSR 的位 I 为 1，用来禁止快速中断请求异常，最后设置 PC，使其从软件中断异常向量地址 0x00000008（或者 0xFFFF0008）取下一条指令执行。伪代码描述如下：

```
R14_svc = address of next instruction after the swi instruction
R14_svc = CPSR
CPSR[4:0] = 0b10011          /*进入管理模式*/
CPSR[5] = 0                  /*切换到 ARM 状态*/
                            /*CPSR[6]不变*/
CPSR[7] = 1                  /*禁止快速中断请求异常*/
if high vectors configured then
    PC = 0xFFFF0008
else
    PC = 0x00000008
```

4. 响应指令预取中止异常

当 ARM 处理器发生指令预取中止异常时，系统将下一条指令的地址存入 R14_abt，同时将 CPSR 的值复制到 SPSR_abt 中，然后强制设置 CPSR 的值，使系统进入数据访问中止模式，同时切换到 ARM 状态；设置 CPSR 的 I 位为 1，用来禁止外部中断请求异常，最后设置 PC，使其从指令预取中止异常向量地址 0x0000000C（或者 0xFFFF000C）取下一条指令执行。伪代码描述如下：

```
R14_abt = address of the aborted instruction + 4
SPSR_abt = CPSR
CPSR[4:0] = 0b10111          /*进入指令预取中止模式*/
CPSR[5] = 0                  /*切换到 ARM 状态*/
                            /*CPSR[6]不变*/
CPSR[7] = 1                  /*禁止外部中断请求异常*/
if high vectors configured then
    PC = 0XFFFF000C
else
    PC = 0x0000000C
```

5. 响应数据访问中止异常

当 ARM 处理器发生数据访问中止异常时，系统将下一条指令的地址存入 R14_abt，同时将 CPSR 的值复制到 SPSR_abt 中，然后强制设置 CPSR 的值，使系统进入数据访问中止模式，同时切换到 ARM 状态；设置 CPSR 的 I 位为 1，用来禁止外部中断请求异常，最后设置 PC，使其从数据中止异常向量地址 0x00000010（0xFFFF0010）取下一条指令执行。伪代码描述如下：

```
R14 = address of the aborted instruction +8
SPSR_abt = CPSR
CPSR[4:0] = 0b10111          /* 进入数据访问中止模式 */
CPSR[5] = 0                  /* 切换到 ARM 状态 */
                            /* CPSR[6]不变 */
CPSR[7] = 1                  /* 禁止外部中断请求异常 */
if high vectors configured then
    PC = 0XFFFF0010
else
    PC = 0x00000010
```

6. 响应外部中断请求异常

当 ARM 处理器发生异常时，系统将下一条指令的地址存入 R14_irq，同时将 CPSR 的值复制到 SPSR_ irq 中，然后强制设置 CPSR 的值，使系统进入外部中断模式，同时切换到 ARM 状态；设置 CPSR 的 I 位为 1，用来禁止外部中断请求异常，最后设置 PC，使其从 IRQ 向量地址 0x00000018（0xFFFF0018）取下一条指令执行。伪代码描述如下：

```
R14_irq = address of next instruction to be executed +4
SPSR_irq = CPSR
CPSR[4:0] = 0b10010          /* 进入外部中断模式 */
CPSR[5] = 0                  /* 切换到 ARM 状态 */
                            /* CPSR[6]不变 */
CPSR[7] = 1                  /* 禁止外部中断请求异常 */
if high vectors configured then
    PC = 0xFFFF0018
else
    PC = 0x00000018
```

7. 响应快速中断请求异常

当处理器发生快速中断请求异常异常时，系统将下一条指令的地址存入 R14_fiq，同时将 CPSR 的值复制到 SPSR_ fiq 中，然后强制设置 CPSR 的值，使系统进入快速中断模式，同时切换到 ARM 状态；设置 CPSR 的 I 位和 F 位都为 1，用来禁止外部中断请求异常和快速中断请求异常，最后设置 PC，使其从快速中断请求异常向量地址 0x0000001C（0xFFFF001C）取下一条指令执行。伪代码描述如下：

```
R14_fiq = address of next instruction to be executed + 4
SPSR_fiq = CPSR
CPSR[4:0] = 0b10001        /*进入快速中断模式*/
CPSR[5] = 0               /*切换到 ARM 状态*/
CPSR[6] = 1               /*禁止快速中断请求异常*/
CPSR[7] = 1               /*禁止外部中断请求异常*/
if high vectors configured then
    PC = 0xFFFF001C
else
    PC = 0x0000001C
```

2.5.3　ARM 异常的返回过程

从异常处理程序中返回包括下面两个基本操作:

(1) 恢复被中断的程序的 ARM 处理器状态, 即把 SPSR_mode 寄存器的内容复制到 CPSR 中。

(2) 返回到发生异常的指令的下一条指令处执行, 即把 LR_mode 寄存器的内容减去相应地偏移量后赋值给 PC。

复位异常处理程序不需要返回, 因为整个应用系统是从复位异常处理程序开始执行的。

异常返回时一个非常重要的问题是返回地址的确定, 在异常发生时, 内核已经自动地将返回地址保存到 LR 中, 但是该 LR 中的值并不一定是正确的返回地址。实际上, 当异常发生时, PC 所指的位置对于各种不同的异常是不同的。同样, 返回地址对于各种不同的异常也是不同的。

在 ARM 体系结构里, PC 的值是当前执行指令的地址加 8 字节, 也就是说, 如果执行的指令是 BL 指令 (假设指令地址是 A), 那么会将 PC = A + 8 的保存到 LR 中, 接下来 ARM 处理器会马上自动地对 LR 进行调整, 即 LR = LR − 4 = A + 4。这样, 最终保存在 LR 中的地址刚好是 BL 指令跳转后的返回地址。这样的调整机制在所有的 LR 自动保存操作中都存在, 因此当异常响应过程内核自动保存返回地址到 LR 时, 也进行了一次 LR − 4 的自动调整。下面详细介绍各种异常中断处理程序的返回地址的计算。

1. 软件中断异常和未定义指令异常处理程序的返回

软件中断异常和未定义指令异常是由当前执行指令自身产生的, 当发生 SWI 和未定义指令异常时, PC 的值还未更新, 它指向当前指令后面的第 2 条指令 (对于 ARM 指令来说, 它指向当前指令地址加 8 个字节的位置; 对于 Thumb 指令来说, 它指向当前指令地址加 4 个字节的位置)。当 SWI 和未定义指令异常中断发生时, ARM 处理器将值 (PC − 4) 保存到异常模式下的寄存器 LR_mode 中。这时 (PC − 4) 即指向当前指令的下一条指令, 因此返回操作可以通过下面的指令实现:

```
MOV PC, LR
```

该指令将 LR 中的值复制到 PC 中,实现程序返回,同时将 SPSR_mode 寄存器的内容复制到 CPSR 中。

2. 外部中断请求异常和快速中断请求异常处理程序的返回

通常,ARM 处理器执行完当前指令后,查询外部中断请求引脚及快速中断请求引脚,并且查看系统是否允许外部中断请求异常及快速中断请求异常。如果有引脚有效,并且系统允许该异常产生,ARM 处理器将产生外部中断请求异常或快速中断请求异常。当产生外部中断请求异常和快速中断请求异常时,PC 的值已经更新,它指向当前指令后面的第 3 条指令(对于 ARM 指令来说,它指向当前指令地址加 12 个字节的位置;对于 Thumb 指令来说,它指向当前指令地址加 6 个字节的位置)。当产生外部中断请求异常和快速中断请求异常时,ARM 处理器将值(PC $-$ 4)保存到异常模式下的寄存器 LR_mode 中。这时(PC $-$ 4)即指向当前指令后的第 2 条指令。因此返回操作可以通过下面的指令实现:

```
SUBS PC, LR, #4
```

该指令将 LR 中的值减 4 后,复制到 PC 中,实现程序返回,同时将 SPSR_mode 寄存器的内容复制到 CPSR 中。

3. 指令预取中止异常处理程序的返回

在指令预取时,如果目标地址是非法的,该指令将被标记成有问题的指令。这时,流水线上该指令之前的指令继续执行。当执行到该被标记成有问题的指令时,ARM 处理器产生指令预取中止异常。

当发生指令预取中止异常时,程序要返回到该有问题的指令处,重新读取并执行该指令。因此指令预取中止异常处理程序应该返回到产生该指令预取中止异常的指令处,而不是像前面两种情况下返回到产生异常的指令的下一条指令处。

指令预取中止异常是由当前执行的指令自身产生的,当指令预取中止异常产生时,PC 的值还未更新,它指向当前指令后面的第 2 条指令(对于 ARM 指令来说,它指向当前指令地址加 8 个字节的位置;对于 Thumb 指令来说,它指向当前指令地址加 4 个字节的位置)。当指令预取中止异常产生时,ARM 处理器将值(PC $-$ 4)保存到异常模式下的寄存器 LR_mode 中。这时(PC $-$ 4)即指向当前指令的下一条指令。因此返回操作可以通过下面的指令实现:

```
SUBS PC, LR, #4
```

该指令将 LR 中的值减 4 后,复制到 PC 中,实现程序返回,同时将 SPSR_mode 寄存器的内容复制到 CPSR 中。

4. 数据访问中止异常处理程序的返回

跟指令预取中止异常一样,当发生数据访问中止异常时,程序要返回到该有问题的数据访问处,重新访问该数据。因此数据访问中止异常处理程序应该返回到产生该数据访问中止异常中断的指令处,而不是返回到当前指令的下一条指令处。

数据访问中止异常是由数据访问指令产生的，当数据访问中止异常产生时，PC 的值已经更新，它指向当前指令后面的第 3 条指令（对于 ARM 指令来说，它指向当前指令地址加 12 个字节的位置；对于 Thumb 指令来说，它指向当前指令地址加 6 个字节的位置）。当数据访问中止异常发生时，ARM 处理器将值（PC − 4）保存到异常模式下的寄存器 LR_mode 中。这时（PC − 4）即指向当前指令后的第 2 条指令。因此返回操作可以通过下面的指令实现：

```
SUBS PC, LR, #8
```

该指令将 LR 中的值减 8 后，复制到 PC 中，实现程序返回，同时将 SPSR_mode 寄存器的内容复制到 CPSR 中。

2.5.4　ARM 异常向量表

试想，异常处理程序在应用程序中没有任何调用点，异常发生时，是如何找到异常处理程序的？其实，产生某种异常中断后，系统会强制跳到固定地址开始执行程序，这些固定地址称为异常向量表。异常向量表可以存放在存储地址的低端或者高端，通常存放在低端。在 ARM 体系结构中，异常向量表的大小为 32 字节，每个异常占据 4 个字节的大小。异常向量表见表 2 − 6。

表 2 − 6　异常向量表

异常类型	异常向量地址（通常）	高向量地址
复位异常	0x0000, 0000	0xFFFF, 0000
未定义指令异常	0x0000, 0004	0xFFFF, 0004
软件中断异常	0x0000, 0008	0xFFFF, 0008
指令预取异常	0x0000, 000C	0xFFFF, 000C
数据中止异常	0x0000, 0010	0xFFFF, 0010
保留	0x0000, 0014	0xFFFF, 0014
外部中断请求异常	0x0000, 0018	0xFFFF, 0018
快速中断请求异常	0x0000, 001C	0xFFFF, 001C

每个异常对应的异常向量表中的 4 个字节的空间中存放了一个跳转指令或者一个对 PC 赋值的数据访问指令。通过这两种指令，程序将跳转到相应的异常处理程序处执行。但是，要注意的是，要将程序放在跳转指令能够跳转的范围内，否则会出现错误。可见，异常向量表跟单片机中的中断向量表的作用一样，即起到了指令执行的"跳板"作用。

2.5.5　ARM 异常优先级

当多个异常同时发生时，系统必须按照一定的次序处理这些异常。在 ARM 体系结构中，通过给各异常赋予一定的优先级来实现这种次序。ARM 异常优先级由高到低的排列次序见表 2 − 7。

表 2-7　ARM 异常优先级

优先级	异常类型
1（最高）	复位异常
2	数据中止异常
3	快速中断请求异常
4	外部中断请求异常
5	指令预取中止异常
6（最低）	未定义指令异常、软件中断异常

最后，补充两个关于 ARM 异常的问题：

（1）如 2.5.2 节所述，在 ARM 异常的响应处理过程中，ARM 内核会自动完成一些工作，但是寄存器压栈的保护需要程序员（或者说编译器）去完成，也就是在异常处理程序入口，会将该异常处理程序中需要用到的且又有有效数据的寄存器压入栈保护起来，在处理完之后退栈恢复现场，详见 5.3.3 节。

（2）快速中断请求异常的响应比外部中断请求异常的响应快，从内核的角度看，其原因有 3 个：

①外部中断请求异常模式下提供了更多物理上独立的寄存器。

ARM 的快速中断模式提供了更多的备份寄存器（R8～R14、SPSR），而外部中断模式提供的备份寄存器为 R13、R14、SPSR，这就意味着在 ARM 的外部中断模式下，异常处理程序自己要保存 R8～R12 寄存器（如上所述，压入栈），然后退出异常处理时程序要恢复这几个寄存器，而快速中断模式下，由于这几个寄存器都有备份寄存器，模式切换时 CPU 自动保存这些值到备份寄存器，退出快速中断模式时自动恢复，显然地，对内存的读写比寄存器操作慢得多，所以这个快速中断请求异常的响应比外部中断请求异常的响应快。

②快速中断请求异常比外部中断请求异常有更高优先级

快速中断请求异常的优先级为 3，外部中断请求异常的优先级为 4。如果快速中断请求异常和外部中断请求异常同时产生，那么快速中断请求异常将先被处理。

③ 快速中断请求异常位于异常向量表的最末尾。

异常向量表只是一个"跳板"，真正的异常处理程序需要跳转执行，而位于异常向量表的最末尾有一个潜在的好处，即可以将快速中断请求异常处理程序直接跟在异常向量表的后面，这样就无须跳转。

2.6　ARM 存储数据类型

2.6.1　ARM 的基本数据类型

ARM 采用的是 32 位架构，ARM 的基本数据类型有以下 3 种：

（1）Byte：字节，8 bit；

（2）Halfword：半字，16 bit（半字必须与 2 字节边界对齐）；

（3）Word：字，32 bit（字必须与 4 字节边界对齐）。

与 x86 的独立编址机制不同，ARM 存储器采用统一编址方式，存储器可以看作序号为 $0 \sim 2^{32} - 1$ 的线性字节阵列，内存、Flash、I/O 空间、I/O 特殊功能寄存器等存储单元都将映射到这个 4GB 的线性空间中。独立编址的每个存储单元都有自己独立的地址（比如有 2 个存储单元的地址都为 0x0），因此，为了区分这些存储空间的存取操作，需要在指令上进行区分设计。统一编址的好处是：存储空间统一映射，地址全局唯一，那么统一使用诸如 LDR、STR 指令访问即可。

其中每一个字节都有唯一的地址，字节可以占用任一位置。长度为 1 个字的数据项占用一组 4 字节的位置，该位置开始于 4 的倍数的字节地址（地址最末两位为 00）。半字占有两个字节的位置，该位置开始于偶数字节地址（地址最末一位为 0）。

注意以下几点：

（1）ARMv4 以上版本支持以上 3 种数据类型，ARMv4 以前版本仅支持字节和字。

（2）当将这些数据类型中的任意一种声明成 unsigned 类型时，n 位数据值表示范围为 $0 \sim 2^{n-1}$ 的非负数，使用二进制格式。

（3）当将这些数据类型的任意一种声明成 signed 类型时，n 位数据值表示范围为 $-2^{n-1} \sim 2^{n-1} - 1$ 的整数，使用二进制的补码格式。

（4）所有数据类型指令的操作数都是字类型的，如 "ADD r1, r0, #0x1" 中的操作数 "0x1" 就是以字类型数据处理的。

（5）Load/Store 数据传输指令可以从存储器存取传输数据，这些数据可以是字节、半字、字。加载时自动进行字节或半字的零扩展或符号扩展。对应的指令分别为 LDRB/STRB（字节操作）、LDRH/STRH（半字操作）、LDR/STR（字操作）。

（6）ARM 指令编译后是 4 个字节（与字边界对齐）。Thumb 指令编译后是 2 个字节（与半字边界对齐）。

2.6.2　浮点数据类型

浮点运算使用在 ARM 硬件指令集中未定义的数据类型。

尽管如此，ARM 公司在协处理器指令空间中也定义了一系列浮点指令。通常，这些指令全都可以通过未定义指令异常（此异常收集所有硬件协处理器不接受的协处理器指令）在软件中实现，但是其中的一小部分也可以由浮点运算协处理器 FPA10 以硬件方式实现。

另外，ARM 公司还提供了用 C 语言编写的浮点库作为 ARM 浮点指令集的替代方法（Thumb 代码只能使用浮点指令集），该库支持 IEEE 标准的单精度和双精度格式。C 编译器有一个关键字标志来选择这个例程。它产生的代码与软件仿真（通过避免中断、译码和浮点指令仿真）相比既快又紧凑。

2.6.3　存储器大/小端

从软件的角度看，内存相当于一个很大的字节数组，其中每个数组元素（字节）都是可寻址的。小端字节序和大端字节序是运算单元存放数据到存储单元时的两种不同顺序。大/小端的数据存放顺序也称为印第安序，分为小印第安序（小端）和大印第安序（大端）。对于一个多字节数据，在大端字节序系统中，存储空间的低地址上存放的是这个数据的高位字节，在高地址上存放的是数据的低位字节；而小端字节序则正好相反，在低地址上存放的是数据的低位字节，在高地址上存放的是数据的高位字节。例如，假设从内存地址 0x0000 开始有表 2 – 8 所示数据。

表 2 – 8 印第安序对读出数据的比较

地址	0x0000	0x0001	0x0002	0x0003
数据内容	0x12	0x34	0x56	0x78

当读取 0x0000 地址处的 32 位整数变量时，若字节序为大端，则读出结果为 0x12345678；若字节序为小端，则读出结果为 0x78563412。同样地，如果将 0x12345678 写入以 0x0000 开始的内存中，则小端和大端模式下的存放位置关系见表 2 – 9。

表 2 – 9 印第安序对数据写入的比较

地址	0x0000	0x0001	0x0002	0x0003
大端模式	0x12	0x34	0x56	0x78
小端模式	0x78	0x56	0x34	0x12

一般来说，x86 系列 CPU 都是小端模式的字节序，PowerPC、68K 系列处理器通常是大端模式，而 ARM 处理器支持大端模式和小端模式两种内存模式。

下面的例子显示了 ARM 使用内存大/小端存取数据时的区别。

程序执行前：

```
r0 = 0x11223344;
```

执行指令：

```
r1 = 0x100
STR r0,[r1]
LDRB r2,[r1]
```

程序执行后：

```
小端模式下:r2 = 0x44
大端模式下:r2 = 0x11
```

上面的例子提示了一个潜在的编程隐患。在大端模式下，一个字的高地址放的是数据的低位，而在小端模式下，数据的低位放在内存的低地址中。因此，要小心对待存储器中一个字内字节的顺序。

2.7　ARM 存储系统

2.7.1　ARM 存储系统概述

ARM 存储系统有非常灵活的体系结构，可以适应不同的嵌入式应用系统的需要。ARM 存储系统可以使用简单的平板式地址映射机制，就像一些简单的单片机一样，地址空间的分配方式是固定的，系统中各部分都使用物理地址；也可以使用其他技术提供功能更为强大的存储系统，例如：

（1）多种类型的存储器件，如 Flash、ROM、SRAM 等；

（2）Cache 技术；

（3）写缓存（Write Buffers）技术；

（4）虚拟内存和 I/O 地址映射技术。

大多数系统可以通过选用下面方法中的一种实现对复杂存储系统的管理：

（1）使用 Cache 技术，缩小处理器和存储系统的速度差别，从而提高存储系统的整体性能。

（2）使用内存映射技术实现虚拟空间到物理空间的映射，这种映射机制对嵌入式系统是非常重要的。嵌入式系统程序通常存放在 ROM/Flash 中，这样系统断电后程序能够得到保存。但是，ROM/Flash 与 SDRAM 相比不仅速度慢很多，而且基于 ARM 的嵌入式系统通常把异常向量表放在 RAM 中。通过内存映射机制可以满足这种需要，在系统加电时，将 ROM/Flash 映射为地址 0，这样可以进行一些初始化处理。当这些初始化处理完成后将 SDRAM 映射为地址 0，并把系统程序加载到 SDRAM 中运行，这样可很好地满足嵌入式系统的需要。

（3）引入存储保护机制，增强系统的安全性。

（4）引入一些机制，保证将 I/O 操作映射成内存操作后，各种 I/O 操作能够得到正确的结果。

ARM 存储系统是由多级构成的，可以分为内核级、芯片级、板卡级、外设级。图 2－8 所示为 ARM 存储系统的层次结构。

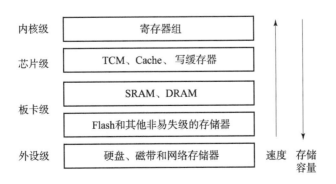

图 2－8　ARM 存储系统的层次结构

在这个层次结构中，每级都有特定的存储介质，以下对比各级系统中特定存储介质的存储性能：

（1）内核级的寄存器组。ARM 处理器寄存器组可看作存储器层次的顶层。这些寄存器被集成在 ARM 处理器内核中，在系统中提供最快的存储器访问。典型的 ARM 处理器有多个 32 位寄存器，其访问时间为 ns 量级。

（2）芯片级的 TCM 是为弥补 Cache 访问的不确定性而增加的存储器。TCM 是一种快速 SDRAM，它紧挨内核，并且保证取指和数据操作的时钟周期数，这一点对一些要求确定行为的实时算法是很重要的。TCM 位于存储器地址映射中，可作为快速存储器来访问。

（3）芯片级的片上 Cache 存储器的容量为 8～32 KB，访问时间大约为 10 ns。在高性能的 ARM 体系结构中，可能存在第二级片外 Cache，容量为几百 KB，访问时间为几十 ns。

（4）板卡级的 DRAM。主存储器的容量可能是几 MB～几十 MB 的动态存储器，访问时间大约为 100 ns。

（5）外设级的后援存储器，通常是硬盘，其容量可能为几百 MB～几个 GB，访问时间为几十 ms。

2.7.2　协处理器（CP15）

在 ARM 系统中，要实现对存储系统的管理，通常使用协处理器（CP15），它通常也被称为系统控制协处理器（System Control Coprocessor）。

ARM 处理器支持 16 个 CP15。在程序执行过程中，每个 CP15 忽略属于 ARM 处理器和其他 CP15 的指令。当一个 CP15 硬件不能执行属于它的 CP15 指令时，将产生未定义指令异常，在该异常处理程序中，可以通过软件模拟该硬件操作。例如，如果系统不包含向量浮点运算，则可以选择浮点运算软件模拟包支持向量浮点运算。CP15 负责完成大部分的存储系统管理。

在一些没有标准存储管理的系统中，CP15 是不存在的。在这种情况下，针对 CP15 的操作指令将被视为未定义指令，指令的执行结果不可预知。

CP15 包含 16 个 32 位寄存器，其编号为 0～15。实际上某些编号的寄存器可能对应多个物理寄存器，在指令中指定特定的标志位来区分这些物理寄存器。这种机制有些类似于 ARM 中的寄存器，当处于不同的处理器工作模式时，某些相同编号的寄存器对应于不同的物理寄存器。

CP15 中的寄存器可能是只读的，也可能是只写的，还有一些是可读/可写的。在对 CP15 寄存器进行操作时，需要注意以下几个问题：

（1）寄存器的访问类型（只读/只写/可读可写）；

（2）不同的访问引发不同的功能；

（3）相同编号的寄存器是否对应不同的物理寄存器；

（4）寄存器的具体作用。

2.7.3　存储管理单元（MMU）

在创建多任务嵌入式系统时，最好用一个简单的方式来编写、装载及运行各自独立的任务。目前大多数嵌入式系统不再使用自己定制的控制系统，而使用操作系统来简化这个过程。较高级的操作系统采用基于硬件的存储管理单元（MMU）来实现上述操作。

MMU 提供的一个关键服务是使各个任务作为各自独立的程序在自己的私有存储空间中运行。在带 MMU 的操作系统的控制下，运行的任务无须知道其他与之无关的任务的存储需求情况，这就简化了各个任务的设计。

MMU 提供了一些资源以允许使用虚拟存储器（将系统物理存储器重新编址，可将其看成一个独立于系统物理存储器的存储空间）。MMU 作为转换器，将程序和数据的虚拟地址（编译时的链接地址）转换成实际的物理地址，即在物理主存中的地址。这个转换过程允许运行的多个程序使用相同的虚拟地址，而各自存储在物理存储器的不同位置。

这样存储器就有两种类型的地址：虚拟地址和物理地址。虚拟地址由编译器和链接器在定位程序时分配；物理地址用来访问实际的主存硬件模块（物理上程序存在的区域）。

2.7.4　高速缓冲存储器（Cache）

Cache 是一个容量小，但存取速度非常快的存储器，它保存最近用到的存储器数据副本。对于程序员来说，Cache 是透明的，它自动决定保存哪些数据、覆盖哪些数据。现在Cache 通常与处理器在同一芯片上实现。Cache 能够发挥作用是因为程序具有局部性，所谓局部性就是指在任何特定的时间，处理器趋于对相同区域的数据（如栈）多次执行相同的指令（如循环）。

Cache 经常与写缓存器一起使用。写缓存器是一个非常小的先进先出（FIFO）存储器，位于 ARM 处理器内核与主存之间。使用写缓存器的目的是，将 ARM 处理器内核和Cache 从较慢的主存写操作中解脱出来。当 CPU 向主存储器作写操作时，它先将数据写入写缓存区中，由于写缓存器的速度很高，这种写操作的速度也将很高。写缓存区在 CPU空闲时，以较低的速度将数据写入主存储器中相应的位置。

通过引入 Cache 和写缓存器，存储系统的性能得到了很大的提高，但同时也带来了一些问题。例如，数据存在于系统中不同的物理位置，可能造成数据的不一致性；由于写缓存区的优化作用，可能有些写操作的执行顺序不是用户期望的顺序，从而造成操作错误。

2.8　ARM 的 I/O 映射

在 ARM 体系结构中，I/O 操作通常被映射成存储器操作。I/O 的输出操作可以通过存储器写入操作实现；I/O 的输入操作可以通过存储器读取操作实现，这样，I/O 空间就被映射成了存储空间。但这些存储器映射的 I/O 空间不满足 Cache 所要求的特性（即静态性，例如，从一个普通的存储单元连续读取两次，将返回同样的结果）。对于存储器映射的 I/O 空间，连续读取两次，返回的结果可能不同。这可能是由于第一次读操作有副作用或者其他操作影响了该存储器映射的 I/O 单元的内容。因此，对于存储器映射的 I/O 空间的操作就不能使用 Cache 技术，要将存储器映射的 I/O 空间设置成非缓冲的。

2.8.1　I/O 位置取指

不同 ARM 的实现在存储器指令取指时会有相当大的区别。因此强烈建议存储器映射的 I/O 位置只用于数据的装载和保存，不用于指令取指。任何依赖于从存储器映射 I/O 位置取指的系统设计都可能难以移植到将来的 ARM 实现。

2.8.2　I/O 空间数据访问

一个指令序列在执行时，会在不同时刻访问数据存储器，产生装载和保存访问的时序。如果这些装载和保存访问是正常的存储器位置，那么在它们访问相同的存储器位置时，只是执行交互操作，最终对不同存储器位置的保存和装载可以按照与指令不同的顺序执行，但不会改变最终的结果。这种改变存储器访问顺序的自由被存储器系统用来提高性能。

此外，对同一存储器位置的访问拥有其他可用提升性能的特性，其中包括：

（1）从相同的位置连续加载产生相同的结果。

（2）从一个位置执行加载操作，将返回最后保存到该位置的值。

（3）对某个数据规格的多次访问有时可合并成单个的更大规模的访问，例如，分别存储一个字所包含的两个半字可合并成单个字的存储。

如果存储器字、半字或字节访问的对象是存储器映射的 I/O 位置，一次访问会产生副作用，使后续访问改变成一个不同的地址。如果是这样，那么不同时间顺序的访问将会使代码序列产生不同的最终结果，因此访问存储器映射 I/O 位置时不能进行优化，它们的时间顺序绝对不能改变。在嵌入式 C 语言设计中，常使用 Volatile 关键字修饰存储器映射的 I/O 空间，以提示编译器不可对该存储位置进行优化操作，每次读写都必须严格地按照顺序来执行，关于关键字 Volatile 的说明，详见本书 5.2.3 节。

2.9　ARM 总线技术

ARM 公司于 1996 年提出高级微控制器总线结构（Advanced Microcontroller Bus Architecture，AMBA）。它使片上不同宏单元的连接实现标准化，并被 ARM 处理器广泛用作片上总线结构。

AMBA 规范定义了 3 种总线，分别为 AHB（Advanced High - performance Bus）、APB（Advanced Peripheral Bus）和 ASB（Advanced System Bus）。

2.9.1　AHB

AHB 主要用于高性能模块（如 CPU、DMA 和 DSP 等）之间的连接，作为 SOC 总线。它包括以下一些特性：

（1）单个时钟边沿操作；

（2）非三态的实现方式；

（3）支持突发传输；

（4）支持分段传输；

（5）支持多个主控制器；

（6）可配置 32 ~128 位总线宽度；

（7）支持字节、半字节和字的传输。

AHB 系统由主模块、从模块和基础结构（Infrastructure）3 部分组成，整个 AHB 上的传输都由主模块发出，由从模块负责回应。基础结构由仲裁器（arbiter）、主模块到从模块的多路器、从模块到主模块的多路器、译码器（decoder）、虚拟从模块（dummy Slave）、虚拟主模块（dummy Master）所组成。

图 2 −9 所示为意法半导体公司的芯片 STM32F756xx 系列的内部 AXI − AHB 总线矩阵架构，它通过一个 AXI 到多 AHB 的转接桥将 AXI4 协议转化为 AHB − Lite 协议。从图中可以看出，该系统具有 64 KB 的数据 DTCM RAM 及 16 KB 的指令 ITCM RAM，这两个高速 RAM 是直接挂载到内核中的；Flash、SRAM、DMA、以太网 MAC、USB、LCD 等高速设备挂载在 AHB 上，而 APB 则连接至其他低速设备。

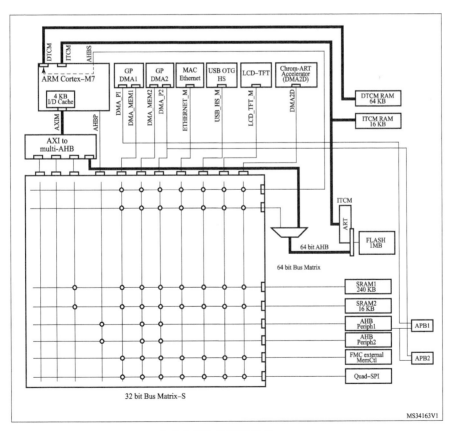

图 2 −9　意法半导体公司的芯片 STM32F756xx

系列的内部 AXI − AHB 总线矩阵架构

2.9.2 APB

APB 包括一个简单接口和支持低性能的外围接口，主要用于低带宽的周边外设之间的连接，它的架构不像 AHB 那样能够支持多个主模块。在 APB 里唯一的主模块就是 APB 桥。其特性包括：具有两个时钟周期传输、无须等待周期和回应信号、控制逻辑简单、只有 4 个控制信号等。APB 上的传输可以用图 2 – 10 说明。

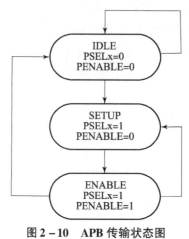

图 2 – 10   APB 传输状态图

（1）系统初始化为 IDLE 状态，此时没有传输操作，也没有选中任何从模块。

（2）当有传输要进行时，PSELx = 1，PENABLE = 0，系统进入 SETUP 状态，并只会在 SETUP 状态停留一个周期。当 PCLK 的下一个上升沿到来时，系统进入 ENABLE 状态。

（3）系统进入 ENABLE 状态时，维持之前在 SETUP 状态的 PADDR、PSEL、PWRITE 不变，并将 PENABLE 置为 1。传输也只会在 ENABLE 状态维持一个周期，在经过 SETUP 与 ENABLE 状态之后就已完成。之后如果没有传输要进行，就进入 IDLE 状态等待；如果有连续的传输，则进入 SETUP 状态。

2.9.3 ASB

AMBA 2.0 规范中的 ASB 适用于连接高性能的系统模块。它的读/写数据总线采用的是同一条双向数据总线，可以在某些高速且不必要使用 AHB 的场合作为系统总线，可以支持处理器、片上存储器和片外处理器接口及与低功耗外部宏单元之间的连接。

2.10   DMA 技术

2.10.1   DMA 技术简介

DMA 是 Direct Memory Access 的缩写，其本意是"直接存储器访问"。它是指一种高速的数据传输操作，允许在外部设备和存储器之间直接读写数据，既不通过 CPU，也不需要 CPU 干预。

可见，DMA 是一种外部设备不通过 CPU 而直接与系统内存交换数据的接口技术。要把外设的数据读入内存或把内存的数据传送到外设，一般都要通过 CPU 控制完成，如 CPU 程序查询或中断方式。利用中断进行数据传送，可以大大提高 CPU 的利用率。但是采用中断传送也有它的缺点，对于高速 I/O 设备，以及批量交换数据的情况，只能采用 DMA 方式，才能解决效率和速度问题。DMA 在外设与内存间直接进行数据交换，而不通过 CPU，这样数据传送的速度就取决于存储器和外设的工作速度。

采用 DMA 技术进行数据传输时，整个数据传输操作在一个称为"DMA 控制器"的控制下进行的。CPU 除了在数据传输开始和结束时作处理外，在传输过程中 CPU 可以进行其他工作。这样，在大部分时间里，CPU 和输入/输出都可以并行操作，从而使整个计算机系统的效率大大提高。

2.10.2　DMA 技术原理

DMA 技术允许不同速度的硬件装置相互沟通，而不需要依赖 CPU 的指令操作。否则，CPU 需要从数据来源把每一片段的数据复制到寄存器，然后把它们再次写回新的地方。在这个过程中，CPU 不能用于其他操作。

DMA 技术将数据直接从一个地址空间复制到另外一个地址空间，CPU 只需要初始化这个传输动作，传输动作本身是由 DMA 控制器来实行和完成。典型的例子就是移动一个外部内存的区块到芯片内部更快的内存区。这样的操作并没有拖延 ARM 处理器的工作，反而可以重新安排 ARM 处理器去处理其他工作。DMA 传输对于高性能嵌入式系统算法和网络是很重要的。

在实现 DMA 传输时，由 DMA 控制器直接掌管总线，因此，存在一个总线控制权转移问题，即 DMA 传输前，CPU 要把总线控制权交给 DMA 控制器，而在 DMA 传输结束后，DMA 控制器应立即把总线控制权再交回 CPU。DMA 传输过程示意如图 2 - 11 所示。

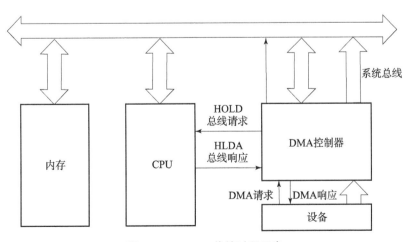

图 2 - 11　DMA 传输过程示意

2.10.3　DMA 传输过程

1. DMA 请求

CPU 对 DMA 控制器初始化，并向 I/O 接口发出操作命令，I/O 接口提出 DMA 请求。

2. DMA 响应

DMA 控制器对 DMA 请求判别优先级及进行屏蔽设置，向总线裁决逻辑提出总线请求。当 CPU 执行完当前总线周期即可释放总线控制权。此时，总线裁决逻辑输出总线应答，表示 DMA 已经响应，通过 DMA 控制器通知 I/O 接口开始 DMA 传输。

3. DMA 传输

DMA 控制器获得总线控制权后，CPU 即刻挂起或只执行内部操作，由 DMA 控制器输出读写命令，直接控制 RAM 与 I/O 接口进行 DMA 传输。在 DMA 控制器的控制下，在存储器和外设之间直接进行数据传输，在数据传输过程中不需要 CPU 参与。当然，在开始数据传输时需提供要传输数据的起始位置和数据长度。

4. DMA 传输结束

当完成规定的成批数据传输后，DMA 控制器即释放总线控制权，并向 I/O 接口发出结束信号。当 I/O 接口收到结束信号后，一方面停止 I/O 设备的工作，另一方面向 CPU 提出中断请求，使 CPU 从不介入的状态解脱，并执行一段检查本次 DMA 传输操作正确性的代码，最后带着本次操作结果及状态继续执行原来的程序。

由此可见，DMA 传输无须 CPU 直接控制传输，也没有中断处理方式中保留现场和恢复现场的过程，通过硬件为 RAM 与 I/O 设备开辟一条直接传送数据的通路，使 CPU 的效率大为提高。

思考题与习题

2.1　简述冯·诺依曼结构和哈佛结构的区别。

2.2　ARM 处理器的工作状态分为哪几种？它们是如何切换的？

2.3　ARM 处理器的工作模式有哪些？应用程序如何实现 ARM 处理器工作模式的切换？

2.4　ARM 芯片采用什么样的体系结构？这种体系结构的特点有哪些？

2.5　ARM 处理器内核有几个逻辑寄存器和几个物理寄存器？

2.6　ARM 使用那个寄存器存放程序的返回地址？

2.7　R13 寄存器通常用来存储什么？有什么作用？

2.8　状态寄存器的哪一位指示 ARM 处理器的状态？哪一位控制快速中断请求异常？哪一位控制外部中断请求异常？

2.9　如何禁止外部中断请求异常中断？

2.10　什么是 ARM 异常？ARM 异常有哪几个类型？

2.11　当一个异常出现后，ARM 处理器会执行那几步操作？

2.12　ARM 复位后，ARM 处理器处于何种工作模式、何种工作状态？

2.13　哪些机制使快速中断请求异常的响应速度比外部中断请求异常的响应快？

2.14　ARM 实现内存管理的单元叫什么？

2.15　数据存储时大/小端模式有什么区别？

2.16　阐述 AHB、APB 以及 ASB 的英文全称及其含义。

2.17　什么是 DMA 技术？简述 DMA 传输过程。

2.18　独立编址和统一编址各有什么特点？ARM 一般采用哪种编址方式？

第3章
ARM 处理器指令系统

3.1 ARM 指令集概述

ARM 处理器是基于 RISC 原理设计的，与基于 CISC 原理设计的处理器相比，指令集和相关译码机制较为简单。ARM 指令包括 32 位 ARM 指令集和 16 位 Thumb 指令集，其主要区别有：① ARM指令集效率高，但是代码密度低；而 Thumb 指令集具有较高的代码密度，却仍然保持 ARM 的大多数性能上的优势，它是 ARM 指令集的子集。② 所有 ARM 指令都可以有条件执行，而 Thumb 指令仅有一条指令具备条件执行功能。ARM 程序和 Thumb 程序可相互调用，相互之间的状态切换开销几乎为零。

ARM 处理器的指令集是加载/存储型的，即指令仅能处理寄存器中的数据，而且处理结果都要放回寄存器中。而对系统存储器的访问则需要通过专门的 Load/Store 指令来完成。

3.1.1 ARM 指令的分类

ARM 指令可以分为跳转指令、数据处理指令、程序状态寄存器（PSR）传输指令、Load/ Store 指令、协处理器指令和异常中断产生指令六大类。

3.1.2 ARM 指令的一般编码格式

ARM 指令的长度固定为 32 位，一条典型的 ARM 指令编码格式如见表 3 - 1：

表 3 - 1 ARM 指令编码格式（以数据处理指令为例）

位域	bit[31:28]	bit[27:25]	bit[24:21]	bit[20]	bit[19:16]	bit[15:12]	bit[11:0]
内容	{cond}	001	< opcode >	{S}	< Rn >	< Rd >	< shifter_oprand >

其中的符号及参数说明如下：

（1） < opcode >：指令操作符编码，常用指令助记符，如 ADD 表示算术加法指令。

（2）{cond}：可选的指令执行条件编码，表示执行该指令的条件。

（3）{S}：决定指令的操作是否影响 CPSR 的值。

（4）＜Rd＞：目标寄存器编码

（5）＜Rn＞：存放第 1 个操作数的寄存器编码。

（6）＜shifter_operand＞：表示指令的第 2 个操作数。

一条典型的 ARM 指令的语法格式如下：

```
<opcode>{cond}{S}  <Rd>,<Rn>,<shifter_operand>
```

其中，"＜＞"表示必选项，"{}"表示可选项。

ARM 指令集是以 32 位二进制编码的方式给出的，大部分的指令集编码中定义了第 1 个操作数、第 2 个操作数、目的操作数、条件标志影响位。每条 32 位 ARM 指令对应不同的二进制编码方式，实现不同的指令功能，具体指令如下：

（1）数据处理指令；

（2）乘法（乘加）指令；

（3）长乘（乘加）指令；

（4）数据交换指令；

（5）跳转交换指令；

（6）半字存取寄存器偏移指令；

（7）半字存取立即数偏移指令；

（8）单寄存器存取指令；

（9）未定义指令；

（10）多寄存器存取指令；

（11）跳转指令；

（12）协处理器数据存取指令；

（13）协处理器数据操作指令；

（14）协处理器寄存器传送指令；

（15）软中断指令。

根据以上 ARM 指令，其编码见表 3－2。

3.1.3　ARM 指令的条件码域

大多数 ARM 指令都可以有条件执行，也就是根据 CPSR 中的条件标志位决定是否执行该指令。当条件满足时执行该指令，当条件不满足时该指令被当作一条 NOP 指令，这时处理器进行判断中断请求等操作，然后转向下一条指令。

在 ARMv5 之前的版本中，所有指令都可以有条件执行；从 ARMv5 版本开始，引入了一些必须无条件执行的指令。

每条 ARM 指令包含 4 位条件码，见表 3－3。

表 3-2 ARM 指令集编码表

31	30	29	28	27	26	25	24	23	22	21	20	19	18	17	16	15	14	13	12	11	10	9	8	7	6	5	4	3	2	1	0
cond				0	0	I	Opcode				S	Rn				Rd				Operand2											
cond				0	0	0	0	0	0	A	S	Rd				Rn				Rs				1	0	0	1	Rm			
cond				0	0	0	0	1	U	A	S	RdHi				RdLo				Rs				1	0	0	1	Rm			
cond				0	0	0	1	0	B	0	0	Rn				Rd				0	0	0	0	1	0	0	1	Rm			
cond				0	0	0	1	0	0	1	0	1	1	1	1	1	1	1	1	1	1	1	1	0	0	0	1	Rn			
cond				0	0	0	P	U	0	W	L	Rn				Rd				0	0	0	0	1	S	H	1	Rm			
cond				0	0	0	P	U	1	W	L	Rn				Rd				offset				1	S	H	1	offset			
cond				0	1	I	P	U	B	W	L	Rn				Rd				Offset											
cond				0	1	1																					1				
cond				1	0	0	P	U	S	W	L	Rn				Register List															
cond				1	0	1	L	Offset																							
cond				1	1	0	P	U	N	W	L	Rn				CRd				CP#				Offset							
cond				1	1	1	0	op1				CRn				CRd				CP#				Op2			0	CRm			
cond				1	1	1	0	op1			L	CRn				Rd				CP#				Op2			1	CRm			
cond				1	1	1	1	SWI number																							

表 3 – 3　ARM 指令条件码格式

位域	bit[31:28]	bit[27:0]
内容	{cond}	其他编码内容

条件码共有 16 个，各条件码的含义和助记符见表 3 – 4。可条件执行的指令可以在其助记符的扩展域加上条件码，从而在特定的条件下执行。

表 3 – 4　ARM 指令的条件码

条件码	助记符后缀	标　志	含　义
0000	EQ	Z 置位	相等
0001	NE	Z 清零	不相等
0010	CS/HS	C 置位	无符号数大于或等于
0011	CC/LO	C 清零	无符号数小于
0100	MI	N 置位	负数
0101	PL	N 清零	正数或零
0110	VS	V 置位	溢出
0111	VC	V 清零	未溢出
1000	HI	C 置位，Z 清零	无符号数大于
1001	LS	C 清零，Z 置位	无符号数小于或等于
1010	GE	N 等于 V	带符号数大于或等于
1011	LT	N 不等于 V	带符号数小于
1100	GT	Z 清零且（N 等于 V）	带符号数大于
1101	LE	Z 置位或（N 不等于 V）	带符号数小于或等于
1110	AL	忽略	无条件执行
1111	NV	ARMv3 版本之前	该指令从不执行
	未定义	ARMv3 版本及 ARMv4 版本	该指令的执行结果不可预知
	AL	ARMv5 及以上版本	该指令无条件执行

3.2　ARM 指令的寻址方式

寻址是指运算单元执行指令时，寻找操作数的位置。一条指令的寻址方式会隐含在指令编码中，指令译码后就知道了去哪里取操作数。ARM 指令的寻址方式分为数据处理指令寻址方式和内存访问指令寻址方式。根据操作数的存放地址，可将 ARM 指令的寻址方式归纳为表 3 – 5。

表 3-5 按操作数的存放地对 ARM 指令的寻址方式归类

操作的数存放地	寻址方式	备注
指令中	立即数寻址	操作数在指令中，取到指令即取到了操作数
寄存器中	寄存器寻址	操作数在寄存器中
	寄存器移位寻址	将某个寄存器进行移位后当作操作数
内存中	寄存器间接寻址	寄存器中存放的是操作数的内存地址
	寄存器变址寻址	寄存器值偏移后作为操作数的内存地址
	多寄存器寻址	同时从内存中读写多个数据内容
	栈寻址	配合栈结构的多寄存器寻址
	协处理器 寄存器间接寻址	协处理器的寄存器间接寻址

3.2.1 数据处理指令的寻址方式

数据处理指令的基本语法格式如下：

```
<opcode> |cond||S|  <Rd>,<Rn>,<shifter_operand>
```

其中，<shifter_operand>有 11 种形式，见表 3-6。

表 3-6 <shifter_operand>的寻址方式

序号	语法	寻址方式
1	#<immediate>	立即数寻址
2	<Rm>	寄存器寻址
3	<Rm>, LSL #<shift_imm>	立即数逻辑左移寻址
4	<Rm>, LSL <Rs>	寄存器逻辑左移寻址
5	<Rm>, LSR #<shift_imm>	立即数逻辑右移寻址
6	<Rm>, LSR <Rs>	寄存器逻辑右移寻址
7	<Rm>, ASR #<shift_imm>	立即数算术右移寻址
8	<Rm>, ASR <Rs>	寄存器算术右移寻址
9	<Rm>, ROR #<shift_imm>	立即数循环右移寻址
10	<Rm>, ROR <Rs>	寄存器循环右移寻址
11	<Rm>, RRX	寄存器扩展循环右移寻址

数据处理指令的寻址方式可以分为以下几种：

（1）立即数寻址；

（2）寄存器寻址；

（3）寄存器移位寻址。

1. 立即数寻址

每个立即数由一个 8 位的常数循环右移偶数位得到。其中循环右移的位数由一个 4 位二进制数的 2 倍表示。如果立即数记作 < immediate >，8 位的常数记作 immed_8，4 位的循环右移值记作 rotate_imm，则有：

```
< immediate > = immed_8 循环右移(2 * rotate_imm)
```

需要注意的是，并不是每个 32 位的常数都是合法的立即数，只有能够通过上面的构造方法得到的才是合法的立即数。下面的常数是合法的立即数：

0xFF，0xl04，0xFF0，0xFF00

而下面的常数不能通过上述构造方法得到，因此不是合法的立即数：

0x101，0x102，0xFF1

同时按照上面的构造方法，一个合法的立即数可能有多种编码方法。如 0x3F0 是一个合法的立即数，它可以采用下面两种编码方法：

```
immed_8 = 0x3F, rotate_imm = 0xE;
```

或者

```
immed_8 = 0xFC, rotate_imm = 0xf;
```

但是，由于这种立即数的构造方法中包含了循环移位操作，而循环移位操作会影响 CPSR 的条件标志位 C。因此，同一个合法的立即数由于采用了不同的编码方式，将使某些指令的执行产生不同的结果，这是不允许的。

ARM 汇编编译器按照下面的规则生成立即数的编码：

（1）当立即数数值在 0 ~ 0xFF 范围中时，令 immed_8 = < immediate >，rotate imm = 0；

（2）其他情况下，ARM 汇编编译器选择使 rotate_imm 数值最小的编码方式。

2. 寄存器寻址

在寄存器寻址方式下，操作数即寄存器中的数值，如下例所示：

```
MOV R3, R2      ;将 R2 的数值放到 R3 中
ADD R0, R1, R2  ;R0 的数值等于 R1 的数值加上 R2 的数值
```

3. 寄存器移位寻址

寄存器移位寻址方式的操作数由寄存器的数值作相应的移位（或者循环移位）而得到。具体的移位（或者循环移位）方式有以下几种：

（1）ASR：算术右移；

（2）LSL：逻辑左移；

（3）LSR：逻辑右移；

（4）ROR：循环右移；

（5）RRX：扩展循环右移。

移位（或者循环移位）的位数可以用立即数方式或者寄存器方式表示。下面是一些寄存器移位方式的操作数示例：

```
MOV R0, R1, LSL#3        ;R0 = R1 x(2³)
ADD R0, R1, R1, LSL#3    ;R0 = R1 + R1 * (2³)
SUB R0, R1, R2, LSR#4    ;R0 = R1 - R2 /(2⁴)
MOV R0, R1, ROR R2       ;R0 = R1 循环右移 R2 位
```

数据处理指令操作数的具体寻址方式有下面 11 种：

（1） # < immediate >

（2） < Rm >

（3） < Rm >, LSL # < shift imm >

（4） < Rm >, LSL < Rs >

（5） < Rm >, LSR # < shift imm >

（6） < Rm >, LSR < Rs >

（7） < Rm >, ASR # < shift imm >

（8） < Rm >, ASR < Rs >

（9） < Rm >, ROR # < shift imm >

（10） < Rm >, ROR < Rs >

（11） < Rm >, RRX

3.2.2 内存访问指令的寻址方式

内存访问指令的寻址方式可以分为以下几种：

（1）字及无符号字节的 Load/Store 指令的寻址方式；

（2）杂类 Load/Store 指令的寻址方式；

（3）批量 Load/Store 指令的寻址方式；

（4）栈操作寻址方式；

（5）协处理器 Load/Store 指令的寻址方式。

1. 字及无符号字节的 Load/Store 指令的寻址方式

字及无符号字节的 Load/Store 指令的语法格式如下：

```
LDR |STR { <cond >}{B}{T}  <Rd >, <addressing_mode >
```

其中，{B} 表示无符号字节（Byte），当 B 或者 T 都空缺时，表示按字加载或存储。< addressing_mode > 共有 9 种寻址方式，见表 3 - 7。

表 3 – 7　字及无符号字节的 Load/Store 指令的寻址方式

序号	格式	模式
1	［Rn,# ± < offset_12 >］	立即数偏移寻址（immediate offset）
2	［Rn, ± Rm］	寄存器偏移寻址（register offset）
3	［Rn,Rm, < shift > # < offset_12 >］	带移位的寄存器偏移寻址（scaled register offset）
4	［Rn,# ± < offset_12 >］!	立即数前索引寻址（immediate pre – indexed）
5	［Rn, ± Rm］!	寄存器前索引寻址（register post – indexed）
6	［Rn,Rm, < shift > # < offset_12 >］!	带移位的寄存器前索引寻址（scaled register pre – indexed）
7	［Rn］,# ± < offset_12 >	立即数后索引寻址（immediate post – indeted）
8	［Rn］, ± < Rm >	寄存器后索引寻址（register post – indexed）
9	［Rn］, ± < Rm > , < shift > # < offset_12 >	带移位的寄存器后索引寻址（scaled register post – indexed）

表 3 – 7 中，"!"表示完成数据传输后要更新基址寄存器。

2. 杂类 Load/Store 指令的寻址方式

使用该类寻址方式的指令的语法格式如下：

```
LDR |STR { < cond >} H |SH |SB |D   < Rd >,<addressing_mode >
```

该类寻址方式的指令包括（有符号/无符号）半字 Load/Store 指令、有符号字节 Load/Store 指令和双字 Load/Store 指令。其中 H 表示无符号半字（Half Word），SH 表示有符号半字（Signed Half Word），SB 表示有符号字节（Signed Byte），D 表示双字节（Double Byte）。该类寻址方式分为 6 种类型，见表 3 – 8。

表 3 – 8　杂类 Load/Store 指令的寻址方式

序号	格式	模式
1	［Rn,# ± < offset_8 >］	立即数偏移寻址（immediate offset）
2	［Rn, ± Rm］	寄存器偏移寻址（register offset）
3	［Rn,# ± < offset_8 >］!	立即数前索引寻址（immediate pre – indexed）
4	［Rn, ± Rm］!	寄存器前索引寻址（register post – indexed）
5	［Rn］,# ± < offset_8 >	立即数后索引寻址（immediate post – indexed）
6	［Rn］, ± < Rm >	寄存器后索引寻址（register post – indexed）

3. 批量 Load/Store 指令的寻址方式

批量 Load/Store 指令将一片连续内存单元的数据加载到通用寄存器组中或将一组通用寄存器中的数据存储到内存单元中。

批量 Load/Store 指令的寻址方式产生一个内存单元的地址范围，指令寄存器和内存单元的对应关系满足这样的规则：编号低的寄存器对应于内存中低地址单元，编号高的寄存器对应于内存中的高地址单元。

该类指令的语法格式如下：

```
LDM |STM {<cond>} <addressing_mode> <Rn>{!}, <registers> <^>
```

该类指令的寻址方式见表 3 - 9。

表 3 - 9　批量 Load/Store 指令的寻址方式

序号	格式	模式
1	IA（Increment After）	后递增方式
2	IB（Increment Before）	先递增方式
3	DA（Decrement After）	后递减方式
4	DB（Decrement Before）	先递减方式

4. 栈操作寻址方式

栈操作寻址方式和批量 Load/Store 指令的寻址方式十分类似，但对于栈操作，数据写入内存和从内存中读出要使用不同的寻址模式，因为进栈操作和出栈操作要在不同的方向上调整栈。下面详细讨论如何使用合适的寻址方式实现数据的栈操作。根据不同的寻址方式，可将栈分为以下 4 种：

（1）满栈：栈指针指向栈顶元素（last used location）。

（2）空栈：栈指针指向第一个可用元素（the first unused location）。

（3）递减栈：栈向内存地址减小的方向生长。

（4）递增栈：栈向内存地址增加的方向生长。

根据栈的不同种类，对应地将栈操作寻址方式分为以下 4 种：

（1）满递减 FD（Full Descending）。

（2）空递减 ED（Empty Descending）。

（3）满递增 FA（Full Ascending）。

（4）空递增 EA（Empty Ascending）。

栈操作寻址方式和批量 Load/Store 指令的寻址方式的对应关系见表 3 - 10。

表 3 - 10　栈操作寻址方式和批量 Load/Store 指令的寻址方式的对应关系

批量 Load/Store 指令的寻址方式	栈操作寻址方式	L 位	P 位	U 位
LDMDA	LDMFA	1	0	0
LDMIA	LDMFD	1	0	1
LDMDB	LDMEA	1	1	0

续表

批量 Load/Store 指令的寻址方式	栈操作寻址方式	L 位	P 位	U 位
LDMIB	LDMED	1	1	1
STMDA	STMED	0	0	0
STMIA	STMEA	0	0	1
STMDB	STMFD	0	1	0
STMIB	STMFA	0	1	1

5. 协处理器 Load/Store 指令的寻址方式

协处理器 Load/Store 指令的语法格式如下：

```
LDM|STM {<cond>} <addressing_mode> <Rn>{!}, <registers> <^>
```

其寻址方式略。

3.3　ARM 指令详解

3.3.1　数据操作指令

数据操作指令是指对存放在寄存器中的数据进行操作的指令，主要包括数据传送指令、算术指令、逻辑指令、比较与测试指令及乘法指令。

如果在数据处理指令前使用 S 前缀，指令的执行结果将会影响 CPSR 中的标志位。数据处理指令见表 3 - 11。

表 3 - 11　数据处理指令

助记符	操作	行为
MOV	数据传送	—
MVN	数据取反传送	—
AND	逻辑与	Rd：= Rn AND op2
EOR	逻辑异或	Rd：= Rn EOR op2
SUB	减	Rd：= Rn − op2
RSB	翻转减	Rd：= op2 − Rn
ADD	加	Rd：= Rn + op2
ADC	带进位的加	Rd：= Rn + op2 + C
SBC	带进位的减	Rd：= Rn − op2 + C − 1
RSC	带进位的翻转减	Rd：= op2 − Rn + C − 1

助记符	操作	行为
TST	测试	Rn AND op2 并更新标志位
TEQ	测试相等	Rn EOR op2 并更新标志位
CMP	比较	Rn - op2 并更新标志位
CMN	负数比较	Rn + op2 并更新标志位
ORR	逻辑或	Rd：= Rn OR op2
BIC	位清零	Rd：= Rn AND NOT（op2）

1. MOV 指令

MOV 指令是最简单的 ARM 指令，执行的结果就是把一个数 N 送到目标寄存器 Rd 中，其中 N 可以是寄存器和被移位的寄存器，也可以是立即数。

MOV 指令多用于设置初始值或者在寄存器间传送数据。MOV 指令将移位码（shifter_operand）表示的数据传送到目的寄存器 Rd，并根据操作的结果更新 CPSR 中相应的条件标志位。

MOV 指令的语法格式如下：

```
MOV{ <cond >}{S} <Rd >, <shifter_operand >
```

MOV 指令举例如下：

```
MOV R0, R0          ; R0 = R0…NOP 指令
MOV R0, R0, LSL#3 ; R0 = R0 * 8
```

如果 R15 是目的寄存器，将修改 PC 或标志，这用于被调用的子函数结束后返回到调用代码，方法是把 LR 的内容传送到 R15。

```
MOV PC, R14     ;退出到调用者,用于普通函数返回,PC 即 R15
MOVS PC, R14    ;退出到调用者并恢复标志位,用于异常函数返回
```

MOV 指令主要完成以下功能：

（1）将数据从一个寄存器传送到另一个寄存器。

（2）将一个常数值传送到寄存器中。

（3）实现无算术和逻辑运算的单纯移位操作，操作数乘以 2^n 可以用左移 n 位来实现。

（4）当 PC（R15）用作目的寄存器时，可以实现程序跳转，如 "MOV PC, LR"，所以这种跳转可以实现子程序调用及从子程序返回，代替指令 B、BL。

（5）当 PC 作为目标寄存器且指令中 S 位被设置时，指令在执行跳转操作的同时，将当前处理器模式的 SPSR 的内容复制到 CPSR 中。指令 "MOVS PC LR" 可以实现从某些异常中断中返回。

2. MVN 指令

MVN 是反相传送（Move Negative）指令，它将操作数的反码传送到目的寄存器。MVN 指令多用于向寄存器传送一个负数或生成位掩码（Bit Mask）。

MVN 指令将 shifter_operand 表示的数据的反码传送到目的寄存器 Rd，并根据操作结果更新 CPSR 中相应的条件标志位。

MVN 指令的语法格式如下：

```
MNV{<cond>}{S} <Rd>,<shifter_operand>
```

MVN 指令举例如下：

```
MVN R0,#4  ; R0 = -5
MVN R0,#0  ; R0 = -1
```

MVN 指令和 MOV 指令相同，也可以把一个数 N 送到目标寄存器 Rd，其中 N 可以是立即数，也可以是寄存器。这是逻辑非操作而不是算术操作，这个取反的值加 1 才是它的取负的值。

MVN 指令主要完成以下功能：

（1）向寄存器中传送一个负数。

（2）生成位掩码。

（3）求一个数的反码。

3. AND 指令

AND 指令将 shifter_operand 表示的数值与寄存器 Rn 的值按位作逻辑与操作，并将结果保存到目标寄存器 Rd 中，同时根据操作的结果更新 CPSR。

AND 指令的语法格式如下：

```
AND{<cond>}{S} <Rd>,<Rn>,<shifter_operand>
```

AND 指令举例如下：

（1）保留 R0 中的 0 位和 1 位，丢弃其余的位。

```
AND R0,R0,#3
```

（2）R2 = R1&R3。

```
AND R2,R1,R3
```

（3）R0 = R0&0x01，取出最低位数据。

```
ANDS R0,R0,#0x01
```

4. EOR 指令

EOR（Exclusive OR）指令将寄存器 Rn 中的值和 shifter_operand 的值执行按位异或操作，并将执行结果存储到目的寄存器 Rd 中，同时根据指令的执行结果更新 CPSR 中相应的条件标志位。

EOR 指令的语法格式如下：

```
EOR{<cond>}{S} <Rd>,<Rn>,<shifter_operand>
```

EOR 指令举例如下：

（1）反转 R0 中的位 0 和 1。

```
EOR R0,R0,#3
```

（2）将 R1 的低 4 位取反。

```
EOR R1,R1,#0x0F
```

（3）R2 = R1^R0。

```
EOR R2,R1,R0
```

（4）将 R5 和 0x01 进行逻辑异或，将结果保存到 R0，并根据执行结果设置条件标志位。

```
EORS R0,R5,#0x01
```

5. SUB 指令

SUB（Subtract）指令从寄存器 Rn 中减去 shifter_operand 表示的数值，将结果保存到目标寄存器 Rd 中，并根据指令的执行结果设置 CPSR 中相应的条件标志位。

SUB 指令的语法格式如下：

```
SUB{<cond>}{S} <Rd>,<Rn>,<shifter_operand>
```

SUB 指令举例如下：

（1）R0 = R1 - R2。

```
SUB  R0,R1,R2
```

（2）R0 = R1 - 256。

```
SUB R0,R1,#256
```

（3）R0 = R2 - (R3≪1)。

```
SUB R0,R2,R3,LSL#1
```

6. RSB 指令

RSB（Reverse Subtract）指令从寄存器 shifter_operand 中减去 Rn 表示的数值，将结果保存到目标寄存器 Rd 中，并根据指令的执行结果设置 CPSR 中相应的条件标志位。

RSB 指令的语法格式如下：

```
RSB{<cond>}{S} <Rd>,<Rn>,<shifter_operand>
```

RSB 指令举例如下：

下面的指令序列可以求一个 64 位数的负数。64 位数放在寄存器 R0 与 R1 中，其负数放在 R2 和 R3 中。其中 R0 与 R2 中放低 32 位值。

```
RSBS R2,R0,#0
RSC R3,R1,#0
```

7. ADD 指令

ADD 指令将寄存器 shifter_operand 的值加上 Rn 表示的数值，将结果保存到目标寄存器 Rd 中，并根据指令的执行结果设置 CPSR 中相应的条件标志位。

ADD 指令的语法格式如下：

```
ADD{<cond>}{S} <Rd>,<Rn>,<shifter_operand>
```

ADD 指令举例如下：

```
ADD R0,R1,R2           ;R0 = R1 + R2
ADD R0,R1,#256         ;R0 = R1 + 256
ADD R0,R2,R3,LSL#1     ;R0 = R2 + (R3 << 1)
```

8. ADC 指令

ADC 指令将寄存器 shifter_operand 的值加上 Rn 表示的数值，再加上 CPSR 中的 C 条件标志位的值，将结果保存到目标寄存器 Rd 中，并根据指令的执行结果设置 CPSR 中相应的条件标志位。

ADC 指令的语法格式如下：

```
ADC{<cond>}{S} <Rd>,<Rn>,<shifter_operand>
```

ADC 指令举例如下：

ADC 指令将把两个操作数加起来，并把结果放置到目的寄存器中。它使用一个进位标志位，这样就可以作比 32 位大的加法。下面的例子将两个 128 位的数相加。

128 位结果存放在寄存器 R0、R1、R2 和 R3 中。

第一个 128 位数存放在寄存器 R4、R5、R6 和 R7 中。

第二个 128 位数存放在寄存器 R8、R9、R10 和 R11 中。

```
ADDS  R0,R4,R8      ;加低端的字
ADCS  R1,R5,R9      ;加下一个字,带进位
ADCS  R2,R6,R10     ;加第三个字,带进位
ADCS  R3,R7,R11     ;加高端的字,带进位
```

9. SBC 指令

SBC（Subtract with Carry）指令用于执行操作数大于 32 位时的减法操作。该指令从寄

存器 Rn 中减去 shifter_operand 表示的数值，再减去 CPSR 中 C 条件标志位的反码 [NOT（Carry Flag)]，将结果保存到目标寄存器 Rd 中，并根据指令的执行结果设置 CPSR 中相应的条件标志位。

SBC 指令的语法格式如下：

```
SBC{<cond>}{S} <Rd>, <Rn>, <shifter_operand>
```

SBC 指令举例如下：

下面的程序使用 SBC 指令实现 64 位减法——（R1，R0）-（R3，R2），结果存放到（R1，R0）中。

```
SUBS R0, R0, R2
SBCS R1, R1, R3
```

10. RSC 指令

RSC（Reverse Subtract with Carry）指令从寄存器 shifter_operand 中减去 Rn 表示的数值，再减去 CPSR 中 C 条件标志位的反码 [NOT（Carry Flag)]，将结果保存到目标寄存器 Rd 中，并根据指令的执行结果设置 CPSR 中相应的条件标志位。

RSC 指令的语法格式如下：

```
RSC{<cond>}{S} <Rd>, <Rn>, <shifter_operand>
```

RSC 指令举例如下：

下面的程序使用 RSC 指令求 64 位数的负数。

```
RSBS R2, R0, #0
RSC R3, R1, #0
```

11. TST 测试指令

TST（Test）测试指令用于将一个寄存器中的值和一个算术值进行比较。条件标志位根据两个操作数作逻辑与后的结果设置。

TST 指令的语法格式如下：

```
TST{<cond>} <Rn>, <shifter_operand>
```

TST 指令举例如下：

TST 指令类似于 CMP 指令，不产生放置到目的寄存器中的结果，而是在给出的两个操作数上进行操作并把结果反映到条件标志位上。可以使用 TST 指令检查是否设置了特定的位。操作数 1 是要测试的数据，而操作数 2 是一个位掩码。经过测试后，如果匹配则设置 Z 标志，否则清除它。与 CMP 指令一样，该指令不需要指定 S 后缀。

下面的指令测试在 R0 中是否设置了第 0 位：

```
TSTR0, #1
```

12. TEQ 指令

TEQ（Test Equivalence）指令用于将一个寄存器中的值和一个算术值作比较。条件标志位根据两个操作数作逻辑异或后的结果设置，以便后面的指令根据相应的条件标志位来判断是否执行。

TEQ 指令的语法格式如下：

```
TEQ{<cond>} <Rn>, <shifter_operand>
```

TEQ 指令举例如下：

```
TEQ R0, R1
```

上面的指令是比较 R0 和 R1 是否相等，该指令不影响 CPSR 中的 V 位和 C 位。

TST 指令与 EORS 指令的区别在于 TST 指令不保存运算结果。使用 TEQ 进行相等测试，常与 EQ 和 NE 条件码配合使用，当两个数据相等时，条件码 EQ 有效；否则条件码 NE 有效。

13. CMP 指令

CMP（Compare）指令使用寄存器 Rn 中的值减去 operand2 表示的数值，根据操作的结果更新 CPSR 中相应的条件标志位，以便后面的指令根据相应的条件标志判断是否执行。

CMP 指令的语法格式如下：

```
CMP{<cond>} <Rn>, <shifter_operand>
```

CMP 指令举例如下：

CMP 指令允许把一个寄存器的内容与另一个寄存器的内容或立即数进行比较，更改状态标志位来影响条件执行。它进行一次减法，但不存储结果，而是正确地更改条件标志位。条件标志位表示的是操作数 1 与操作数 2 比较的结果（其值可能为大于、小于、相等）。如果操作数 1 大于操作数 2，则此后的有 GT 后缀的指令将可以执行。显然，CMP 指令不需要显式地指定 S 后缀来更改条件标志位。

（1）下面的指令比较 R1 和立即数 10 并设置相关的条件标志位：

```
CMP R1, #10
```

（2）下面的指令是比较寄存器 R1 和 R2 中的值并设置相关的条件标志位：

```
CMP R1, R2
```

通过上面的例子可以看出，CMP 指令与 SUBS 指令的区别在于 CMP 指令不保存运算结果，在进行两个数据大小判断时常用 CMP 指令及相应的条件码进行操作。

14. CMN 指令

CMN（Compare Negative）指令使用寄存器 Rn 中的值减去 operand2 表示的负数值（加上 operand2），根据操作的结果更新 CPSR 中相应的条件标志位，以便后面的指令根据相应的条件标志位来判断是否执行。

CMN 指令的语法格式如下：

```
CMN{<cond>} <Rn>, <shifter_operand>
```

CMN 指令举例如下：

CMN 指令将寄存器 Rn 中的值加上 shifter_operand 表示的数值，根据加法的结果设置 CPSR 中相应的条件标志位。寄存器 Rn 中的值加上 shifter_operand 代表的数值的操作结果对 CPSR 中条件标志位的影响，与寄存器 Rn 中的值减去 shifter_operand 代表的数值的操作结果的相反数对 CPSR 中条件标志位的影响有细微差别。当第 2 个操作数为 0 或者为 0x80000000 时两者结果不同。比如下面两条指令：

```
CMP Rn, #0
CMN Rn, #0
```

第 1 条指令使标志位 C 值为 1，第 2 条指令使标志位 C 值为 0。下面的指令使 R0 的值加 1，判断 R0 是否为 1 的补码，若是，则 Z 置位。

```
CMN R0, #1
```

15. ORR 指令

ORR（Logical OR）为逻辑或操作指令，它将第 2 个操作数 shifter_operand 代表的数值与寄存器 Rn 中的值按位作逻辑或操作，将结果保存到 Rd 中。

ORR 指令的语法格式如下：

```
ORR{<cond>}{S} <Rd>, <Rn>, <shifter_operand>
```

ORR 指令举例如下：

（1）设置 R0 的中位 0 和 1：

```
ORR R0, R0, #3
```

（2）将 R0 的低 4 位置 1：

```
ORR R0, R0, #0x0F
```

（3）使用 ORR 指令将 R2 的高 8 位数据移入 R3 的低 8 位中：

```
MOV R1, R2, LSR #4
ORR R3, R1, R3, LSL #8
```

16. BIC 位清零指令

BIC（Bit Clear）位清零指令，将寄存器 Rn 中的值与第 2 个操作数 shifter_operand 表示的数值的反码按位作逻辑与操作，将结果保存到 Rd 中。

BIC 指令的语法格式如下：

```
BIC{<cond>}{S} <Rd>, <Rn>, <shifter_operand>
```

BIC 指令举例如下：

（1）清除 R0 中的位 0、1 和 3，保持其余的位不变：

```
BICR0,R0,#0x1011
```

（2）将 R3 的反码和 R2 作逻辑与操作，将结果保存到 R1 中：

```
BICR1,R2,R3
```

3.3.2　乘法指令

ARM 乘法指令实现两个数据的乘法操作。两个 32 位二进制数相乘的结果是 64 位的积。在有些 ARM 处理器版本中，将乘积的结果保存到两个独立的寄存器中，另外一些版本只将最低有效 32 位存放到一个寄存器中。无论是哪种版本的 ARM 处理器，都有乘 – 累加的变型指令，将乘积连续累加得到总和，而且有符号数和无符号数都能使用。对于有符号数和无符号数，结果的最低有效位是一样的。因此，对于只保留 32 位结果的乘法指令，不需要区分有符号数和无符号数这两种情况。表 3 – 12 所示为各种形式乘法指令的功能。

表 3 – 12　各种形式乘法指令

操作码［23∶21］	助记符	意义	操作
000	MUL	乘（保留 32 位结果）	Rd∶=（Rm×Rs）［31∶0］
001	MLA	乘 – 累加（保留 32 位结果）	Rd∶=（Rm×Rs＋Rn）［31∶0］
100	UMULL	无符号数长乘	RdHi∶RdLo∶=Rm×Rs
101	UMLAL	无符号数长乘 – 累加	RdHi∶RdLo∶+=Rm×Rs
110	SMULL	有符号数长乘	RdHi∶RdLo∶=Rm×Rs
111	SMLAL	有符号数长乘 – 累加	RdHi∶RdLo∶+=Rm×Rs

其中：

（1）"RdHi∶RdLo" 是由 RdHi（最高有效 32 位）和 RdLo（最低有效 32 位）连接形成的 64 位数，"［31:0］" 只选取结果的最低有效 32 位。

（2）简单的赋值由 "∶＝" 表示。

（3）累加（将右边加到左边）是由 "＋=" 表示。

各个乘法指令中的 S 位（参考下文中具体指令的语法格式）控制条件码的设置会产生以下结果：

（1）对于产生 32 位结果的指令形式，将标志位 N 设置为 Rd 的第 31 位的值；对于产生长结果的指令形式，将其设置为 RdHi 的第 31 位的值。

（2）对于产生 32 位结果的指令形式，如果 Rd 等于零，则标志位 Z 置位；对于产生长结果的指令形式，RdHi 和 RdLo 同时为零时，标志位 Z 置位。

（3）将标志位 C 设置成无意义的值。

（4）标志位 V 不变。

1. MUL 指令

MUL（Multiply）32 位乘法指令将 Rm 和 Rs 中的值相乘，将结果的最低 32 位保存到

Rd 中。

MUL 指令的语法格式如下：

```
MUL{ <cond >}{S} <Rd >, <Rm >, <Rs >
```

MUL 指令举例如下：

（1） R1 = R2 × R3。

```
MUL R1, R2, R3
```

（2） R0 = R3 × R7，同时设置 CPSR 中的 N 位和 Z 位。

```
MULS R0, R3, R7
```

2. MLA 指令

MLA（Multiply Accumulate）32 位乘 – 累加指令将 Rm 和 Rs 中的值相乘，再将乘积加上第 3 个操作数，将结果的最低 32 位保存到 Rd 中。

MLA 指令的语法格式如下：

```
MLA{ <cond >}{S} <Rd >, <Rm >, <Rs >, <Rn >
```

MLA 指令举例如下：

R1 = R2 × R3 + 10。

```
MOV R0, #0x0A
MLA R1, R2, R3, R0
```

3. UMULL 指令

UMULL（Unsigned Multiply Long）为 64 位无符号乘法指令。它将 Rm 和 Rs 中的值作无符号数相乘，将结果的低 32 位保存到 RdLo 中，将结果的高 32 位保存到 RdHi 中。

UMULL 指令的语法格式如下：

```
UMULL{ <cond >}{S} <RdLo >, <RdHi >, <Rm >, <Rs >
```

UMULL 指令举例如下：

（R1， R0） = R5 × R8。

```
UMULLR0, R1, R5, R8
```

4. UMLAL 指令

UMLAL（Unsigned Multiply Accumulate Long）为 64 位无符号长乘 – 累加指令。该指令将 Rm 和 Rs 中的值作无符号数相乘，64 位乘积与 RdHi、RdLo 相加，将结果的低 32 位保存到 RdLo 中，将结果的高 32 位保存到 RdHi 中。

UMLAL 指令的语法格式如下：

```
UMALL{ <cond >}{S} <RdLo >, <RdHi >, <Rm >, <Rs >
```

UMLAL 指令举例如下：

（R1，R0）= R5 × R8 +（R1，R0）。

```
UMLAL  R0,R1,R5,R8
```

5. SMULL 指令

SMULL（Signed Multiply Long）为 64 位有符号长乘法指令。该指令将 Rm 和 Rs 中的值作有符号数相乘，将结果的低 32 位保存到 RdLo 中，将结果的高 32 位保存到 RdHi 中。

SMULL 指令的语法格式如下：

```
SMULL{<cond>}{S}   <RdLo>,<RdHi>,<Rm>,<Rs>
```

SMULL 指令举例如下：

（R3，R2）= R7 × R6。

```
SMULL  R2,R3,R7,R6
```

6. SMLAL 指令

SMLAL（Signed Multiply Accumulate Long）为 64 位有符号长乘 - 累加指令。该指令将 Rm 和 Rs 中的值作有符号数相乘，64 位乘积与 RdHi、RdLo 相加，将结果的低 32 位保存到 RdLo 中，将结果的高 32 位保存到 RdHi 中。

SMLAL 指令的语法格式如下：

```
SMLAL{<cond>}{S}   <RdLo>,<RdHi>,<Rm>,<Rs>
```

SMLAL 指令举例如下：

（R3,R2）= R7 × R6 +（R3,R2）。

```
SMLAL R2,R3,R7,R6;
```

3.3.3　Load/Store 指令

Load/Store 指令在 ARM 寄存器和存储器之间传送数据。ARM 指令中有 3 种基本的数据传送指令：

（1）单寄存器的 Load/Store 指令。这种指令用于把单一的数据传入或者传出一个寄存器。这些指令在 ARM 寄存器和存储器之间提供更灵活的单数据项传送方式，数据项可以是字节、16 位半字或 32 位字。

（2）多寄存器的 Load/Store 内存访问指令。这些指令的灵活性比单寄存器的 Load/Store 指令差，但可以使大量的数据更有效地传送。它们用于进入和退出进程、保存和恢复工作寄存器及复制存储器中的一块数据。

（3）单寄存器交换指令（Single Register Swap）。这些指令允许寄存器和存储器中的数值进行交换，在一条指令中有效地完成 Load/Store 操作。它们在用户级编程中很少用到。它们的主要用途是在多处理器系统中实现信号量（Semaphores）的操作，以保证不会同时访问公用的数据结构。

1. 单寄存器的 Load/Store 指令

表 3 - 13 列出了单寄存器的 Load/Store 指令。

表 3 - 13　单寄存器的 Load/Store 指令

指令	作用	操作
LDR	把存储器中的一个字装入一个寄存器	Rd←mem32[address]
STR	将寄存器中的字保存到存储器	Rd→mem32[address]
LDRB	把一个字节装入一个寄存器	Rd←mem8[address]
STRB	将寄存器中的低 8 位字节保存到存储器	Rd→mem8[address]
LDRH	把一个半字装入一个寄存器	Rd←mem16[address]
STRH	将寄存器中的低 16 位半字保存到存储器	Rd→mem16[address]
LDRBT	在用户模式下将一个字节装入寄存器	Rd←mem8[address]under user mode
STRBT	在用户模式下将寄存器中的低 8 位字节保存到存储器	Rd→mem8[address]under user mode
LDRT	在用户模式下把一个字装入一个寄存器	Rd←mem32[address]under user mode
STRT	在用户模式下将存储器中的字保存到寄存器	Rd←mem32[address]under user mode
LDRSB	把一个有符号字节装入一个寄存器	Rd←sign{mem8[address]}
LDRSH	把一个有符号半字装入一个寄存器	Rd←sign{mem16[address]}

1）LDR 指令

LDR 指令用于从内存中将一个 32 位的字读取到目标寄存器。

LDR 指令的语法格式如下：

```
LDR{<cond>} <Rd>, <addr_mode>
```

LDR 指令举例如下：

```
LDR R1,[R0,#0x12]      ;将 R0 +12 地址处的数据读出,保存到 R1 中(R0 的值
不变)
LDR R1,[R0]            ;将 R0 地址处的数据读出,保存到 R1 中(零偏移)
LDR R1,[R0,R2]         ;将 R0 +R2 地址处的数据读出,保存到 R1 中(R0 的值
不变)
LDR R1,[R0,R2,LSL #2]  ;将 R0 +R2 ×4 地址处的数据读出,保存到 R1 中(R0、
R2 的值不变)
LDR Rd,label          ;label 为程序标号,label 必须在当前指令的 - 4 ~4
KB 范围内
LDR Rd,[Rn],#0x04     ;Rn 的值用作传输数据的存储地址。在数据传送后,将
偏移量 0x04 与 Rn 相加,将结果写回到 Rn 中。Rn 不允许是 R15。
```

2）STR 指令

STR 指令用于将一个 32 位的字数据写入指令指定的内存单元。

STR 指令的语法格式如下：

```
STR{<cond>} <Rd>, <addr_mode>
```

STR 指令举例如下：

LDR/STR 指令用于对内存变量的访问、内存缓冲区数据的访问、查表、外围部件的控制操作等，若使用 LDR 指令加载数据到 PC，则实现程序跳转功能。

（1）变量访问。

```
NumCount .equ 0x40003000      ;定义变量 NumCount
LDR R0, = NumCount            ;使用 LDR 伪指令装载 NumCount 的地址到 R0
LDR R1, [R0]                  ;取出变量值
ADD R1, R1, #1                ;NumCount = NumCount + 1
STR R1, [R0]                  ;保存变量
```

（2）GPIO 设置。

```
GPIO_BASE.equ 0xe0028000     ;定义 GPIO 寄存器的基地址
...
LDR R0, = GPIO - BASE
LDR R1, = 0x00ffff00          ;将设置值放入寄存器
STR R1, [R0, #0x0C]            ; IODIR = 0x00ffff00, IOSET 的地址
为 0xE0028004
```

（3）程序跳转。

```
...
MOV R2, R2, LSL #2      ;功能号乘以 4，以便查表
LDR PC, [PC, R2]        ;查表取得对应功能子程序地址并跳转
NOP
FUN—TAB .word FUN—SUB0
.word FUN—SUB1
.word FUN—SUB2
...
```

3）LDRB 指令

LDRB 指令根据 addr_mode 所确定的地址模式将一个 8 位字节读取到指令中的目标寄存器 Rd。

LDRB 指令的语法格式如下：

```
LDRB｛<cond>｝  <Rd>, <addr_mode>
```

4）STRB 指令

STRB 指令从寄存器中取出指定的 8 位字节放入寄存器的低 8 位，并将寄存器的高位补 0。

STRB 指令的语法格式如下：

```
STRB｛<cond>｝ <Rd>, <addr_mode>
```

5）LDRH 指令

LDRH 指令用于从内存中将一个 16 位的半字读取到目标寄存器。如果指令的内存地址不是半字节对齐的，指令的执行结果不可预知。

LDRH 指令的语法格式如下：

```
LDRH｛<cond>｝ <Rd>, <addr_mode>
```

6）STRH 指令

STRH 指令从寄存器中取出指定的 16 位半字放入寄存器的低 16 位，并将寄存器的高位补 0。

STRH 指令的语法格式如下：

```
STRH｛<cond>｝ <Rd>, <addr_mode>
```

2. 多寄存器的 Load/Store 内存访问指令

多寄存器的 Load/Store 内存访问指令也叫批量加载/存储指令，它可以实现在一组寄存器和块连续的内存单元之间传送数据。LDM 指令用于加载多个寄存器，STM 指令用于存储多个寄存器。多寄存器的 Load/Store 内存访问指令允许一条指令传送 16 个寄存器的任何子集或所有寄存器。多寄存器的 Load/Store 内存访问指令主要用于现场保护、数据复制和参数传递等。表 3-14 列出了多寄存器的 Load/Store 内存访问指令。

表 3-14　多寄存器的 Load/Store 内存访问指令

指令	作用	操作
LDM	加载多个寄存器	｛Rd｝ * N←mem32［start address + 4 * N］
STM	存储多个寄存器	｛Rd｝ * N→mem32［start address + 4 * N］

LDM/STM 指令的语法格式如下：

```
LDM｛cond｝<addressing_mode>Rn｛!｝, <registers>｛^｝
STM｛cond｝<addressing_mode>Rn｛!｝, <registers>｛^｝
```

其地址模式 addressing_mode 有 8 种，其中前面 4 种用于数据块的传输，后面 4 种是栈操作，如下所示：

（1）IA：每次传送后地址加 4；

（2）IB：每次传送前地址加 4；

（3）DA：每次传送后地址减 4；

（4）DB：每次传送前地址减 4；

（5）FD：满递减堆栈；

（6）ED：空递减堆栈；

（7）FA：满递增堆栈；

（8）EA：空递增堆栈。

其中：

（1）寄存器 Rn 为基址寄存器，装有传送数据的初始地址，Rn 不允许为 R15。

（2）后缀"!"表示最后的地址写回 Rn 中。

（3）寄存器列表 registers 可包含多于一个寄存器或寄存器范围，使用"，"分开，如
{R1，R2，R6～R9}，寄存器由小到大排列。

（4）"^"后缀不允许在用户模式下使用，只能在系统模式下使用。若在 LDM 指令用寄
存器列表中包含有 PC 时使用，那么除了正常的多寄存器传送外，还将 SPSR 复制到 CPSR
中，这可用于异常处理返回；使用"^"后缀进行数据传送且寄存器列表不包含 PC 时，加
载/存储的是用户模式的寄存器，而不是当前模式寄存器。注意：该后缀不允许在用户模
式或系统模式下使用。

在进行数据块复制时，先设置好源数据指针，然后使用块复制寻址指令 LDMIA/
STMIA、LDMIB/STMIB、LDMDA/STMDA、LDMDB/STMDB 进行读取和存储。进行堆栈操
作时，要先设置栈指针，一般使用栈指针，然后使用堆栈寻址指令 STMFD/LDMFD、
STMED/LDMED、STMEA/LDMEA 实现栈操作。数据是存储在基址寄存器的地址之上还是
之下，地址是存储第一个值之前还是之后、增加还是减少，见表 3 - 15。

表 3 - 15　多寄存器的 Load/Store 内存访问指令映射

			向上生长		向下生长	
			满	空	满	空
增加	之前		STMIB	—	—	LDMIB
			STMFA	—	—	LDMED
	之后		—	STMIA	LDMIA	—
			—	STMEA	LDMFD	—
增加	之前		—	LDMDB	STMDB	—
			—	LDMEA	STMFD	—
	之后		LDMDA	—	—	STMDA
			LDMFA	—	—	STMED

多寄存器的 Load/Store 内存访问指令举例如下：

（1）加载多个寄存器。

```
    LDMIA  R0!,{R3~R9}   ;加载 R0 指向的地址上的多字数据,保存到 R3~R9 中,
R0 值更新
    STMIA  R1!,{R3~R9}   ;将 R3~R9 的数据存储到 R1 指向的地址上,R1 值更新
    STMFD  SP!,{R0~R7,LR} ;现场保存,将 R0~R7、LR 入栈
    LDMFD  SP!,{R0~R7,PC}^ ;恢复现场,异常处理返回
```

（2）进行数据块复制。

```
    LDR R0 ,=SrcData  ;设置源数据地址
    LDR R1 ,=DstData  ;设置目标地址
    LDMIA  R0,{R2~R9}   ;加载 8 字数据到寄存器 R2~R9
    STMIA  R1,{R2~R9}   ;存储寄存器 R2~R9 到目标地址
```

（3）进行现场寄存器保护，常在子程序或异常处理使用。

```
SENDBYTE:
    STMFD  SP!,{R0~R7,LR}  ;寄存器压栈保护
    ...
    BL  DELAY               ;调用 DELAY 子程序
    ...
    LDMFD  SP!,{R0~R7,PC}  ;恢复寄存器并返回
```

3.3.4 单数据交换指令

单数据交换指令是 Load/Store 指令的一个特例，它把一个寄存器单元的内容与寄存器的内容交换。单数据交换指令是一个原子操作（Atomic Operation），也就是说，在连续的总线操作中读/写一个存储单元，在操作期间阻止其他任何指令对该存储单元的读写。单数据交换指令见表 3-16。

表 3-16 单数据交换指令

指令	作用	操作
SWP	字交换	$tmp = men32[Rn]$ $mem32[Rn] = Rm$ $Rd = tmp$
SWPB	字节交换	$tmp = men8[Rn]$ $mem8[Rn] = Rm$ $Rd = tmp$

1. SWP 指令

SWP 指令用于将内存中的一个字单元和一个指定寄存器的值交换。操作过程如下：假设内存单元地址存放在寄存器 Rn 中，该指令将 Rn 中的数据读取到目的寄存器 Rd 中，同时将另一个寄存器 Rm 的内容写入该内存单元中。使用 SWP 指令可实现信号量操作。

当 Rd 和 Rm 为同一个寄存器时，SWP 指令交换该寄存器和内存单元的内容。

SWP 指令的语法格式如下：

```
SWP{<cond>} <Rd>, <Rm>, <Rn>
```

2. SWPB 指令

SWPB 指令用于将内存中的一个字节单元和一个指定寄存器的低 8 位值交换。操作过程如下：假设内存单元地址存放在寄存器 Rn 中，该指令将 Rn 中的数据读取到目的寄存器 Rd 中，寄存器 Rd 的高 24 位设为 0，同时将另一个寄存器 Rm 的低 8 位内容写入该内存字节单元中。当 Rd 和 Rm 为同一个寄存器时，SWPB 指令交换该寄存器低 8 位内容和内存字节单元的内容。

SWPB 指令的语法格式如下：

```
SWPB{<cond>} <Rd>, <Rm>,
```

SWPB 指令举例如下：

```
SWP R1, R1, [R0]          ;将 R1 的内容与 R0 指向的存储单元的内容进行交换
SWPB R1, R2, [R0]         ;将 R0 指向的存储单元的内容读取一字节数据到 R1
中(高 24 位清零),并将 R2 的内容写入该内存单元中(最低字节有效)
```

使用 SWP 指令可以方便地进行信号量操作：

```
I2C_SEM.equ 0x40003000
12C_SEM_WAIT:
    MOV R0, #0
    LDR R0, = I2C_SEM
    SWP R1, R1, [R0]       ;取出信号量,并将其设为 0
    CMP R1, #0            ;判断是否有信号
    BEQ I2C_SEM_WAIT     ;若没有信号则等待
```

3.3.5 跳转指令

跳转（B）和带连接的跳转（BL）指令是改变指令执行顺序的标准方式。ARM 一般按照字地址顺序执行指令，需要时使用条件执行跳过某段指令。只要程序必须偏离顺序执行，就要使用控制流指令修改 PC。尽管在特定情况下还有其他几种方式实

现这个目的，但跳移和跳移连接指令是标准的方式。跳转指令改变程序的执行流程或者调用子程序。这种指令使一个程序可以使用子程序、if – then – else 结构及循环结构。执行流程的改变迫使 PC 指向一个新的地址，ARMv5 架构指令集包含的跳转指令见表 3 – 17。

表 3 – 17　ARMv5 架构指令集包含的跳转指令

助记符	说明	操作
B	跳转	pc←label
BL	带自动装载返回地址的跳转	pc←label（lr←BL 后面的第 1 条指令）
BX	跳转并切换状态	pc←Rm&0xfffffffe，T←Rm&1
BLX	带自动装载返回地址的 跳转并切换状态	pc←lable，T←1 pc←Rm&0xfffffffe， T←Rm&1 lr←BL 后面的第 1 条指令

另一种实现指令跳转的方式是通过直接向 PC 中写入目标地址值，实现在 4 GB 地址空间中的任意跳转，这种跳转指令又称为长跳转指令。如果在长跳转指令之前使用“MOV LR”或“MOV PC”等指令，可以保存将来返回的地址值，也就实现了在 4 GB 的地址空间中的子程序调用。

1. 跳转指令 B 及带连接的跳转指令 BL

跳转指令 B 使程序跳转到指定的地址执行。带连接的跳转指令 BL 将下一条指令的地址复制到 R14（即返回地址 LR）寄存器中，然后跳转到指定地址运行程序。需要注意的是，这两条指令和目标地址处的指令都要属于 ARM 指令集。两条指令都可以根据 CPSR 中的条件标志位的值决定指令是否执行。

B 或 BL 指令的语法格式如下：

```
B{L}{ <cond >} <target_address >
```

BL 指令用于实现子程序调用。子程序的返回可以通过将 LR 的值复制到 PC 来实现。下面 3 种指令可以实现子程序返回：

（1）BX　R14（如果体系结构支持 BX 指令）；

（2）MOV　PC, R14；

（3）当子程序在入口处使用了压栈指令，可以使用以下指令，将子程序返回地址放入 PC 中：

```
LDMFD R13!, { <registers >, PC}
```

ARM 汇编器通过以下步骤计算指令编码中的 signed_immed_24：

（1）将 PC 的值作为本跳转指令的基地址值。

（2）从跳转的目标地址中减去上面所说的跳转的基地址，生成字节偏移量。由于 ARM 指令是字对齐的，故该字节偏移量为 4 的倍数。

（3）当上面生成的字节偏移量超过 – 33 554 432 ~ + 33 554 430 时，不同的汇编器使用不同的代码产生策略。否则，将指令编码字中的 signed_immed_24 设置成上述字节偏移量的 bits[25:2]。

当执行 B 或者 BL 指令时，通过上述偏移量得到跳转目标地址，方法是：先对指令中的有符号的 24 位偏移量用符号位扩展为 32 位，再左移 2 位形成字的偏移，然后将得到的值加到 PC 中。可见，通过上述方法得到的有效偏移量为 26 位（包括 1 位符号位），因此跳转指令的跳转范围是 −32 MB ~+32 MB。

程序举例如下：

（1）程序跳转到 LABLE 标号处。

```
B LABLE
ADD R1, R2, #4
ADD R3, R2, #8
SUB R3, R3, R1
LABLE:
SUB R1, R2, #8
```

（2）程序跳转到绝对地址 0x1234 处。

```
B 0x1234
```

（3）程序跳转到子程序 func 处执行，同时将当前 PC 值保存到 LR 中。

```
BL func
```

（4）条件跳转：当 CPSR 中的 C 条件标志位为 1 时，程序跳转到 LABLE 标号处执行。

```
BCC LABLE
```

（5）通过跳转指令建立一个无限循环。

```
LOOP:
 ADD R1, R2, #4
 ADD R3, R2, #8
 SUB R3, R3, R1
B LOOP
```

（6）通过使用跳转指令使程序体循环 10 次。

```
 MOV R0, #10
LOOP:
 SUBS R0, #1
 BNE LOOP
```

（7）条件子程序调用示例。

```
...
CMP R0，#5    ;如果 R0 < 5
BLLT SUB1    ;则调用
BLGE SUB2    ;否则调用 SUB2
```

2. 带状态切换的跳转指令 BX

带状态切换的跳转指令（BX）使程序跳转到指令中指定的参数 Rm 指定的地址处执行程序，将 Rm 的第 0 位复制到 CPSR 中的 T 位，bit[31:1] 移入 PC。若 Rm 的 bit[0] 为 1，则跳转时自动将 CPSR 中的条件标志位 T 置位，即把目标地址的代码解释为 Thumb 代码；若 Rm 的 bit[0] 为 0，则跳转时自动将 CPSR 中的条件标志位 T 复位，即把目标地址代码解释为 ARM 代码。

BX 指令的语法格式如下：

（1）当 Rm[1：0] =0b10 时，指令的执行结果不可预知。因为在 ARM 状态下，指令是 4 字节对齐的。

（2）PC 可以作为 Rm 寄存器使用，但这种用法不推荐使用。当 PC 作为 Rm 寄存器使用时，指令"BX PC"将程序跳转到当前指令下面的第 2 条指令处执行。虽然这样跳转可以实现，但最好使用下面的指令完成这种跳转：

```
MOV PC, PC
```

或者

```
ADD PC, PC, #0
```

BX 指令举例如下：

```
BX R0
```

（1）跳转到 R0 中的地址处执行，如果 R0[0] =1，则进入 Thumb 状态。

（2）跳转到 R0 指定的地址处，并根据 R0 的最低位切换 ARM 处理器状态。

```
ADRL R0, ThumbFun +1
BX R0
```

3. 带连接和状态切换的连接跳转指令 BLX （ARMv5T 版本支持）

带连接和状态切换的跳转指令（Branch with Link Exchange，BLX）从 ARM 指令集跳转到指令中所指定的目标地址处，目标地址的指令可以是 ARM 指令或 Thumb 指令。该指令同时将 PC 的内容复制到 LR 中。该指令有两种语法格式，分别如下：

```
（1）BLX <target_addr >
（2）BLX{ <cond >} <Rm >
```

对于第一种指令格式，target_addr 是指令跳转的目标地址，一般是汇编代码中的标号。该指令跳转到目标地址后切换到 Thumb 状态，属于无条件执行的指令。因此，当子程序使用 Thumb 指令集，而调用者使用 ARM 指令集时，可以通过这个指令实现子程序的调用，直接进行工作状态的切换，并保存返回地址。

对于第二种指令格式，除了自动保存返回地址之外，其他行为与 BX 指令一致。

3.3.6　状态操作指令

ARM 指令集提供了两条指令，可直接控制程序状态寄存器（Program State Register, PSR）。MRS 指令用于把 CPSR 或 SPSR 的值传送到一个寄存器；MSR 与之相反，把一个寄存器的内容传送到 CPSR 或 SPSR。这两条指令相结合，可用于对 CPSR 和 SPSR 进行读写操作。状态操作指令见表 3 - 18。

表 3 - 18　状态操作指令

指令	作用	操作
MRS	把 PSR 的值送到一个通用寄存器	Rd = SPR
MSR	把通用寄存器的值送到 PSR 或把一个立即数送到程序状态字	PSR[field] = Rm 或 PSR[field] = immediate

在指令语法中可看到一个称为 field 的项，它可以是控制（C）、扩展（X）、状态（S）及标志（F）的组合。

1. MRS 指令

MRS 指令用于将 PSR 的内容传送到通用寄存器中。在 ARM 处理器中，只有 MRS 指令可以将 CPSR 或 SPSR 的内容读出到通用寄存器中。

MRS 指令的语法格式如下：

```
MRS{ <cond> } Rd,PSR
```

其中，Rd 为目标寄存器，Rd 不允许为 PC。PSR 为 CPSR 或 SPSR。

PSR 指令举例如下：

```
MRS R1, CPSR  ;读取 CPSR 的内容,保存到 R1 中
MRS R2, SPSR  ;读取 SPSR 的内容,保存到 R2 中
```

MRS 指令读取 CPSR，可用来判断 ALU 的条件标志及 IRQ/FIQ 中断是否允许等；在异常处理程序中，读取 SPSR 可指定进入异常前的 ARM 处理器工作状态等。MRS 与 MSR 指令配合使用，实现 CPSR 或 SPSR 的读—修改—写操作，可用来进行 ARM 处理器工作模式切换，允许/禁止 IRQ/FIQ 中断等设置。另外，进程切换或允许异常中断嵌套时，也需要使用 MRS 指令读取 SPSR 状态值并保存起来。

2. MSR 指令

在 ARM 处理器中，只有 MSR 指令可以直接设置 CPSR 或 SPSR。

MSR 指令的语法格式如下：

```
MSR{<cond>} PSR_field, #immed_8r
MSR{<cond>} PSR_field, Rm
```

其中，PSR 是指 CPSR 或 SPSR。field 设置 PSR 中需要操作的位。PSR 的 32 位可以分为 4 个 8 位的域（field）。bit[31:24] 为条件标志位域，用 f 表示；bit[23:16] 为状态位域，用 s 表示；bit[15:8] 为扩展位域，用 x 表示；bit[7:0] 为控制位域，用 c 表示；immed_8r 为要传送到 PSR 指定域的立即数（8 位）；Rm 为要传送到 PSR 指定域的数据源寄存器。

MSR 指令举例如下：

```
MSR CPSR_c, #0xD3    ;CPSR[7:0]=0xD3,切换到管理模式
MSR CPSR_cxsf, R3    ;CPSR=R3
```

注意：只有在特权模式下才能修改 PSR。

程序中不能通过 MSR 指令直接修改 CPSR 中的 T 控制位来实现 ARM 状态/Thumb 状态的切换，必须使用 BX 指令完成 ARM 处理器工作状态的切换（因为 BX 指令属. 转移指令，它会打断流水线状态，实现 ARM 处理器工作状态的切换）。

3. 状态操作指令的应用

举例 1：使能 IRQ 中断。

```
ENABLE_IRQ:
    MRS R0, CPSR
    BIC R0, R0, #0x80
    MSR CPSR_c, R0
    MOV PC, LR
```

举例 2：禁止 IRQ 中断。

```
DISABLE_IRQ:
    MRS R0, CPSR
    ORR R0, R0, #0x80
    MSR CPSR_c, R0
    MOV PC, LR
```

举例 3：栈顶指针初始化。

```
INITSTACK:
    MOV R0, LR   ;保存返回地址
```

设置管理模式栈顶指针：

```
MSR CPSR_c, #0xD3
LDR SP, StackSvc
```

设置 IRQ 中断模式栈顶指针：

```
MSR CPSR_c, #0xD2
LDR SP, StackIrq
```

3.3.7　协处理器指令

ARM 体系结构允许通过增加协处理器来扩展指令集。最常用的协处理器是用于控制片上功能的系统协处理器。例如，控制 Cache 和存储管理单元的 CP15 寄存器。此外，还有用于浮点运算的浮点协处理器，各生产商还可以根据需要开发自己的专用协处理器。

协处理器具有自己专用的寄存器组，它们的状态由控制 ARM 工作状态的指令的镜像指令来控制。程序的控制流指令由 ARM 处理器来处理，所有协处理器指令只能同数据处理和数据传送有关。按照 RISC 的 Load/Store 体系原则，数据的处理和传送指令是被清楚分开的，所以它们有不同的指令格式。ARM 处理器支持 16 个协处理器，在程序执行过程中，每个协处理器忽略 ARM 指令和其他协处理器指令。当一个协处理器硬件不能执行属于它的协处理器指令时，将产生一个未定义指令异常，在该异常处理过程中，可以通过软件仿真该硬件操作。如果一个系统中不包含向量浮点运算器，则可以选择浮点运算软件包支持向量浮点运算。

协处理器可以部分地执行一条指令，然后产生中断。如除法运算除数为 0 和溢出，这样可以更好地处理运行时产生（run - time - generated）的异常。但是，指令的部分执行是由协处理器完成的，此过程对 ARM 处理器来说是透明的。当 ARM 处理器重新获得执行权限时，它将从产生异常的指令处开始执行。对某一个协处理器来说，并不一定用到协处理器指令中的所有域。具体协处理器如何定义和操作完全由协处理器的制造商决定。因此，协处理器指令中的协处理器寄存器的标识符及操作助记符也有各种不同的实现定义。程序员可以通过宏定义这些指令的语法格式。

协处理器指令可分为以下 3 类：

（1）协处理器数据操作指令。协处理器数据操作完全是协处理器内部操作，它完成协处理器寄存器的状态改变。如浮点加运算，在浮点协处理器中两个寄存器相加，结果放在第 3 个寄存器中。这类指令包括 CDP 指令。

（2）协处理器数据传送指令。这类指令从寄存器读取数据装入协处理器寄存器，或将协处理器寄存器的数据装入存储器。因为协处理器可以支持自己的数据类型，所以每个寄存器传送的字数与协处理器有关。ARM 处理器产生存储器地址，但传送的字节由协处理器控制。这类指令包括 LDC 指令和 STC 指令。

（3）协处理器寄存器传送指令。在某些情况下，需要 ARM 处理器和协处理器之间传送数据。如一个浮点运算协处理器，FIX 指令从协处理器寄存器取得浮点数据，将它转换为整数，并将整数传送到 ARM 寄存器中。经常需要用浮点比较产生的结果来影响控制流，因此，比较结果必须传送到 ARM 的 CPSR 中。这类协处理器寄存器传送指令包括 MCR 和 MRC 指令。

表 3 – 19 列出了所有协处理器处理指令。

表 3 – 19　协处理器指令

助 记 符	操作
CDP	协处理器数据操作
LDC	装载协处理器寄存器
MCR	从 ARM 寄存器传数据到协处理器寄存器
MRC	从协处理器寄存器传数据到 ARM 寄存器
STC	存储协处理器寄存器

下面简单介绍比较常用的 MCR 及 MRC 指令的用法。

1. ARM 寄存器到协处理器寄存器的数据传送指令 MCR

1）MCR 指令的编码格式

ARM 寄存器到协处理器寄存器的数据传送指令 MCR（Move to Coprocessor from ARM Register）将 ARM 寄存器 < Rd > 的值传送到协处理器寄存器 cp_num 中。如果没有协处理器执行指定操作，将产生未定义指令异常。MCR 指令的编码格式见表 3 – 20。

表 3 – 20　MCR 指令的编码格式

位域	bit [31:28]	bit [27:24]	bit [23:21]	bit [20]	bit [19:16]	bit [15:12]	bit [11:8]	bit [7:5]	bit [4]	bit [3:0]
内容	< cond >	1110	< opcode_1 >	0	< CRn >	< Rd >	cp_num	< opcode_2 >	1	< CRm >

2）MCR 指令的语法格式

MCR 指令的语法格式如下：

```
MCR{ < cond >}  < coproc >, < opcode _ 1 >, < Rd >, < CRn >,
<CRm >{ < opcode_2 >}
```

（1）{ < cond >}：为指令编码中的条件域，它指示指令在什么条件下执行。当 < cond > 忽略时，指令为无条件执行 [cond = AL（Alway）]。

（2）< coproc >：指定协处理器的编号，标准的协处理器的名字为 p0、p1、…、p15。

（3）< opcode_1 >：指定协处理器执行的操作码，确定哪一个协处理器指令将被执行。

（4）< Rd >：确定哪一个 ARM 寄存器的数值将被传送。如果 PC 的值被传送，指令的执行结果不可预知。

（5）< CRn >：确定包含第 1 个操作数的协处理器寄存器。

（6）＜CRm＞：确定包含第 2 个操作数的协处理器寄存器。

（7）＜opcode_2＞：指定协处理器执行的操作码，确定哪一个协处理器指令将被执行，通常与＜opcode_1＞配合使用。

MCR 指令举例如下：

将 ARM 寄存器 r7 中的值传送到协处理器 p14 的寄存器 c7 中，第 1 个操作数 opcode_1 = 1，第 2 个操作数 opcode_2 =6。

```
MCR p14,1,r7,c7,c12,6
```

3）MCR 指令的使用

在 MCR 指令的编码格式中，bit[31：24]、bit[20]、bit[15：8] 和 bit [4] 为 ARM 体系结构定义。其他域由各生产商定义。硬件协处理器支持与否完全由生产商定义，某款 ARM 芯片中，是否支持协处理器或支持哪个协处理器与 ARM 结构版本无关。生产商可以选择实现部分协处理器指令或者完全不支持协处理器。

2. 协处理器寄存器到 ARM 寄存器的数据传送指令 MRC

1）MRC 指令的编码格式

协处理器寄存器到 ARM 寄存器的数据传送指令 MRC（Move to ARM register from Coprocessor）将协处理器 cp_num 的寄存器的值传送到 ARM 寄存器中。如果没有协处理器执行指定操作，将产生未定义指令异常。MRC 指令的编码格式见表 3 –21。

表 3 – 21　MRC 指令的编码格式

位域	bit [31：28]	bit [27：24]	bit [23：21]	bit [20]	bit [19：16]	bit [15：12]	bit [11：8]	bit [7：5]	bit [4]	bit [3：0]
内容	｛＜cond＞｝	1110	＜opcode_1＞	1	＜CRn＞	＜Rd＞	cp_num	＜opcode_2＞	1	＜CRm＞

2）MRC 指令的语法格式

MRC 指令的语法格式如下：

```
MRC｛＜cond＞｝＜coproc＞,＜opcode_1＞,＜Rd＞,＜CRn＞,＜CRm＞｛,＜opcode_2＞｝
```

（1）｛＜cond＞｝：为指令编码中的条件域，它指示指令在什么条件下执行。当｛＜cond＞｝忽略时，指令为无条件执行 [cond = AL（Alway）]。

（2）＜coproc＞：指定协处理器的编号，标准的协处理器的名字为 p0、p1、…、p15。

（3）＜opcode_1＞：指定协处理器执行的操作码，确定哪一个协处理器指令将被执行。

（4）＜Rd＞：确定哪一个 ARM 寄存器接受协处理器传送的数值。如果 PC 被用作目的寄存器，指令的执行结果不可预知。

（5）＜CRn＞：确定包含第 1 个操作数的协处理器寄存器。

（6）＜CRm＞：确定包含第 2 个操作数的协处理器寄存器。

（7）＜opcode_2＞：指定协处理器执行的操作码，确定哪一个协处理器指令将被执行，通常与＜opcode_1＞配合使用。

MRC 指令举例如下：

协处理器源寄存器为 c0 和 c2，目的寄存器为 ARM 寄存器 r4，第 1 个操作数 opcode_1 = 5，第 2 个操作数 opcode_2 = 3。

```
MRC p15,5,r4,c0,c2,3
```

3）MRC 指令的使用

如果目的寄存器为程序计数器 r15，则程序状态字条件标志位根据传送数据的前 4 位确定，后 28 位被忽略。MRC 指令的编码格式中，bit[31:24]、bit[20]、bit[15:8] 和 bit[4] 为 ARM 体系结构定义，其他域由各生产商定义。

硬件协处理器支持与否完全由生产商定义，某款 ARM 芯片是否支持协处理器或支持哪个协处理器与 ARM 结构版本无关。生产商可以选择实现部分协处理器指令或者完全不支持协处理器。

如果协处理器必须完成一些内部工作来准备一个 32 位数据向 ARM 传送（例如，浮点 FIX 操作必须将浮点值转换为等效的定点值），那么这些工作必须在协处理器提交传送前进行。因此，在准备数据时经常需要协处理器将握手信号置于"忙 – 等待"状态，ARM 可以在"忙 – 等待"时间内产生中断。如果它确实得以中断，那么它将暂停握手以服务中断。当它从中断服务程序返回时，将可能重试协处理器指令，但也可能不重试，例如，中断可能导致任务切换。无论哪种情况，协处理器必须给出一致结果。因此，在握手提交阶段之前的准备工作不允许改变 ARM 处理器的可见状态。表 3 – 22 列出了 cp15 的各个寄存器的目的。

表 3 – 22　cp15 寄存器列表

寄存器编号	基本作用	在 MMU 中的作用	在 PC 中的作用
0	ID 编码（只读）	ID 编码和 Cache 类型	—
1	控制位（可读写）	各种控制位	—
2	存储保护和控制	地址转换表基地址	Cachability 的控制位
3	存储保护和控制	域访问控制位	Cachability 的控制位
4	存储保护和控制	保留	保留
5	存储保护和控制	内存失效状态	访问权限控制位
6	存储保护和控制	内存失效状态	保护区域控制
7	高速缓存和写缓存控制	高速缓存和写缓存控制	—
8	存储保护和控制	TLB 锁定	保留
9	高速缓存和写缓存控制	高速缓存锁定	—
10	存储保护和控制	TLB 锁定	保留

续表

寄存器编号	基本作用	在 MMU 中的作用	在 PC 中的作用
11	TCM ACCESS	NULL	NULL
12	异常向量表基地址	NULL	NULL
13	进程标识符	进程标识符	—
14	保留	—	—
15	因设计而异	因设计而异	因设计而异

3.3.8　ARM 异常产生指令

ARM 指令集提供了两条产生异常的指令，通过这两条指令，可以用软件方法实现异常。表 3 – 23 所示为 ARM 异常产生指令。

表 3 – 23　ARM 异常产生指令

助记符	含义	操作
SWI	软件中断指令	产生软件中断，处理器进入管理模式
BKPT	断点中断指令	处理器产生软件断点

SWI 指令用于产生软件中断，从而实现从用户模式切换到管理模式，CPSR 保存到管理模式的 SPSR 中，执行转移到 SWI 向量表，在其他模式下也可以使用 SWI 指令，ARM 处理器同样切换到管理模式。

SWI 指令的语法格式如下：

```
SWI{<cond>} <immed_24>
```

SWI 指令举例如下：

（1）产生软件中断，中断立即数为 0。

```
SWI 0;
```

（2）产生软件中断，中断立即数为 0x123456。

```
SWI 0x123456;
```

使用 SWI 指令时，通常使用以下两种方法进行参数传递：

（1）指令 24 位的立即数指定了用户请求的类型，中断服务程序的参数通过寄存器传递。以下程序产生一个中断号为 12 的软件中断。

```
MOV R0, #34   ;设置功能号为 34
SWI 12        ;产生软件中断,中断号为 12
```

（2）另一种情况，指令中的 24 位立即数被忽略，用户请求的服务类型由寄存器 R0 的值决定，参数通过其他寄存器传递。下面的例子通过寄存器 R0 传递中断号，通过寄存器 R1 传递中断的功能号。

```
MOV R0,#12   ;设置 12 号软件中断
MOV R1,#34   ;设置功能号为 34
SWI 0
```

3.3.9 其他指令

1. 特殊指令

Fmxr/Fmrx 指令是 NEON 下的扩展指令，在作浮点运算的时候，要先打开 VFP，因此需要用 Fmxr 指令。

Fmxr 指令：由 ARM 寄存器将数据转移到协处理器中。

Fmrx 指令：由协处理器将数据转移到 ARM 寄存器中。

表 3 – 24 所示为浮点异常寄存器位域格式。表 3 – 25 所示为浮点异常寄存器的位定义。

表 3 –24　浮点异常寄存器位域格式

位域	bit[31]	bit[30]	bit[29:0]
内容	EX	EN	保留

表 3 –25　浮点异常寄存器的位定义

位域	内容	功能描述
bit [31]	EX	异常位，该位指定了有多少信息需要存储记录 SIMD/VFP 协处理器的状态
bit [30]	EN	NEON/VFP 使能位，设置 EN 位为 1 则开启 NEON/VFP 协处理器，复位会将 EN 位置 0
bit [29:0]	—	保留

浮点异常寄存器（FPEXC）是一个可控制 SIMD 及 VFP 的全局使能寄存器，并指定了这些扩展技术是如何记录的。

如果要打开 VFP 协处理器，可以用以下指令：

```
mov r0, #0x40000000
Fmxr fpexc, r0 @ enable NEON and VFP coprocessor
```

2. CLZ 指令：计算前导零数目

CLZ 指令的语法格式如下：

```
CLZ {cond} Rd,Rm
```

其中：

（1）{cond}：是一个可选的条件代码。

（2）Rd：是目标寄存器。

（3）Rm：是操作数寄存器。

CLZ 指令对 Rm 中的值的前导零进行计数，并将结果返回到 Rd 中，如果未在源寄存器中设置任何位，则该结果值为 32，如果设置了位 31，则结果值为 0。

（1）条件标志位：该指令不会更改条件标志位。

（2）体系结构：ARMv5 版本以上。

CLZ 指令举例如图 3 - 1 所示。

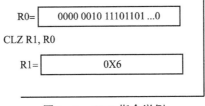

图 3 - 1　CLZ 指令举例

3. 饱和指令

饱和指令是用来设计饱和算法的一组指令，所谓"饱和"是指出现下列 3 种情况：

（1）对于有符号饱和运算，如果结果小于 - 2n，则返回结果将为 - 2n。

（2）对于无符号饱和运算，如果整数结果是负值，那么返回的结果将为 0。

（3）对于结果大于 2n - 1 的情况，则返回结果将为 2n - 1。

只要出现这些情况，就称为饱和，并且饱和指令会设置 CPSR 的 Q 标记位，下面简单介绍：

（1）QADD：带符号加法；

（2）QSUB：带符号减法；

（3）QDADD：带符号加倍加法；

（4）QDSUB：带符号加倍减法。

将结果饱和导入符号范围（$-2^{31} \leqslant x \leqslant 2^{31} - 1$）内。

其语法格式如下：

```
op{cond} {Rd} , Rm, Rn
```

其中：

（1）op：是 QADD、QSUB、QDADD、QDSUB 之一。

（2）{cond}：是一个可选的条件代码。

（3）{Rd}：是目标寄存器。

（4）Rm，Rn：是存放操作数的寄存器（注：不要将 r15 用作 Rd、Rm 或 Rn）。

其用法如下：

（1）QADD 指令可将 Rm 和 Rn 中的值相加。

（2）QSUB 指令可将 Rm 的值减去 Rn 的值。

（3）QDADD/QDSUB 指令涉及并行指令，这里不多作讨论。

条件标志位：如果发生饱和，则这些指令设置 Q 标记位，若要读取 Q 标记位的状态，需要使用 MRS 指令。

体系结构：该指令可用于 ARMv5TE 及 ARMv6 或者更高版本的体系中。

示例如下：

```
QADD r0 , r1, r9
QSUBLT r9, r0, r1
```

3.4 Thumb 指令

ARM 技术最大的特点之一是：ARM 体系结构除了支持执行效率很高的 32 位 ARM 指令集以外，同时支持 16 位的 Thumb 指令集。Thumb 指令集是 ARM 指令集的一个子集，允许指令编码为 16 位的长度。与等价的 32 位代码相比较，Thumb 指令集在保留 32 位代码优势的同时，大大节省了系统的存储空间。

3.4.1 Thumb 指令概述

在 ARM 技术发展的历程中，尤其在 ARM7 体系结构被广泛接受和使用后，嵌入式控制器的市场仍然大都由 8 位、16 位的处理器占领。但这些产品却不能满足高端应用，如移动电话、磁盘驱动器、调制解调器等设备对处理器性能的要求。这些高端消费类产品需要 32 位 RISC 处理器的性能和优于 16 位的 CISC 处理器的代码密度。这就需要以更低的成本取得更好的性能和更优于 16 位的 CISC 处理器的代码密度。

为了满足嵌入式技术不断发展的要求，ARM 的 RISC 体系结构提供了低功耗、小体积、高性能的方案，而为了解决代码长度的问题，ARM 体系结构又增加了 T 变种，开发了一种新的指令体系，这就是 Thumb 指令集。Thumb 指令集是 ARM 体系结构的扩展，它从标准 32 位 ARM 指令集抽出来 36 条指令，重新编成 16 位的操作指令。这能带来很高的代码密度，因为 Thumb 指令的宽度只有 ARM 指令宽度的一半。在运行时，这些 16 位的 Thumb 指令又由 ARM 处理器解压成 32 位的 ARM 指令。

所有 Thumb 指令都有对应的 ARM 指令，而且 Thumb 的编程模型也对应于 ARM 的编程模型。当 ARM 处理器在执行 ARM 指令时，称 ARM 处理器处于 ARM 工作状态，当处理器在执行 Thumb 指令时，称 ARM 处理器处于 Thumb 工作状态。支持 Thumb 指令的 ARM 体系结构的处理器状态可以方便地切换到 Thumb 状态。在应用程序的编写过程中，只要遵循一定的调用规则，Thumb 子程序和 ARM 子程序就可以互相调用。

ARM7TDMI 是第一个支持 Thumb 指令的内核，支持 Thumb 指令的内核仅是 ARM 体系结构的一种扩展，所以编译器既可以编译 Thumb 代码，又可以编译 ARM 代码。从

ARM7TDMI 之后，更高性能的 ARM 处理器内核，也大多能够支持 Thumb 指令。

3.4.2　Thumb 指令的特点

支持 Thumb 指令的内核有两套独立的指令集，它使设计者在得到 ARM 32 位指令高性能的同时，又享有 Thumb 指令集产生的代码密度方面的优势，可以在性能和代码紧凑性之间取得平衡。在需要较低的代码空间时采用 Thumb 指令系统，却有比纯粹的 16 位系统更高的性能，因为实际执行的是 32 位指令，用 Thumb 指令编写最小代码量的程序，取得以 ARM 代码执行的最好性能。独立的两套指令集也使解码逻辑极其简单，从而维持了较小的芯片面积，保证了领先的"低功耗、高性能、小体积"技术要求，满足了对嵌入式系统的设计需求。

在 Thumb 状态下，大多数指令只能访问 R0 ~R7。寄存器 R8 ~R15 是被限制访问的寄存器标识。Thumb 状态只在分立操作时使用桶式移位，具有 LSL、LSR、ASR 或 ROR 指令。

在任何时刻，ARM 处理器工作在 ARM 状态还是 Thumb 状态是由 CPSR 表征的。CPSR 的第 5 位（T 位）指示 ARM 处理器当前执行的是 ARM 指令流还是 Thumb 指令流。T 置 1，则认为执行的是 16 位的 Thumb 指令流；当 T 置 0，认为执行的是 32 位的 ARM 指令流。

进入 Thumb 状态有两种方法：一种是执行一条带状态切换的跳转指令 BX，将指令中的目标地址寄存器的最低位置 1；另一种方法是利用异常返回。

退出 Thumb 状态也有两种方法：一种是执行 Thumb 指令中的 BX 指令，可以显式地返回 ARM 指令流；另一种是利用异常进入 ARM 指令流，因为异常总是在 ARM 状态下进行。

3.4.3　Thumb 指令集与 ARM 指令集的比较

Thumb 指令集是针对代码密度的问题而提出的，可以看作 ARM 指令集的子集。Thumb 是一个不完整的体系结构，不能指望 ARM 处理器只执行 Thumb 代码而不支持 ARM 指令集。一般 Thumb 代码只需支持通用功能，必要时可以借助 ARM 指令集。

（1）与 ARM 指令集相比较，Thumb 指令集中的数据处理指令的操作数仍然是 32 位，指令地址也为 32 位，但 Thumb 指令集为了实现 16 位的指令长度，舍弃了 ARM 指令集的一些特性，Thumb 指令采用 16 位二进制编码，而 ARM 指令是 32 位的。Thumb 指令也采用 Load/Store 结构，有数据处理、数据传送及流控制指令等。

（2）大多数 Thumb 指令是无条件执行的（除了跳转指令 B），而大多数 ARM 指令都是条件执行的。

（3）许多 Thumb 数据处理指令采用 2 地址格式，即目的寄存器与一个源寄存器相同，而且指令的第 2 个操作数受到限制。而大多数 ARM 数据处理指令采用的是 3 地址格式（除了 64 位乘法指令外）。

（4）Thumb 指令集没有协处理器指令、信号量（Semaphore）指令、乘加指令、64 位乘法指令以及访问 CPSR 或 SPSR 的指令，而且指令的第 2 个操作数受到限制。

（5）完成相同的操作，Thumb 指令集通常需要更多的指令，因此在对系统运行时间要求苛刻的应用场合 ARM 指令集更为适合。

（6）Thumb 指令集没有包含进行异常处理时需要的一些指令，因此在异常中断时，还是需要使用 ARM 指令，这种限制决定了 Thumb 指令需要和 ARM 指令配合使用。

（7）由于 Thumb 指令的长度为 16 位，即只用 ARM 指令一半的位数来实现同样的功能，所以，要实现特定的程序功能，所需的 Thumb 指令的条数较 ARM 指令多。

（8）一般情况下，Thumb 指令与 ARM 指令的时间效率和空间效率关系为：

①Thumb 代码所需的存储空间约为 ARM 代码的 60%～70%；

②Thumb 代码使用的指令数比 ARM 代码多 30%～40%；

③若使用 32 位数据宽度的存储器，ARM 代码比 Thumb 代码快约 40%；

④若使用 16 位数据宽度的存储器，Thumb 代码比 ARM 代码快 40%～50%；

⑤与 ARM 代码相比较，使用 Thumb 代码，存储器的功耗会降低约 30%。

显然，ARM 指令集和 Thumb 指令集各有其优点，若对系统的性能有较高要求，应使用 32 位的存储系统和 ARM 指令集；若对系统的成本及功耗有较高要求，则应使用 16 位的存储系统和 Thumb 指令集。当然，若两者结合使用，充分发挥各自的优点，会取得更好的效果。

思考题与习题

3.1 用 ARM 指令实现下面的操作：

（1）r0 = 16 （2）r0 = r1/16

（3）r1 = r0 * 3 （4）r0 = － r0

3.2 以下列举的十六进制数哪些可作为数据处理中的有效立即数？

（1）0x101 （2）0x102

（3）0x0xff1 （4）0xff

3.3 CMP 指令用于实现什么功能？

3.4 如何在特权模式下用 ARM 指令使能 IRQ 中断？

3.5 以下 ARM 指令完成什么功能？

（1）LDRH r0，［r1，#6］

（2）LDR r0，=0x999

3.6 假设 r0 = 0x01，r1 = 0x03，正确执行"ADD r0，r0，r1"后，r0 的值为多少？

3.7 ARM 汇编语言中，用于实现软件中断的是哪条指令

3.8 指令"MOV r0，r1，LSL，#3"中，LSL 的作用是什么？

3.9 BX 指令和 BL 指令有什么不同？

3.10 利用 CMP 指令编写程序，判断 r1 的值是否大于 0x30，如果是 r1 将减去 0x30。

3.11 用 ARM 汇编语言实现比较两个字符串大小的操作。代码执行前，R0 指向第 1 个字符串，R1 指向第 2 个字符串。代码执行后 R0 中保存比较结果，如果两个字符串相同，R0 为 0；如果第 1 个字符串大于第 2 个字符串，R0 ＞0；如果第 1 个字符串小于第 2

个字符串，R0 < 1。

3.12　用 ARM 汇编语言实现简单的数据块复制。程序一次将 8 个字数据从 R0 作为首地址的一段连续的内存单元复制到 R1 作为首地址的一段连续的内存单元。代码执行前 R0 为源数据区的首地址，R1 为目标数据取首地址，R2 为将要复制的字数。

第 4 章

ARM 汇编程序设计

在 ARM 指令的基础上，本章介绍如何来编写 ARM 汇编程序，包括 ARM 汇编程序的语句格式、伪指令与伪操作、ARM 汇编程序结构，最后用实例讲解 ARM 汇编程序的编写。本章只讲述了 ARM 汇编程序的若干重要和常见的知识点，事实上，还有更多 ARM 汇编语言的语法、定义和操作，读者如果需要深入学习 ARM 汇编语言，可以参阅相关书籍。

4.1 ARM 汇编语言的语句格式

ARM 汇编语言的语句由指令、伪操作和伪指令组成。其语句的语法格式如下：

{label} 指令/伪指令/伪操作 {;语句注释}

其中：

（1） {lable} 是可选项，是程序段的标名，代表了该语句/程序段的首地址。指令、伪指令、伪操作是语句的主体，代表了该语句的行为和操作。ARM 汇编语言用分号 ";"进行语句注释（在 C 语言中，分号是语句的标志和结尾符），恰当的注释有利于程序的阅读和调试。

（2）程序的标名必须顶格写，而无论是否有程序标号，语句前必须有若干空格或制表符。

（3）在 ARM 汇编程序中，每条指令的助记符可以全部用大写表达，或者全部用小写表达，不允许大、小写混杂书写。

（4）跟 C 语言类似，如果一条语句过长，为了便于阅读，可以使用分行符 " \ " 连接上、下两行，表示下一行跟上一行是完全接在一起的，注意分行符后面不能有任何字符，包括空格和制表符在内，虽然它们不可见。

4.2 ARM 汇编语言的符号

在 ARM 汇编程序设计中，经常使用各种符号代替地址（address）、变量（variable）和常量（constant）等，以增加程序的灵活性和可读性。尽管符号的命名由编程者决定，但并不是任意的，必须遵循以下约定：

（1）符号区分大、小写，同名的大、小写符号会被编译器认为是两个不同的符号。

（2）符号在其作用范围内必须唯一。

（3）自定义的符号名不能与系统的保留关键字相同。其中保留关键字包括系统内部变量（built in variable）和系统预定义（predefined symbol）的符号。

（4）符号名不应与指令或伪指令同名。如果要使用和指令或伪指令同名的符号要用双斜杠"//"将其括起来，如"//SSERT//"。注意：虽然符号被双斜杠括起来，但双斜杠并非符号名的一部分。

（5）局部标号以数字开头，其他符号都不能以数字开头。

4.2.1　变量

变量是指其值在程序的运行过程中可以改变的量。ARM 汇编程序所支持的变量有 3 种。

（1）数字变量（numeric）。数字变量用于在程序的运行中保存数字值，但注意数字值的大小不应超出数字变量所能表示的范围。

（2）逻辑变量（logical）。逻辑变量用于在程序的运行中保存逻辑值，逻辑值只有两种取值情况：真（｜TURE｜）和假（｜FALSE｜）。

（3）字符串变量（string）。字符串变量用于在程序的运行中保存一个字符串，注意字符串的长度不应超出字符串变量所能表示的范围。

在 ARM 汇编程序设计中，使用 GBLA、GBLL、GBLS 伪指令声明全局变量，使用 LCLA、LCLL、LCLS 伪指令声明局部变量，使用 SETA、SETL 和 SETS 对其进行初始化。这些伪指令中的"GBL"表示全局（global）之意；"LCL"表示局部（local）之意；"SET"表示设置（set）之意。而"A"表示数字算术变量（arithmetic）；"L"表示逻辑变量（logical）；"S"表示字符串变量（string）。

4.2.2　常量

常量是指其值在程序的运行过程中不能被改变的量。ARM 汇编程序所支持的常量有数字常量、逻辑常量和字符串常量。

（1）数字常量一般为 32 位的整数，当作为无符号数时，其取值范围为 $0 \sim 2^{32} - 1$；当作为有符号数时，其取值范围为 $-2^{31} \sim 2^{31} - 1$。

（2）逻辑常量只有两种取值情况：真或假。

（3）字符串常量为一个固定的字符串，一般用于程序运行时的信息提示。

4.2.3　程序中的变量代换

ARM 汇编语言中的变量可以作为一整行出现在 ARM 汇编程序中，也可以作为行的一部分使用。如果在数字变量前面有一个代换操作符"＄"，编译器会将该数字变量的值转换为十六进制的字符串，并将该十六进制的字符串代换"＄"后的数字变量。如果在逻辑变量前面有一个代换操作符"＄"，编译器会将该逻辑变量代换为它的取值（真或假）。如果在字符串变量前面有一个代换操作符"＄"，编译器会将该字符串变量的值代换

"$"后的字符串变量。如果程序中需要字符"$",则可以用"$$"来表示。汇编器将不进行变量替换,而是将"$$"作为"$"。

4.3 GNU ARM 汇编器支持的伪操作

在 ARM 汇编程序中,有一些特殊指令助记符,这些特殊指令助记符与指令系统的助记符不同,没有对应的操作码,通常称这些特殊指令助记符为伪操作标识符(directive),它们所完成的操作称为伪操作。伪操作在源程序中的作用是为汇编程序做各种准备工作,这些仅在汇编过程中起作用,一旦汇编结束,伪操作的使命即完成。

在 ARM 汇编程序中,伪操作主要有符号定义伪操作、数据定义伪操作、汇编控制伪操作及杂项伪操作等。

4.3.1 数据定义伪操作

数据定义伪操作一般用于为特定的数据分配存储单元,同时可完成已分配存储单元的初始化。常见的数据定义伪操作有 . byte、. short、. long、. quad、. float、. string、. asciz、. ascii、. rept、. endr、. equ、. set。数据定义伪操作如下。

1. 伪操作名:. byte

用途:单字节定义。

示例:

```
.byte 1,2,0b01,0x34,072,'s'
```

2. 伪操作名:. short

用途:定义双字节数据

示例:

```
.short 0x1234,60000
```

3. 伪操作名:. long

用途:定义 4 字节数据。

示例:

```
.long 0x12345678,23876565
```

4. 伪操作名:. quad

用途:定义 8 字节数据。

示例:

```
.quad 0x1234567890abcd
```

5. 伪操作名:. float

用途:定义浮点数。

示例：

```
.float 0f311971.693993751E-40
```

6. 伪操作名：. string/. asciz/. ascii

用途：定义多个字符串。

示例：

```
.string "abcd","efgh","hello!"
.asciz "qwer","sun","world!"
.ascii "welcome\0"(需要注意的是：.ascii 伪操作定义的字符串需要在每行末
尾添加结尾字符 '\0')
```

7. 伪操作名：. rept/. endr

用途：重复定义伪操作。

示例：

```
.rept 3
.byte 0x23
.endr
```

8. 伪操作名：. equ/. set

用途：赋值语句［. equ(. set) 变量名，表达式］。

示例：

```
.equ abc 3 @  abc =3
```

4.3.2　汇编控制伪操作

汇编控制伪操作用于控制 ARM 汇编程序的执行流程，常用的汇编控制伪操作包括以下几条。

1. . if、. else、. endif

1）语法格式

. if、. else、. endif 伪操作能根据条件的成立与否决定是否执行某个指令序列。当. if 后面的逻辑表达式为真时，则执行. if 后的指令序列，否则执行. else 后的指令序列。其中，. else 及其后的指令序列可以没有，此时，当. if 后面的逻辑表达式为真时，则执行指令序列，否则继续执行后面的指令。

提示：. if、. else、. endif 伪操作可以嵌套使用。该伪操作的行为跟 C 语言中的 if、else 类似。

其语法格式如下：

```
.if logical - expressing
...
|.else
...|
.endif
```

其中 logical - expressing 是用于决定指令执行流程的逻辑表达式。

2）使用说明

若程序中有一段指令需要在满足一定条件时执行，使用该伪操作。该伪操作还有另一种形式：

```
.if logical - expression
    Instruction
.else if logical - expression2
    Instructions
.endif
```

该形式避免了 if - else 形式的嵌套，使程序结构更加清晰、易读。

3）示例

```
GBLA val
val SETA 9
    .if val < 5
     mov r0, #val
    .else
     movr1, #val
 .endif
```

编译器编译该段代码的结果是：

```
mov r1, #9
```

2．. while、. wend

1）语法格式

. while、. wend 伪操作能根据条件的成立与否决定是否执行某个指令序列。当 . while 后面的逻辑表达式为真时，则执行指令序列，该指令序列执行完毕后，再判断逻辑表达式的值，若为真则据继续执行，一直到逻辑表达式的值为假。

提示：. while、. wend 伪操作可以嵌套使用。该伪操作跟 C 语言中的 while 循环类似。其语法格式如下：

```
.while logical - expression
Instruction,directive or pseudo - instructions
.wend
```

2）示例

```
GBLA val
val SETA 1
.while val <=3
val SETA val +1
    mov r0,#val
     .wend
```

编译器编译该段代码的结果是：

```
mov r0, #2
mov r0, #3
mov r0, #4
```

3．. macro、. endm

1）语法格式

. macro 伪操作可以将一段代码定义为一个整体，称为宏指令，然后就可以在程序中通过宏指令多次调用该段代码。其中，$ 标号在宏指令被展开时，会被替换为用户定义的符号。

宏操作可以使用一个或多个参数，当宏操作被展开时，这些参数被相应的值替换。宏操作的使用方式和功能与子程序相似，子程序可以提供模块化的程序设计、节省存储空间并提高运行速度。在使用子程序结构时需要保护现场，从而增加了系统的开销，因此，在代码较短且需要传递的参数较多时，可以使用宏操作代替子程序。

包含在 . macro 和 . endm 之间的指令序列称为宏定义体，在宏定义体的第 1 行应声明宏的原型（包含宏名、所需的参数），然后就可以在 ARM 汇编程序中通过宏名来调用该指令序列。在源程序被编译时，汇编器将宏调用展开，用宏定义中的指令序列代替程序中的宏调用，并将实际参数的值传递给宏定义中的形式参数。

提示：. macro、. endm 伪操作可以嵌套使用。

2）使用说明

在子程序代码比较短，而需要传递的参数比较多的情况下可以使用宏汇编技术。

首先通过 . macro 和 . endm 伪操作定义宏，包括宏定义体代码。在 . macro 伪操作之后的第 1 行声明宏的原型，其中包含该宏定义的名称及需要的参数。在汇编中可以通过该宏定义的名称调用它。当源程序被编译时，汇编器将展开每个宏调用，用宏定义体代替源程序中宏定义的名称，并用实际参数值代替宏定义时的形式参数。

3）示例

```
.macro SHIFTLEFT a, b
.if \b < 0
MOV \a, \a, ASR # - \b
.endif
MOV \a, \a, LSL #\b
.endm
```

4. . mexit

1）语法格式

. mexit 用于从宏定义中跳转出去。

2）用法

只需要在宏定义的代码中插入该伪操作即可。

3）示例

```
.macro SHIFTLEFT a, b
.if \b < 0
mov \a, \a, ASR # - \b
.mexit
.endif
mov \a, \a, LSL #\b
.endm
```

4.3.3　杂项伪操作

ARM 汇编语言中还有一些其他伪操作，在 ARM 汇编程序中经常会被使用，包括以下几条：

（1）.arm。定义以下代码使用 ARM 指令集编译：

① .code32。作用同.arm；

② .code16。作用同.thumb。

（2）.thumb。定义以下代码使用 Thumb 指令集编译

①.section expr。定义域中包含的段。expr 可以使用.text、.data.、.bss。

.text｛subsection｝。将定义符开始的代码编译到代码段或代码子段（subsection）；

.data｛subsection｝。将定义符开始的代码编译到数据段或数据子段（subsection）；

.bss {subsection}。将变量存放到.bss 段或.bss 的子段(subsection)。

②.align {alignment}{,fill}{,max}。通过用零或指定的数据进行填充来使当前位置与指定边界对齐。

③.org offset{,expr}。指定从当前地址加上 offset 开始存放代码,并且从当前地址到当前地址加上 offset 之间的内存单元,用零或指定的数据进行填充。

4.4　ARM 汇编器支持的伪指令

ARM 汇编器支持 ARM 伪指令,这些伪指令在汇编阶段被翻译成可被执行的 ARM 或者 Thumb(或 Thumb-2)指令(或指令序列)。ARM 伪指令主要包含 ADR、ADRL、LDR 等。

4.4.1　ADR 伪指令

1. 语法格式

ADR 伪指令为小范围地址读取伪指令。ADR 伪指令将基于 PC 相对偏移地址或基于寄存器相对偏移地址值读取到寄存器中,其取值范围如下:

(1) 当地址值不是字节对齐时,取值范围为 -255~255 字节。

(2) 当地址值是字对齐时,取值范围为 -1 020~1 020 字节。

(3) 当地址值是 16 字节对齐时其取值范围更大。

其语法格式如下:

```
ADR{cond}{.W} register,label
```

(1) {cond}:可选的指令执行条件。

(2) {.W}:可选项,指定指令宽度(Thumb-2 指令集支持)。

(3) register:目标寄存器。

(4) label:基于 PC 或具体寄存器的表达式。

2. 使用说明

ADR 伪指令被 ARM 汇编器编译成一条指令。ARM 汇编器通常使用 ADD 指令或 SUB 指令实现伪操作的地址装载功能。如果不能用一条指令实现 ADR 伪指令的功能,ARM 汇编器将报告错误。

3. 示例

1)示例 1

```
start MOV r0,#10
      ADR r4,start
```

程序在运行到"ADR r4,start"时,由于 ARM 为 3 级流水线的架构,此时 PC=执行地址+8,而 start 是在该条指令的前面,所以此时该条指令的目的是读取 start 相对于 PC

的地址。start 的地址是相对于 PC − 8 − 4 = PC − 12 = PC − 0x0C，所以本 ADR 伪指令将被编译器替换成"SUB r4, PC, #0x0C"。

2）示例 2

```
        ADR r4,start
start MOV r0,#10
```

程序在运行到"ADR r4, start"时，PC = 执行地址 + 8，而 start 此时紧跟在这条指令的后面，所以 start 的地址是"执行地址 + 4"，即相对于 PC，start 的地址为 PC − 4，所以本 ADR 伪指令将被编译器替换成"SUB r4, PC, #0x04"。

4.4.2 ADRL 伪指令

1. 语法格式

ADRL 伪指令为中等范围地址读取伪指令。ADRL 伪指令将基于 PC 相对偏移的地址或基于寄存器相对偏移的地址值读取到寄存器中，其取值范围如下：

（1）当地址值不是字节对齐时，取值范围为 − 64 ~ 64 KB。

（2）当地址值是字对齐时，取值范围为 − 256 ~ 256 KB。

（3）当地址值是 16 字节对齐时，其取值范围更大。

其语法格式如下：

```
ADRL{cond} register, label
```

（1）{cond}：可选的指令执行条件。

（2）register：目标寄存器。

（3）label：基于 PC 或具体寄存器的表达式。

2. 使用说明

ADRL 伪指令与 ADR 伪指令相似，用于将基于 PC 相对偏移的地址或基于寄存器相对偏移的地址值读取到寄存器中。所不同的是，ADRL 伪指令比 ADR 伪指令可以读取更大范围的地址。这是因为在编译阶段，ADRL 伪指令被编译器换成两条指令。即使一条指令可以完成该操作，编译器也将产生两条指令，其中一条为多余指令。如果 ARM 汇编器不能在两条指令内完成操作，将报告错误，中止编译。

3. 示例

```
start  MOV r0, #0
       ADRL r1, start +60000;
```

该 ADRL 伪指令将被替换为下面两条指令：

```
ADD r1, pc, 0xE800
ADD r1, r1, 0x254
```

4.4.3　LDR 伪指令

1. 语法格式

LDR 伪指令装载一个 32 位的常数和一个地址到寄存器。

其语法格式如下：

```
LDR{cond}{.W} register,=[expr|label-expr]
```

（1）{cond}：可选的指令执行条件。

（2）{.W}：可选项，指定指令宽度（Thumb-2 指令集支持）。

（3）register：目标寄存器。

（4）expr：32 位常量表达式。

ARM 汇编器根据 expr 的取值情况，对 LDR 伪指令作如下处理：

①当 expr 表示的地址值没有超过 MOV 指令或 MVN 指令的地址取值范围时（即有效立即数），ARM 汇编器用 MOV 或 MVN 指令代替 LDR 指令。

②当 expr 表示的指令地址值超过了 MOV 指令或 MVN 指令的地址范围时，ARM 汇编器将常数放入数据缓存池，同时用一条基于 PC 的 LDR 指令读取该常数。

（5）label-expr：基于 PC 地址的表达式或外部的表达式。当 label-expr 为基于 PC 地址的表达式时，ARM 汇编器将 label-expr 表达式的值放入数据缓存池，同时使用一条基于 PC 的 LDR 指令加载该值。当 label-expr 被声明为外部的表达式时，ARM 汇编器将在目标文件中插入链接重定位伪操作，由链接器在链接时生成该地址。

2. 使用说明

当要装载的常量超出了 MOV 指令或 MVN 指令的范围时，使用 LDR 伪指令。由 LDR 伪指令装载的地址是绝对地址，即 PC 相关地址。

当要装载的数据不能由 MOV 指令或 MVN 指令直接装载时，该值要先放入数据缓存池，此时 LDR 伪指令处的 PC 值到数据缓存池中目标数据所在地址的偏移量有一定限制。ARM 或 32 位的 Thumb-2 指令中该范围是 -4~4 KB，Thumb 或 16 位的 Thumb-2 指令中该范围是 0~1 KB。

3. 示例

（1）将常数 0xff0 读到 R1 中。

```
LDR R1,=0xff0;
```

相当于下面的 ARM 指令：

```
MOV R1,#0xff0
```

（2）将常数 0xfff 读到 R1 中。

```
LDR R1,=0xfff;
```

相当于下面的 ARM 指令：

```
LDR R1,[pc,offset_to_litpool]
…
litpool .word 0xffff
```

（3）将 place 标号地址读入 R1 中。

```
LDR R1,=place;
```

相当于下面的 ARM 指令：

```
LDR R2,[pc,offset_to_litpool]
…
litpool .word place
```

4.5 ARM 汇编程序结构

4.5.1 ARM 汇编程序的分段

在 ARM 汇编程序中可以使用 . section 进行分段，其中每一个段用段名或者文件结尾为结束，这些段使用默认的标志，如 a 为允许段，w 为可写段，x 为执行段。在一个段中，可以定义下列子段：

（1）. text；

（2）. data；

（3）. bss；

（4）. sdata；

（5）. sbss。

由此可知道，段可以分为代码段、数据段及其他存储用的段，. text（代码段）包含程序的指令代码；. data（数据段）包含固定的数据，如常量、字符串；. bss（未初始化数据段）包含未初始化的变量、数组等，当程序较长时，可以分割为多个代码段和数据段，多个段在程序编译链接时最终形成一个可执行的映像文件。示例如下：

```
.section  .data
< initialized data here >
.section  .bss
< uninitialized data here >
.section  .text
.globl    _start
```

4.5.2　ARM 汇编子程序调用

在 ARM 汇编程序中，子程序的调用一般是通过 BL 指令来实现的。在程序中，使用指令 "BL 子程序名" 即可完成子程序的调用。

该指令在执行时完成如下操作：将子程序的返回地址存放在 LR 中，同时将 PC 指向子程序的入口点。当子程序执行完毕需要返回调用处时，只需要将存放在 LR 中的返回地址重新复制给 PC 即可。在调用子程序的同时，也可以完成参数的传递和从子程序返回运算的结果，通常可以使用寄存器 R0 ~ R3 完成。

以下是使用 BL 指令调用子程序的 ARM 汇编源程序的基本结构如下：

```
.text
.global _start
_start:
  LDR R0,=0x3FF5000
  LDR R1,0xFF
  STR R1,[R0]
  LDR R0,=0x3FF5008
  LDR R1,0x01
  STR R1,[R0]
  BL PRINT_TEXT
  …

  PRINT_TEXT:
  …
  MOV PC,BL
  …
```

4.6　ARM 汇编程序设计实例

4.6.1　段

在 ARM 汇编程序中，通常以段为单位组织代码。段是具有特定名称且功能相对独立的指令或数据序列。

（1）根据内容，段分为代码段和数据段；

（2）一个 ARM 汇编程序至少应该有一个代码段，当程序较长时，可以分割为多个代码段和数据段。

一个 ARM 汇编程序段的基本结构如下：

```
AREA Init, CODE, READONLY   ;只读的代码段 Init
ENTRY                        ;程序入口点
start LDR R0,=0X3FF5000
      LDR R1,=0XFF   ;或 MOV R1,#0XFF
      STR R1,[R0]
      LDR R0,=0X3FF5008
      LDR R1,=0X01   ;或 MOV R1,#0X01
      STR R1,[R0]
      …‥
      END                    ;段结束 STR R1,[R0]
```

每一个 ARM 汇编程序段都必须有一条伪操作 END 用于指示代码段的结束。

4.6.2 分支程序设计

具有两个或两个以上可选执行路径的程序叫作分支程序。执行到分支点时，应有条件指令或条件转移指令，根据当前 CPSR 中的状态标志值选择路径。

1. 普通分支程序

使用带有条件码的指令实现的分支程序段如下：

```
CMP   R5,#10
MOVNE R0,R5
MOV   R1,R5
```

用条件转移指令实现的分支程序段如下：

```
        CMP   R5,#10
        BEQ   doequal
        MOV   R0,R5
doequal MOV   R1,R5
```

HI：无符号数大于。

LS：无符号数小于或等于。

GT：带符号数大于。

LE：带符号数小于或等于。

2. 多分支（散转）程序

程序分支点上有多于两个以上的执行路径的程序叫作多分支程序。利用条件测试指令或跳转表可以实现多分支程序。

编写一个程序段，判断寄存器 R1 中的数据是否为 10、15、12、22。如果是，则将 R0

中的数据加 1，否则将 R0 设置为 0XF。代码如下：

```
MOV     R0,#0
TEQ     R1,#10    ;条件测试指令
TEQNE   R1,#15    ;NE 则执行 TEQ R1,#15
TEQNE   R1,#12
TEQNE   R1,#22
ADDEQ   R0,R0,#1   ;EQ 则执行 ADD R0,R0,#1
MOVNE   R0,#0XF
```

多分支程序的每个分支所对应的是一个程序段时，常把各个分支程序段的首地址依次存放在一个叫作跳转地址表的存储区域，然后在程序的分支点处使用一个可以将跳转地址表中的目标地址传送到 PC 的指令来实现分支。代码如下：

```
MOV  R0,N  ;N 为表项序号 0 ~2
     ADR  R5,JPTAB
     LDR  PC,[R5,R0,LSL #2]    ;每一个跳转目标地址占 4 个字节
JPTAB      ;跳转表
     DCD  FUN0
     DCD  FUN1
     DCD  FUN2
FUN0
…   ;分支 FUN0 的程序段
FUN1
…   ;分支 FUN1 的程序段
FUN2
…   ;分支 FUN2 的程序段
```

4.6.3　循环程序设计

循环结构分为 do – while 结构和 do – until 结构，在 ARM 汇编程序设计中，常用的是 do – until 结构循环程序。其语法格式如下：

```
     MOV   R1,#10
LOOP  …
     SUBS R1,R1,#1
     BNE  LOOP
```

编写一个程序，把首地址为 DATA_SRC 的 80 个字的数据复制到首地址为 DATA_DST 的目标数据块中。代码如下：

```
        LDR R1,=DATA_SRC   ;源数据块首地址
        LDR R0,=DATA_DST   ;目标数据块首地址
        MOV R10,#10                ;循环计数器赋值
LOOP
        LDMIA   R1!,{R2-R9}
        STMIA   R0!,{R2-R9}
        SUBS    R10,R10,#1
        BNE LOOP
```

思考题与习题

4.1 ARM 汇编语言中的变量与其他高级语言中的汇编变量有什么异同？

4.2 汇编控制伪指令 .if、.else、.endif 是否可用来代替 ARM 汇编指令实现程序的分支结构？试举例说明理由。

4.3 汇编控制伪指令 .while、.wend 是否可用来代替 ARM 汇编指令实现程序的循环结构？试举例说明理由。

4.4 分析以下 ARM 汇编程序，写出 ADR 伪指令被编译器替换后的 ARM 汇编语句。

```
        ADR r4,start
        nop;
        nop;
start   MOV r0,#10
```

4.5 用 ARM 汇编语言实现从 N 个 32 位数中找到最大数和最小数，分别存放在 R0 和 R1 寄存器中的操作。

4.6 用 ARM 汇编语言实现从 N 个 16 位无符号数的平均数（取整），并在 C 语言中调用的操作。

4.7 给定 10 个字节数据，统计所有位中 0 的个数，如果个数为奇数则 R0 = 1，如果为偶数则 R0 = 0。用 ARM 汇编语言实现。

第5章
ARM 嵌入式 C 语言设计

在 ARM 的裸机开发和驱动程序开发过程中，主要使用 C 语言编写程序。与在桌面 PC 系统上开发并运行的 C 语言程序不同的是，ARM 的开发环境（PC）与执行环境（ARM 本身）是不一样的，称为交叉编译开发。更为重要的是，在 ARM 上开发裸机程序和驱动程序时，要特别关注所选 ARM 平台的计算、存储和 I/O 资源，尽量精简算法以节约存储资源和运行时间，小心地使用内存以避免内存陷阱，高效地访问 I/O 设备（中断技术、DMA 技术等）以实现快速交互。众所周知，C 语言是一门偏向底层硬件的语言，其指针可以直接访问存储空间或 I/O 设备，在进行嵌入式 C 语言编程时，既要利用好 C 语言的功能，也要防止硬件操作错误，另外还要了解所用编译器的属性和特性。

本书假定读者已掌握了 C 语言的基础知识和编程技术，重点阐述 C 语言中与存储等硬件相关的操作，C 语言的软、硬件协同开发概念，以及 C 语言在嵌入式开发中的注意事项等内容。

5.1　C 语言中变量的几个重要属性

对于运行在单片机、ARM 等嵌入式平台上的 C 语言程序，数据变量有 4 个方面的重要属性：所占的存储空间大小、存储位置、生命周期及作用域。所占存储空间大小是指变量本身的字节数，由变量的类型决定；存储位置是指变量所在的存储区域；生命周期是指变量从生成到消亡的时间；作用域是指可以调用和使用变量的程序范围。

定义数据变量时，变量的类型声明及代码在文件中的位置决定了该变量的这 4 个属性，深入理解变量的这 4 个属性有利于程序员优化代码及理解相应的硬件行为。

5.1.1　变量的存储位置

在计算机体系结构中，所有的数据都暂时或永久存储在某种存储介质中。一般而言，计算机系统中的所有存储媒介都可按图 5-1 所示的 5 级架构进行分类。存储的 5 级金字塔结构，从上往下依次是：寄存器、高速缓存、主存（内存）、本地 I/O 存储和云存储（网络存储）。越往下，存储器的容量越大，但是从运算单元存取速度来看，越往下，越远离运算单元，因此存取数据的速度越慢。

寄存器位于运算单元内部，在 ARM 体系结构中，参与运算的数据必须先通过 LDR 等指令加载到寄存器中。可见，寄存器中的数据是直接参与运算的，其访问速度最快。但是，对于任何芯片，其内部的通用寄存器都是极其有限的。对于 ARM，主要使用 R0 ~ R12 寄存器临时存放运算时的数据。

高速缓存是位于 CPU 与内存之间的临时存储器，它的容量比内存小得多，但是交换速度却比内存快得多。高速缓存的出现主要是为了解决 CPU 运算速度与内存的读写速度不匹配的矛盾，因为 CPU 的运算速度要比内存的读写速度快很多，这样会使 CPU 花费很长时间等待数据到来或把数据写入内存。在缓存中的数据是内存中的一小部分，但这一小部分是短时间内 CPU 即将访问的，当 CPU 调用大量数据时，就可先在缓存中调用，从而加快读取速度。当然，缓存中的数据也有可能不是 CPU 接下来需要的，因此高速缓存存在命中率的问题。有的处理器没有高速缓存，有的有一级或者多级高速缓存。对于 ARM 体系结构，由于采用哈佛体系，往往还存在独立的数据缓存（D - Cache）和指令缓存（I - Cache）。

主存也即俗称的内存，是程序运行时主要的数据存放地。系统上电运行后，程序指令、常量、动态数据和静态数据等都存放在内存中。具体来看，又可将内存分为几个区域，如图 5 - 1 所示，从下往上依次是代码段、只读数据段、全局数据区（包括初始化数据段及未初始化数据段）、堆和栈。

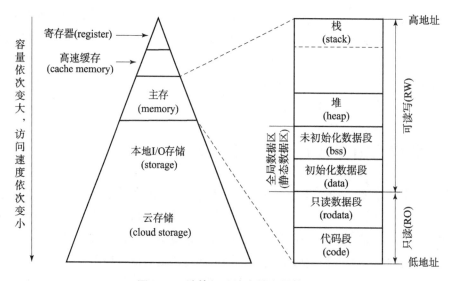

图 5 - 1　计算机系统中的存储体系

（1）代码段（. text）：用于存放程序的二进制指令。需要指出的是，有的 ARM 芯片不需要将代码拷贝到内存中运行，而可以直接读取 Flash 存储空间来执行指令。

（2）只读数据段（. rdata）：不能修改，用于存放常量，包括字符常量和 const 常量。

（3）初始化数据段（. data）：用于存放已经初始化的全局变量和静态变量。

（4）未初始化数据段（. bss）：用于存放未初始化的全局变量和静态变量；. rdata、. data、. bss 都是存放数据的段。. rdata 段和 . data 段的值都在编译的时候就确定了，并且将值编译进了可执行文件中，经过反汇编就可以找到。. bss 段中的变量在系统启动时生成，其值可能是随机的。

（5）堆（.heap）：堆是由程序员维护和管理的区域，在编译器设置中，堆空间的总大小是确定的。在 C 语言中，通过 malloc（）和 free（）函数来申请和释放堆空间，且需要避免内存泄漏的问题。

（6）栈（.stack）：栈中存放普通的局部变量（非静态局部变量）、形参、函数返回地址等。栈是一种先入后出、后入先出的存储结构，由栈指针来定位当前栈顶位置，ARM 常用 R13 寄存器作为栈指针。栈是随着函数的调用和返回而动态增长和回退的，每调用一个子函数时，就生成该函数的栈帧空间，而当该子函数返回时，栈指针则退回到调用前的位置，代表释放该子函数的栈帧空间，其所有形参变量、局部变量等都不可再使用。随着子函数的逐级调用，形成各子函数的栈帧空间，而随着子函数的逐级返回，它们的栈帧空间就逐个释放。在有的书籍和教材中，堆和栈统称为堆栈，本书对这两个词进行区分，以示 C 语言中对这两个存储区域的访问差异。

上层的寄存器、高速缓存和主存主要用于系统运行时的指令和数据存储，如加载的可执行程序、指令的操作数、函数的局部变量等，因此可认为是"动态"数据的存储。当系统断电时，这些存储器内的数据将被清空，系统重新上电时重新初始化。事实上，这些存储器的硬件构成主要是触发器、RAM 等。而底层大容量的本地 I/O 存储及云存储则用于永久存放程序和数据，如编译好的可执行程序（映像文件）、常量参数及任何数据资料，这些数据可认为是"静态"的，不需要 CPU 实时读取和计算，只有当需要执行、修改和编辑时才会传输（对于云存储）到本地或加载到内存（对于本地 I/O 存储）。本地 I/O 存储和云存储中的数据在掉电后不会丢失，主要由 ROM、Flash、磁盘等构成，例如常见的 U 盘、硬盘、固态硬盘、光盘等，及单片机或 ARM 商用芯片中常见的 Flash 空间。这些设备通过 I/O 接口挂载到系统总线中，对于 ARM 体系结构来说，所有的本地存储及 I/O 设备都将统一映射到 4 GB 的存储空间中，进行统一编址。

5.1.2　C 语言变量类型及属性说明

编程时的逻辑和需求决定了需要定义什么样的变量，程序员应当根据业务逻辑、代码的安全性、代码的耦合性、代码的可读性等方面选择合适的变量，且在定义变量时，能立刻知道该变量的字节数、存储位置、生命周期和作用域。为了满足这些不同的编程需求，C 语言设置了以下变量。

1. 不同数据类型的变量

不同数据类型的变量，比如 char、int、float 等，决定了变量的字节数和取值范围。在 C 语言中，除了基本类型外，开发者可以通过 typedef 声明自己所需要的数据类型，相当于给基本数据类型取个别名，其好处为便于阅读和便于移植。比如：

```
typedef int INT; //将 INT 声明为 int
typedef unsigned int UINT;//将 UINT 声明为 unsigned int
INT studentScore; //用 INT 和 UINT 定义变量
UINT studentNum;
```

显然地，比起冗长的 unsigned int，使用 UINT 定义变量要简单而直观得多。更为重要的是，如果想修改工程中所有 unsigned int 变量的类型，或者在移植过程需要变量类型的适配时，只要修改 "typedef unsigned int UINT;" 这一条语句即可。

2. 全局变量

定义在函数体外的变量为全局变量。其存储位置为内存的全局数据区，其生命周期为整个程序的运行周期，其作用域取决于是否使用 static 关键字修饰。当全局变量未使用 static 关键字修饰时，其作用域为整个代码工程，可被所有文件的所有函数使用；当全局变量使用 static 关键字修饰时，其作用域将缩小，仅局限于所定义的文件，即作用域为本文件。关于 static 关键字修饰全局变量的用途，详见本书 5.2.2 节关于 static 关键字的说明。由于全局变量可被多个函数或多个文件访问，为临界资源，因此可能引起函数的重入问题，当定义全局变量时，需要注意这一点。

3. 局部变量

定义在函数体内的变量为局部变量。局部变量的作用域为所定义的函数体内部，而存储位置和生命周期则取决于是否使用 static 关键字修饰。当局部变量未使用 static 关键字修饰时，其存储位置为该函数的栈空间，只有在函数被执行时，局部变量才生成，因此其生命周期也将随着函数的返回（栈空间回退消亡）而消亡。当局部变量使用 static 关键字修饰时，其存储位置将移到全局数据区，因此其生命周期也将持续整个程序运行期间。关于 static 关键字修饰局部变量的用途，详见本书 5.2.2 节关于 static 关键字的说明。

4. 静态变量

用 static 关键字修饰的变量，分为静态全局变量和静态局部变量。静态变量的存储位置为全局数据区，生命周期为整个程序运行期，其作用域则取决于 static 关键字所修饰的变量是局部变量还是全局变量。具体内容详见本书 5.2.2 节关于 static 关键字的说明。

5. 寄存器变量

寄存器变量是用 register 关键字修饰的变量。寄存器变量存放在 CPU 的寄存器中，因此，使用寄存器变量比内存变量操作速度快得多。只有整型和字符型变量可以定义为寄存器变量，比如：

```
register int i;
register char c;
```

（1）由于 CPU 中寄存器个数极其有限，尽量减少使用寄存器的数量和占用时间，用完马上释放。

（2）寄存器变量不能定义为全局变量，也不能定义在结构体和类中。

（3）如果寄存器已经无可用资源，寄存器变量将转化为普通局部变量，放在内存的栈中。

事实上，几乎所有编译器都支持存储优化，如果没有关闭编译器优化功能，编译器将尽可能将形参和局部变量生成在寄存器中，这是一种加快代码执行速度的策略。

6. 外部变量

外部变量是用 extern 关键字修饰的变量，用于声明该变量在本工程其他文件中的定义。大型程序会分成多个独立的模块和文件分别编译，然后统一链接在一起。为了解决全局变量和函数的共用问题，引入了 extern 关键字来声明外部变量。在一个文件中定义全局变量和函数，当另一个文件中需要用到这些变量和函数时，只需将那个文件中的变量和函数说明复制过来，在其前面加上 extern 即可。这样就等于告诉编译器，这些变量和函数已经在别的文件中定义（否则编译器将给出一个变量未定义的警告或者错误）。显然地，外部变量的存储位置为全局数据区，其生命周期为整个程序运行期间，其作用域为整个工程。

不同变量类型的属性对照见表 5 – 1。

表 5 – 1　不同变量类型的属性对照

变量类型	存储位置	生命周期	作用域
全局变量	全局数据区	整个程序运行期	有 static：本文件 无 static：全工程
局部变量	有 static：全局数据区 无 static：栈	有 static：整个程序运行期 无 static：子函数运行期	子函数内部
静态变量	全局数据区	整个程序运行期	全局变量：本文件 局部变量：子函数内部
寄存器变量	寄存器	子函数运行期	子函数内部
外部变量	全局数据区	整个程序运行期	全工程

5.2　C 语言的关键字及说明

ANSI C 标准中一共有 32 个关键字，可分为 4 组，见表 5 – 2。

表 5 – 2　C 语言的关键字

关键字类型	关键字列表
数据类型关键字（12 个）	char、double、enum、float、int、long、short、signed、struct、union、unsigned、void
控制语句关键字（12 个）	break、case、continue、default、do、else、for、goto、if、return、switch、while
存储类型关键字（4 个）	auto、register、static、extern、struct
其他类型关键字（4 个）	const、sizeof、typedef、volatile

下面主要从存储和嵌入式使用的角度对数据类型关键字、存储类型关键字和 4 个其他类型关键字进行说明。

5.2.1 数据类型关键字

1. 简单数据类型的位长

由于运行 C 语言的硬件平台千差万别，因此不管是 K&R C 还是 ANSI C 都没对简单数据类型应该占用的位长进行严格约定。K&R C 并没有要求长整型（long）必须比短整型（short）长，只是规定它不得比短整型短。ANSI C 标准加入了新的规范，它对各种整型数的最小允许范围作出了要求，见表 5－3。

表 5－3　ANSI C 中数据类型所允许的最小范围

类型	ANSI C 标准所允许的最小范围
signed char	$-2^7 \sim -2^7 - 1$
unsigned char	$0 \sim 2^8$
signed short	$-2^{15} \sim -2^{15} - 1$
unsigned short	$0 \sim 2^{16}$
signed int	$-2^{31} \sim -2^{31} - 1$
unsigned int	$0 \sim 2^{32}$
signed long	$-2^{31} \sim -2^{31} - 1$
unsigned long	$0 \sim 2^{32}$

按照 ANSI C 的标准，char 数据类型至少是 8 位，short 数据类型最少是 16 位，long 数据类型至少是 32 位，int 数据类型最少是 16 位，也可以是 32 位。不同编译器对数据类型取值范围的约定可能不同，当进行嵌入式 C 语言程序移植时，特别需要注意原来所定义的变量范围在新的编译器平台是否适用，否则可能会造成变量赋值的溢出，从而导致程序逻辑的错误。

另外一个需要注意的问题是所谓的印第安序。"计算机组成原理"课程介绍过小印第安序（有时也称为小端）和大印第安序（有时也称为大端）。小端字节序和大端字节序是运算单元存放数据到存储单元时的两种不同顺序。对于一个多字节数据，在大端字节序系统中，存储空间的低地址上存放的是这个数据的高位字节，在高地址上存放的是这个数据的低位字节；而小端字节序则正好相反，在低地址上存放的是这个数据的低位字节，在高地址上存放的是这个数据的高位字节。例如，假设从内存地址 0x0000 开始有表 5－4 所示数据。

表 5－4　内存地址对应数据

地址	0x0000	0x0001	0x0002	0x0003
数据内容	0x12	0x34	0x56	0x78

当读取 0x0000 地址处的 32 位整数变量，若字节序为大端，则读出结果为 0x12345678；若字节序为小端，则读出结果为 0x78563412。同样地，如果将 0x12345678 写入以 0x0000 开始的内存中，则小端和大端模式下的存放位置关系见表 5－5。

表 5 – 5　印第安序对数据写入的比较

地　址	0x0000	0x0001	0x0002	0x0003
大端模式	0x12	0x34	0x56	0x78
小端模式	0x78	0x56	0x34	0x12

显然地，当在不同的嵌入式开发平台之间移植 C 语言程序时，不同的印第安序可能会带来问题，这种情况往往发生在整数类型和字符类型的类型转换时。一般来说，x86 系列 CPU 都是小端模式的字节序，PowerPC、68K 系列处理器通常是大端模式，而 ARM 系列处理器内部是小端模式的字节序。

2. unsigned 关键字与 signed 关键字

每个简单数据类型都可以是有符号数或者无符号数，在 C 语言中通过 unsigned 和 signed 两个关键字进行修饰。在默认情况下，除了 char 类型外其他的简单数据类型都是 signed 的，也就是有符号的；char 在默认情况下可以是有符号数也可以是无符号数，取决于编译器（当然，大多数编译器都约定 char 是一个有符号数，ARM 编译器在默认情况下是个例外，该编译器约定 char 是一个无符号数）。在声明一个变量是有符号还是无符号时，程序员需要注意的是该变量的取值范围，尤其是声明一个 char 变量时更要小心，这是因为 signed cahr 的取值范围是 – 128 ~ 127，在做循环索引时非常容易被认为是 0 ~ 255，从而造成溢出。程序范例如下：

```
char i;    //在大多数编译器下,i 的取值范围是 – 128 ~ 127
unsigned int array[255];
……
for(i = 0;i < 255;i + +)    //这个循环永远不会退出,因为 i 永远小于 255
array[i] = i;
……
```

上面这段代码在单片机上运行大多存在问题，然而在 ARM 编译器的默认情况下却可以正确运行，因为 ARM 编译器默认 char 是无符号数，其取值范围是 0 ~ 255。可见程序员在编写代码时要非常小心地处理这些情况。

3. void 关键字

void 关键字是在 ANSI C 标准中才引入的新关键字，void 关键字只有 3 个作用：

（1）修饰函数的返回值；

（2）声明函数的入口参数；

（3）声明空类型指针。

第一，如果 void 关键字用来修饰函数的返回值类型，则说明该函数没有返回值。在默认情况下，如果程序员不写函数的返回值类型，则编译器会认为该函数返回值为 int 类型，并且这个返回值是随机的，因此这个值应该被该函数的调用者忽略。为了避免程序员错误地引用这个返回值，ANSI C 标准中引入了 void 返回值类型，如果函数的调用者试图引用该函数的返回值，编译器将报错。

程序示例如下：

```
include <stdio.h>
void main(void)
{

  int i;
  i = func1(3);//这行语句没有问题,但是返回值 i 是不确定的
  i = func2(i);//这行语句编译有问题了,因为函数 func2()声明为没有返回值
  return;
}
func1(int arg)
{

  printf("\n This is in function 1! \n");
  printf("the arg is sd \n", arg);
  return;//返回一个 int 型整数,但是值是不确定的
}
void func2(int arg)
{

  printf("\n This is in function 2! \n");
  printf("the arg is d \n", arg);
  return;//如果返回值被声明为 void,编译器就会强行检查调用者是否引用该
返回值
}
```

第二，void 关键字如果被用来声明函数的形参，表示这个函数没有入口参数，比如上面例子中的 main() 函数的入口参数被声明为 void，其含义是通知编译器该函数没有入口参数。与上面介绍的返回值类似，如果一个函数的入口参数没有被声明为 void，那么程序员可以在调用该函数时向这个函数传递任何参数，当然函数将忽略这些传入的参数。

第三，void 关键字用于声明所谓空类型指针 void *，空类型指针的含义是该指针不指向任何类型的数据，仅表示一个内存地址，在需要的时候再对该指针进行强制类型转换。比如编译器库函数的内存分配函数的原形就是 void * malloc(int)，表示该函数的入口参数是一个整数，返回值是一个空类型指针，函数的调用者应该对该指针进行强制类型转换后再对该指针进行操作。

注意：void 体现了一种抽象概念，变量都应该是"有类型"的，因此程序员无法定义一个 void 类型的变量，如 "void a；"这样的声明在编译的时候会被认为是非法的。

5.2.2　存储类型关键字

变量的存储类型是指变量存储位置的存储器类型。变量的存储类型决定了变量何时创建、何时销毁以及其值保持多久（即生命周期）。在 C 语言中变量可以存放在 3 个地方：内存全局数据区、内存堆栈、CPU 内部的通用寄存器。在这 3 个地方存储的变量具有不同的特性。

变量的存储类型首先取决于它的声明位置。凡是在函数外声明的变量都是全局变量（默认情况下全局变量的作用域仅限于声明该变量的 C 文件中，如果希望在该文件之外能够访问这个变量，程序员就需要在引用该变量的 C 文件中使用 extern 关键字对这个变量进行重新声明），编译器在编译过程中将全局变量映射在内存全局数据区中，在程序的整个执行期间该变量始终占用编译器为它分配的内存空间，它始终保持原来的值，直到对这个变量进行赋值操作或是程序结束，所以有时也称全局变量是静态的。对于 ARM 编译器而言，在编译过程中编译器会生成两个全局变量的"段"：有初值全局变量 RW 段（Read and Write）和无初值全局变量 ZI 段（Zero Initialized，以零初始化）；链接器则将所有 C 文件的 RW 段和 ZI 段进行拼接并对其中的全局变量进行重新定位。注意：程序员不能修改全局变量的存储类型，它只能是静态的。

1. auto 关键字

在一个 C 函数内部声明的变量是局部变量，局部变量的作用域仅限于声明该变量的函数内部，对函数外面的代码是不可见的。默认情况下局部变量的存储类型是自动的（Automatic），也就是说要么这个变量被编译器安排存储在栈中，要么被存储在 CPU 内部的寄存器中（存放到寄存器以加快访问速度）。在程序执行到声明自动变量的代码时，自动变量才被创建，当程序的执行流离开该代码段时，这些变量便自动销毁，所以可以说自动变量是动态的。

2. register 关键字

register 关键字可以用于自动变量的声明，声明后称为寄存器变量。这个关键字提示编译器将 register 关键字修饰的自动变量存储在 CPU 内部的通用寄存器中而不是存储器中，这些变量被称为寄存器变量。由于 CPU 内部硬件寄存器的速度要远远高于外部存储器，因此将这些变量存放在寄存器中将获得更高的访问效率（对于嵌入式系统而言，由于访问 CPU 内部寄存器的功耗要远远小于访问外部存储器的功耗，因此寄存器变量的使用对于降低功耗也会有额外的好处）。但是，由于寄存器资源有限，编译器并不一定遵循程序员的这个建议，如果有太多的自动变量被声明为寄存器变量，则编译器有可能只选取前面的几个存放在寄存器中，其余的将保存在栈中；另外，如果一个编译器拥有自己的一套寄存器优化方法，它可能也会忽略 register 关键字，因为编译器决定哪些变量存放在寄存器中可能比程序员决定更合理。现在的商用编译器往往采用后一种策略，因此程序员在编写程序时完全可以不再使用 register 关键字，将这个优化工作交给编译器完成。

3. static 关键字

static 关键字可能是 C 语言中比较多义的一个关键字。该关键字的含义取决于使用这个关键字的不同上下文。static 关键字一共有 3 个不同的用途：

（1）如果用于函数内部的局部变量声明，static 关键字的作用是改变局部变量的存储类型，从自动变量变为静态变量，也就是说这个局部变量不再存储在栈或寄存器中，而是在编译的时候由编译器分配一个静态的地址空间，但是这个变量的作用域不受影响，依然仅局限在声明它的函数内部。这对于一些想将变量的作用域局限在函数内部，而又期望再次调用该函数时能获取上次运算结果的应用是很有用的。示例程序如下：

```c
void fn_static(void)
{
  static int n =10;
  printf("static n =%d \n", n);
  n ++;
  printf("n ++ =%d \n", n);
}
void fn(void)
{
    int n =10;
    printf("n =%d \n", n);
    n ++;
    printf("n ++ =%d \n", n);
}
int main(void)
{
    fn ();
    printf(" --------------------- \n");
    fn_static();
    printf(" --------------------- \n");
    fn ();
    printf(" --------------------- \n");
    fn_static();
    printf(" --------------------- \n");
    return 0;
}
```

程序执行结果如下：

```
n =10
n ++ =11

--------------------

static n =10
n ++ =11

--------------------

n =10
n ++ =11

--------------------

static n =11
n ++ =12
```

（2）在用于全局变量的声明时，这个全局变量的作用域将局限在声明该变量的 C 文件内部，这个 C 文件之外的代码将无法访问这个变量。在分工协作编写一个工程代码时，一来可以用这个方法保护全局变量不被外部访问，减少代码的耦合性，二来可以避免不同程序员定义和命名变量时的同名冲突。例如，甲程序员在其实现的 A.c 文件中定义了"static char deskNum;"，乙程序员在其实现的 B.c 文件中也定义了"static char deskNum;"，他们所定义的 deskNum 只能在自己的文件中可用，且编译时编译器将为这两个 deskNum 分配不同的存储空间。

（3）如果 static 关键字被用于函数的定义，static 关键字的作用类似于全局变量的情况，这个函数就只能在定义该函数的 C 文件中引用，该 C 文件外的代码将无法调用这个函数。函数跟全局变量一样，可以通过 extern 关键字声明为外部文件所用，因此其作用域都是"全局"的，函数是"全局"指令，而全局变量是"全局"数据。因此，可以通过 static 来约束它们的作用域。

4. extern 关键字

在默认情况下，C 语言中的全局变量和函数的作用域仅限于定义或声明这个函数或变量的 C 文件内部，如果需要从这个 C 文件之外访问这些函数或者全局变量就需要使用 extern 关键字。这是因为 C 语言编译器是以 C 文件为单位进行编译的，如果这个 C 文件中引用了其他文件中定义的函数或变量，编译器将无法找到这个函数或变量的定义，从而给出该函数或变量未定义的错误信息。为了解决这个问题，C 语言中采用了 extern 关键字。

一般而言，使用 extern 关键字有两种方式：第一种方式是在 C 文件中直接声明某个其他文件中定义的函数或全局变量为 extern，从而告诉编译器这个函数或变量是在其他 C 文件中定义的；第二种方式是在头文件中声明某个函数或变量为 extern，然后在需要引用该函数或变量的 C 文件中包含这个头文件。

5. struct 关键字

面对一个大型 C 语言程序时，只看其中 struct 关键字的使用情况就可以对其编写者的编程经验进行评估。因为一个大型的 C 语言程序势必要涉及一些（甚至大量）进行数据组合的结构体，这些结构体可以将原本意义属于一个整体的数据组合在一起。从某种程度上来说，会不会用 struct 关键字、怎样用 struct 关键字是鉴别一个开发人员是否具备丰富开发经历的标志。关于结构体的基础知识，读者可参考 C 语言书籍，在此强调两个嵌入式 C 语言编程时要注意的概念，即位域和结构体内部成员的对齐。

1）位域

有些信息在存储时并不需要占用一个完整的字节，而只需要占一个或几个二进制位。例如在存放一个开关量时，只有 0 和 1 两种状态，用一个二进制位即可。为了节省存储空间并使处理简便（为了节约成本，嵌入式硬件系统往往是资源有限的），C 语言又提供了一种数据结构，称为"位域"或"位段"。所谓"位域"，是把一个字节中的二进制位划分为几个不同的区域，并说明每个区域的位数。每个域有一个域名，允许在程序中按域名进行操作。这样就可以把几个不同的对象用一个字节的二进制位域来表示。位域的定义和位域变量的说明与结构体定义相仿，其形式如下：

```
struct 位域结构名
{位域列表};
```

比如：

```
Struct pack{
unsigned a:2;
unsigned b:8;
unsigned c:6;
}pk1,pk2;
```

说明：结构体变量 pk1 或者 pk2 的 3 个成员将总共占用 16 位存储，其中 a 占用 2 位，b 占用 8 位，c 占用 6 位。

注意：一个位域必须存储在同一个字节中，不能跨 2 个字节。当 1 个字节所剩空间不够存放另一位域时，应从下一单元起存放该位域。也可以有意使某位域从下一个单元开始，例如：

```
struct bs{
unsigned a:4
unsigned:0    /* x空域 */
unsigned b:4  /*从下一单元开始存放*/
unsigned c:4
}
```

在这个位域定义中，a 占第一字节的 4 位，后 4 位填 0 表示不使用；b 从第二字节开始，占用 4 位；c 占用 4 位。另外，由于位域不允许跨 2 个字节，因此位域的长度不能大于 1 个字节的长度，也就是说不能超过 8 位二进制位。

2）结构体内部成员的对齐

在计算结构体长度（尤其是用 sizeof 关键字）时，需要注意根据不同的编译器和处理器，结构体内部成员有不同的对齐方式，这会引起结构体长度的不确定性。示例代码如下：

```
include <stdio.h>
struct a{char a1;char a2; char a3;}A;
struct b{short a2;char a1}B;
void main(void)
{
    printf("%d,%d,%d,%d", sizeof(char),sizeof(short), sizeof
(A), sizeof(B))
}
```

以上代码在 Tubeo C 2.0 中结果是：1，2，3，3。

以上代码在 VC6.0 中是：1，2，3，4。

字节对齐的细节和编译器实现相关，但一般而言应满足以下 3 个准则：

（1）结构体变量的首地址能够被其最宽基本类型成员的大小所整除；

（2）结构体每个成员相对于结构首地址的偏移量（offset）都是成员大小的整数倍，如有需要，编译器会在成员之间加上填充字节（internal adding）；

（3）结构体的总大小为结构体最宽基本类型成员大小的整数倍，如有需要，编译器会在最末一个成员之后加上填充字节（trailing padding）。

对于上面的准则，有两点需要说明：

（1）结构体某个成员相对于结构体首地址的偏移量可以通过宏 offsetof( ) 来获得，这个宏在 "stddef.h" 中定义如下：

```
define offsetof(s, m) (size t)&(((s *)0) ->m)
```

（2）本类型是指前面提到的 char、short、int、float、double 这样的内置数据类型，这里所说的 "数据宽度" 就是指其 sizeof 的大小。由于结构体的成员可以是复合类型，比如另外一个结构体，所以在寻找最宽基本类型成员时，应当包括复合类型成员的子成员，而不是把复合成员看成一个整体。在确定复合类型成员的偏移位置时则将复合类型作为整体看待。

5.2.3　其他类型关键字

1. const 关键字

ANSI C 允许程序员利用 const 关键字声明一个变量是 "只读" 的，在 C 语言中这意味着这个变量的值不能改变（也就是说，这是一个不能改变的变量，这有点矛盾，但确实准确地描述了这个关键字的本意）。所以，这里只说是"只读"的变量，而没有用"常量"这个容易引起混淆的说法。下面的例子可以说明这一点：

```
int const a =20;
/*下面这个声明有语法错误,因为 a 是一个变量,在编译的时候变量 a 的值是不确定的*/
int array [a];
```

正如前面所说，如果一个变量的值是只读的，那么被 const 关键字修饰的变量的值是如何获得的呢？有以下两种情况：

（1）在声明"只读"变量的时候，对这个变量赋初值，如" int const a = 20；"。

（2）如果 const 关键字被用于修饰函数的形参，在函数调用的时候会得到实参的值。

当涉及指针变量时，情况会变得更加复杂：是指针变量本身是只读的，还是指针变量所指向的值是只读的？请看下面的例子：

```
const int a;
int const a;
const int *a;
int * const a;
int const * const a;
```

第1行和第2行的含义是一样的，都是声明整数变量 a 是只读的，可以选择比较好理解的方式进行编写。第3行是声明一个指向整数的指针变量 a，这个指针变量的值是可以改变的，但是这个指针变量所指向的整数值（*a）是不可以改变的。第4行是声明一个指向整数的指针变量 a，这个指针变量的值是只读的，但是这个指针变量所指向的整数值（*a）却是可以改变的。第5行的意思是声明一个指针变量 a，不管是这个指针变量的值还是指针变量所指向的整数值都是只读的，是不可改变的。

虽然 const 关键字没有在本质上改变一个变量的属性（因为编译器会依然像普通变量一样对这个变量进行处理），但是 const 关键字还是有其存在的意义的：

（1） const 关键字的作用是为读代码的人传达非常有用的信息，实际上声明参数为常量是为了告诉用户这个参数的应用目的。

（2）通过给编译器的优化器一些附加的信息，使用 const 关键字也许能产生更紧凑的代码。比如，很多嵌入式处理器的编译器在处理 const 关键字修饰的变量时，往往会将这些变量的地址分配在 ROM 的地址空间中（比如 68000 的编译器会专门有一个数据段称为 const 段，被声明为 const 的变量都会被分配到这个段中）。

（3）合理地使用 const 关键字可以使编译器很自然地保护那些不希望被改变的参数，防止其被无意的代码修改。当程序员不经意修改这些变量时，编译器会通过报错提醒程序员，简而言之，这样可以减少 bug 的出现。

const 关键字的作用总结如下：

（1）欲阻止一个变量被改变，可以使用 const 关键字。在定义该 const 变量时，通常需要对其进行初始化，因为以后没有机会改变它。

（2）对指针来说，可以指定指针本身为 const，也可以指定指针所指的数据为 const，或将两者同时指定为 const。

在一个函数声明中，const 关键字可以修饰形参，表明它是一个输入参数，在函数内部不能改变其值。

2. sizeof 关键字

sizeof 是 C 语言中的一个关键字。许多程序员以为 sizeof 是一个函数，而实际上它是一个关键字，同时也是一个操作符，不过其使用方式看起来像函数。语句 sizeof（int）就可以说明 sizeof 不是一个函数，因为函数接纳变量为形参，没有 C 语言函数接纳一个数据类型（如 int）为形参。sizeof 关键字的作用是返回一个对象或者一种对象类型所占的内存字节数。sizeof 有 3 种使用形式：

```
sizeof(var);          /*sizeof(变量);*/
sizeof(type_name);  /*sizeof(类型);*/
sizeof var;            /*sizeof 变量;*/
```

数组的 sizeof 值等于数组所占用的内存字节数，请看下面的例子：

```
char * ss = "0123456789";
sizeof(ss);/*结果为4,ss 是指向字符串常量的字符指针*/
sizeof( *ss);/*结果为1, *ss 是第一个字符*/
char ss[] = "0123456789";
sizeof(ss);/*结果为11,计算到 '\0' 位置,因此为 10 +1 */
sizeof( *ss);/*结果为1, *ss 是第一个字符*/
char ss[100] = "0123456789";
sizeof(ss);/*结果为100,表示在内存中的大小100 ×1 */
strlen( *ss);/*结果为10,,strlen 得到的是 '\0' 为止之前的长度
char ss[100] = "0123456789";
sizeof(ss);/*结果为400,ss 表示在内存中的大小100 ×4 */
strlen(ss);/*错误,strlen 的参数只能是 char * 且必须以 '\0' 结尾
```

3. typedef 关键字

C 语言支持通过 typedef 关键字定义新的数据类型。typedef 声明的写法与普通的声明基本相同，只需要把 typedef 关键字写在声明的前面。例如"char * ptr_to_char;"把变量 ptr_to_char 声明为一个指向 char 类型的指针变量。如果在这个声明前面添加 typedef 关键字："typedef char * ptr_to_char;"，这个声明把标志符 ptr_to_char 作为指向 char 类型的指针类型的新名字。在此之后，程序可以像声明其他变量一样用这个新名字来声明一个指向

char 类型的指针变量，比如 "ptr_to_char a;" 的含义是声明一个指向 char 类型的指针变量 a。

使用 typedef 关键字定义程序员自己的新数据类型有 3 个好处：第一，使用 typedef 关键字定义类型可以避免声明变得非常长；第二，如果程序员需要在以后修改程序时使用一些数据的类型时，只需要修改一个 typedef 声明就可以了，这比在程序中一个变量一个变量地修改容易得多，而且也可避免漏掉某个变量声明的风险；第三，对于需要在不同处理器之间进行移植的代码，通过 typedef 关键字也可以增加代码的可移植性。示例代码如下：

```
typedef signed short U16;
typedef unsigned int U32
/*如果移植到 int 为 16 位的机器,则只需修改这个定义即可,如下面的定义*/
//typedef unsigned long U32;
typedef void * P_VOID;
typedef struct message body
{
    U16 messageType;
    U16 message;
    U32 Iparam;
    P_VOID data;
    U16 wparam;
    U16 reserved;
}MSG, * PMSG;
PMSG Messageptr; /*定义一个指向消息结构的指针*/
Messageptr = (PNSG)malloc(sizeof(NSG));/*申请一块内存空间用来存放
消息*/
    /*如果不用上面的方式,就得采用下面的方法申请存储器*/
    /*显然采用以下方式,语句会变得很长,程序的可读性变差/
//MessagePtr = (struct message _ body * ) malloc (sizeof (struct
message body));
```

注意：好的编程风格推荐程序员使用 typedef 关键字而不是# define 宏来定义新的数据类型，这其中的一个原因是# define 宏无法正确地处理指针类型。比如：

```
# define d_ptr_to_char char *
d_ptr_to_char a, b;
```

正确地声明了变量 a 为一个指向 char 类型的指针变量，但是变量 b 却被声明为一个 char 类型的整数。在定义更为复杂的类型（比如函数指针或指向数组的指针）时，使用 typedef 关键字更为合适。

4. volatile 关键字

一个定义为 volatile 的变量可能会被意想不到地改变，这样编译器就不会去假设这个变量的值了。准确地说，优化器在用到这个变量时必须每次都小心地重新读取这个变量的值，而不是使用保存在寄存器里的缓存备份。下面是 volatile 关键字的几个例子：

（1）并行设备的硬件资源（如状态寄存器）、存储器映射的 I/O 空间；

（2）一个中断服务子程序中会访问到的非自动变量（non – automatic variable）；

（3）多线程应用中被几个任务共享的变量。

请思考以下几个问题：

（1）一个参数可以既是 const 型又是 volatile 型吗？请解释为什么。

（2）一个指针可以是 volatile 吗？请解释为什么。

（3）下面的函数有什么错误？

```
int square(volatile int *ptr)
{
  return * ptr ** ptr;
}
```

答案如下：

（1）是的。一个例子是只读的状态寄存器。它是 volatile 型，因为它可能被意想不到地改变。它是 const 型，因为程序不应该试图去修改它。

（2）是的，尽管这并不很常见。例如当一个中断服务子程序修改一个指向 buffer 的指针时。

（3）这段代码的目的是返回指针 ptr 指向值的平方，但由于 ptr 指向一个 volatile 型参数，编译器将产生类似下面的代码：

```
long sqare(volatite int *ptr)
{
    int a;
    a = * ptr;
    return a * a;
}
```

5.3　C 语言指针与存储器

5.3.1　C 语言指针

1. 指针的概念

C 语言里，变量存放在内存中，而内存其实就是一组有序字节组成的数组，每个字节有唯一的内存地址。CPU 通过内存寻址对存储在内存中的某个指定数据对象的地址进行定位。这里，数据对象是指存储在内存中的一个指定数据类型的数值或字符串，它们都有自己的地址，而指针便是保存这个地址的变量。也就是说，指针是一种保存变量地址的变量。

内存其实就是一组有序字节组成的数组，数组中每个字节大小固定，都是 8 bit。对这些连续的字节从 0 开始进行编号，每个字节都有唯一的一个编号，这个编号就是内存地址。内存结构如图 5 – 2 所示。

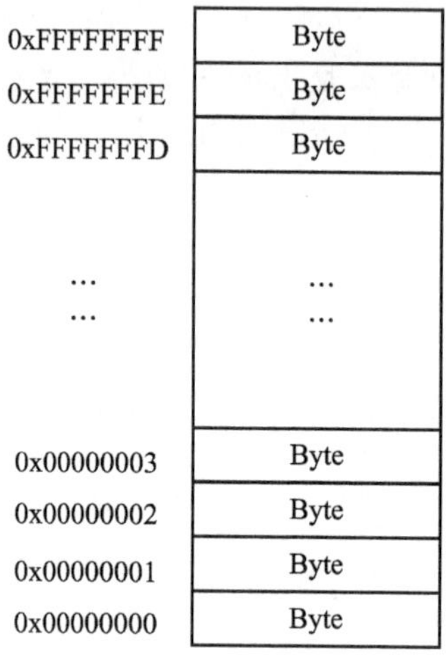

地址	内容
0xFFFFFFFF	Byte
0xFFFFFFFE	Byte
0xFFFFFFFD	Byte
…	…
…	…
0x00000003	Byte
0x00000002	Byte
0x00000001	Byte
0x00000000	Byte

图 5 – 2　内存结构

这是一个 4 GB 的内存，可以存放 2^{32} 个字节的数据。左侧连续的十六进制编号就是内存地址，每个内存地址对应一个字节的内存空间。指针变量保存的就是这个编号，即内存地址。

在定义和使用指针变量的时候，需要牢牢记住指针的 3 个要素：指针变量的值（即指针所指向的空间）、指针变量本身的存储位置、指针所指向的空间的值（即指针所指向的空间的内容）。

2. 指针与字符串

C 语言中没有关于字符串的数据类型，因此在 C 语言程序中所有的字符串都采用字符数组的形式表示，当然这个数组的最后必须以 '\0' 字符作为整个串的结尾（因此，可以认为字符串本质上是一个以字符 '\0' 为结尾的字符数组）。C 语言的另外一个关于字符串的特色是所有关于字符串操作的功能都由标准库函数实现，一些在其他高级语言中便于实现的字符串操作在 C 语言程序中可能需要比较复杂的操作才能完成。因此，从这个角度上来说 C 语言也许并不非常适合字符串处理。

字符串常量最常见的用法之一就是作为函数的入口参数，比如：

```
printf("Hello,World! \n");
```

虽然看上去将" Hello,word! \n" 这个字符数组作为参数传递给 printf( )函数，但实际上在 C 语言中所有以数组作为参数的函数实际上传递给函数的依然是这个数组的首指针，因此真正传递到 printf( )函数内部的是" Hello,word! \n" 这个字符数组的首指针。需要注意的是，"Hello,World! \n" 这个字符串（字符数组）并没有对应的名字。事实上只有编译器在编译的过程中会将这个字符串分配在内存中的一个特定位置（一般是一段专门存放常量串的内存空间，编译器一般将这块空间称为 String Literal Pool；嵌入式系统的编译器往往会将这个区域分配到只读存储器空间），并将这个字符串的首地址作为参数传给 printf( )函数，但是从此之后再也没有人知道这个字符串存放在什么地方，这是因为在 C 语言中对于全局元素的访问都是通过名字来进行引用的，比如对于函数的访问是通过函数的名字（也就是函数的入口指针）；对全局变量或者全局数组的访问也是通过名字。

关于字符串的指针操作，初学者经常犯的错误就是混淆指针与指针所指向的内容。请看下面的例子：

```
char *p, *q;
p = "Hello!";
q = p;
q[0] = 'h';
```

"p = " Hello!" " 这样的赋值语句很容易使人产生将字符串赋值给 p 的错觉，实际的情况是这条语句只是将字符串常量的首指针赋给了变量 p。接下来的语句中，程序将 p 的值赋给指针变量 q，很多初学者都会误认为这个语句的作用是将字符串" Hello!" 复制给了 q。其实这个赋值语句只是将 p 的值（也就是字符串的首地址）赋给 q，因此这时 q 也是一个指向字符串常量的指针，如图 5 - 3 所示。

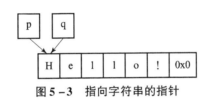

图 5 - 3　指向字符串的指针

理解这个问题的关键在于清楚地区分指针和指针所指向的内容，比如在上面的例子中 p 和 q 是两个指向字符串常量数组首地址的指针，p 和 q 本身并不是字符串，而只是字符串的地址。

3. 指针与数组

C 语言中的数组与指针是密不可分的，C 语言中的数组有以下两个特点：

（1）C 语言只支持一维数组，而且只支持静态数组，也就是说数组的大小在编译的时候就必须作为一个常数确定下来。需要注意的是，虽然 C 语言只支持一维数组，但是 C 语言数组的元素可以是任何数据类型的对象，因此一个数组的元素也可以是另外一个数组，这样就可以模拟出一个多维数组。

（2）当声明了一个数组后，数组的大小也就确定了，可以通过数组名获得这个数组中下标为 0 的元素的指针。其他有关数组的操作即使是通过数组下标进行运算的，最终也是通过指针实现的。在 C 语言中，任何数组下标运算都等同于一个对应的指针运算，因此完全可以依据指针的行为定义数组下标的行为。

1）数组名与指针

C 语言中指针和数组的关系如下，

（1）数组名的内涵在于其指代实体是一种数据结构，这种数据结构就是数组。

（2）数组名的外延在于其可以转换为指向其指代实体的指针，而且是一个指针常量。

（3）指向数组的指针是另外一种变量类型（在很多 32 位平台下，其长度一般为 4 字节），仅意味着数组的存放地址。

请看下面的代码，其中 a 是一个有 10 个元素的整数数组，p 是一个指向整数的指针变量。在代码中将数组 a 的首地址作为初值赋给指针变量 p，注意在这个赋值语句中，数组名 a 表示的是数组 a 的首地址，也就是指向数组第 1 个元素 a[0] 的地址常量（之所以是常量，是因为一旦编译器为数组 a[] 静态地分配了存储空间，数组 a[] 在内存中的位置就永远确定了，这也是 C 语言只支持静态数组的原因）。由于数组名 a 表示的是数组的入口地址常量，因此不能对 a 进行任何类型的运算，比如自增、自减或赋值等，编译器会认为这样的运算是语法错误；反之，对于指针变量 p，由于它本身就是变量，因此可以自由地对其进行运算，并修改它的值（也就是它所指向的地址）。

但在后面的代码中，sizeof(a) 的含义却是数组 a 的大小，也就是整个数组所占据的内存空间的大小，这时数组名 a 的含义就不是表示数组的首地址常量，而是表示整个数组，因此表达式 sizeof(a) 的取值就是 10 个整数元素所占据的内存空间（对于大多数 32 位系统，这个空间的大小是 40 个字节）。表达式 sizeof(p) 的含义是整数指针变量 p 所占据的内存空间大小。对于大多数 32 位系统，一个指针变量占据 4 个字节的内存空间。

```
int a[10];
int *p;
......
p = a;
a ++;
p ++;
printf("The size of a is s d\n, sizeof (a));  /*输出的结果是 40 */
printf("The size of p is s dn", sizeof(p));  /*输出的结果是 4 */
......
```

2）数组作为函数的入口参数

一般来说，C 语言的传参规则是传值不传址，也就是所有的参数是通过将参数的值复制到堆栈中（或传参寄存器）进行传递的。按照这个规则，如果允许传递数组作为参数，编译器应该将数组的所有值通过压入堆栈进行传递，显然这样效率是非常低的。因此 C 语言在这个问题上作了折中：当参数为数组时，真正传递的是数组的地址的值，而不是数组本身。而在函数内部，用来表示数组的形参其实已经退化为一个局部指针变量，通过这个指针变量，函数可以访问数组的元素。由于数组会马上退化为指针，数组事实上从来没有传入过函数。允许指针参数声明为数组只不过是让它看起来好像传入了数组，因为该参数可能在函数内当作数组使用。示例代码如下：

```
char b[10] = "123456789";
main()
{
    ……
    f(b);          /*真正传入 f()函数的是数组 b 的首地址指针*/
    ……
}
void f(char a)/*形参看起来是数组,实际已退化为指针*/
{
    char c;
    ……
    a ++;          /*a 是指针,因此自增运算是合法的！*/
    c = a[0];      /*a 通过下标可以看起来像数组,但是它不是真正的数组,而且
                     此时 c 的值应该是 2 而不是 1,因为前面 a 作了自增运算*/
    printf("The size of a is %d\n", sizeof(a);   /*a 是指针,输出的
结果是 4 */
    printf"The size of b is %d\n", sizeof(b);   /*b 是数组,输出的结
果是 10 */
}
```

事实上，即使采用数组参数的声明方式，编译器在进行编译时都会将上面（char a[]）的声明作为指针处理，该声明与以下声明是完全等价的：

```
void f(char *a)
{…}
```

注意：这种转换仅限于函数形参的声明，在别的地方并不适用。

3）字符串数组与指向字符串的指针

C 语言中没有字符串类型，因此所有关于字符串的操作都是以一组连续存放的字符为基础的。在实际的编程实践中通常有两种方法构建原始的字符串：字符串数组以及字符串指针。很多初学者对这两者的区别不是非常清楚。例如："char * p = "hello world!""这个表达式首先声明了一个指向字符的指针变量 p，该变量的初值被赋为指向" hello world!" 这个字符串的首地址（也就是字母 'h' 的地址），需要说明的是，p 并不是字符串本身，它不过是指向一个字符串的指针变量而已，而对于 "char a[] = "Hello, world!""这个表达式，其含义是声明一个数组 a，该数组的元素被初始化为字符串中的

每个字符，因此可以说数组 a 就是字符串，而字符串存在数组中。这两种声明方法的不同如图 5 - 4 所示。

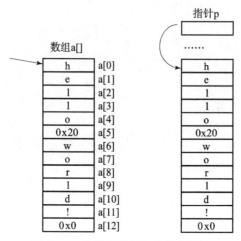

图 5 - 4　字符串数组与字符串指针

4. 函数指针

1）函数指针的声明和定义

函数指针即指向函数地址的指针。利用该指针可以知道函数在内存中的位置。因此，也可以利用函数指针调用函数。函数指针的声明方法如下：

< 类型 >（ * 函数指针变量名）（函数的参数列表）；

比如需要对两个变量进行声明：第一个是函数指针变量 fp，该函数指针变量指向一个入口参数为一个整数，返回值为另一个整数的函数；第二个是函数指针数组 fp_array[ ]，这个数组的每个元素都是一个函数指针，这些函数指针指向入口参数为一个整数，返回值为指向整数的指针的函数。下面是对这两个变量的声明：

/ * 声明一个函数指针变量 fp，它指向一个入口参数与返回值都是整数的函数 * /

```
int ( * fp)(int);
```

/ * 声明一个函数指针数组 fp_array[ ]，它的每个元素都指向一个入口参数为整数且返回值为整数指针的函数 * /

```
int *( * fp_array[10])(int);
```

注意：在函数指针声明中，函数指针变量名必须写在一个括号内，如果省略这个括号，那么这个声明的含义就完全不一样了。请看下面这个例子：

```
int fp(int);
int fp_array[10](int);
```

这个例子中的第 1 行声明的是一个函数 fp（ ），该函数有一个整数参数并且返回一个指向整数的指针。对于第 2 行，可以判断 fp_array（int） 是一个函数数组，数组的每个元素都是一个以整数为参数的函数，这个函数的返回值是一个指向整数的二重指针。然而，C语言中并没有函数数组这个概念，因此第 2 行的声明是有语法错误的。

2）函数指针的作用

一旦函数可以通过指针被传递、被记录，其将开启许多应用，主要包括多态、回调和多线程的实现。下面分别介绍。

（1）多态。

多态指用一个名字定义不同的函数，这个函数执行不同但类似的操作，从而实现"一个接口，多种方法"。

利用函数指针实现多态是很多系统软件常用的方法，比如在操作系统中为了能够支持不同硬件设备的统一管理，往往会定义一个内部的数据结构，这个数据结构中定义了具体的硬件操作函数的函数指针。当然针对不同的硬件设备，这些函数指针指指向不同的操作函数。当上层软件需要访问某个设备时，操作系统将根据这个数据结构调用不同的操作函数，这样虽然底层的操作函数各不相同，但是上层的软件却可以统一。

（2）回调。

通常情况下函数调用顺序是用户的函数调用操作系统的函数，上层的函数调用底层的函数，而所谓回调是指由操作系统来调用用户编写的函数，或者由底层函数调用上层函数。由于操作系统的代码在用户代码之前就已经编译完成，因此由操作系统发起的回调一般必须将用户编写函数的函数指针传递给操作系统，再由操作系统实现回调。

（3）多线程。

将函数指针传进负责建立多线程的 API 中，例如 Win32 的 Create Thread（…pF…）。在一个多任务的系统中，每个任务从本质上来讲可以理解为一个拥有自己独立堆栈的函数，在用户需要创建一个新任务或线程时，需要调用由操作系统提供的 API 函数（系统调用）。

5.3.2　C 语言内存陷阱

C 语言的功能强大，这在很大程度上是因为 C 语言能够对存储器进行直接操作。也正是因为这个原因，对存储器的访问变得充满危险，这称为内存陷阱。如 5.1.1 节所述，C语言程序运行时的变量（或者数据）可以存储在寄存器、全局数据区、堆、栈以及常量区，其中寄存器和常量区的存储较为安全，比如，编译器可以在编译时检查是否有足够的寄存器可用，而程序员在通过变量的定义来使用全局数据区、堆和栈时，需要小心谨慎，避免内存陷阱，因为内存陷阱在编译时是发现不了的，且不一定每次执行时都会出现，它随程序的动态执行条件偶然出现，这种偶然出现的程序 bug 是很难调试定位的，因此必须养成良好的编程习惯。

此外，除了系统在上述每一个存储区域所占据的存储空间外，有的系统还会存在一些空闲的存储空间，可以通过绝对地址（指针）对这些存储空间进行访问。图 5-5 所示为具有空闲空间的内存分布。对空闲空间的访问，需要严格检查是否越界。

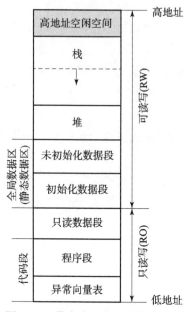

图 5-5　具有空闲空间的内存分布

下面分别从栈帧结构与局部变量、堆与动态内存分配、函数重入问题与全局变量 3 个方面展开讨论。

5.3.3　栈帧结构与局部变量

栈是一个特定的内存存储区或寄存器区，它的一端是"固定"的，另一端是"浮动"的。这个存储区中存入的数据，是一种特殊的数据结构，所有数据存入或取出时，只能在"浮动"的一端（称为栈顶）进行，严格按照"先进后出"（First-In/Last-Out，FIFO）的原则存取，位于其中间元素，必须在其栈上部（后进栈者）诸元素逐个移出后才能取出。在内存中开辟一个区域作为栈，叫作软件栈；用专门的寄存器构成的栈，叫作硬件栈。

在单片机和 ARM 应用中，栈一般是软件栈结构，属于 RAM 空间的一部分，用于子函数调用和中断切换时保存和恢复现场数据。单片机中定义了一些栈操作指令，最重要的两个是 PUSH 和 POP。PUSH（入栈）操作是栈指针（SP）加 1，然后在栈的顶部加入一个元素。POP（出栈）操作相反，先将栈指针所指示的内部 RAM 单元的中内容送入直接地址寻址的单元中（目的位置），然后再将栈指针减 1。通过这两种操作可实现数据项的插入和删除。ARM 体系结构没有专门的入栈和出栈指令，可通过多寄存器加载指令（LDMFD）和多寄存器存储指令（STMFD）实现，例如：

在调用子函数的时候，执行"STMFD R13！，｛R0，R4-R12，LR｝"，将寄存器列表中的寄存器和返回地址存入栈。

在子函数返回时，执行"LDMFD R13！，｛R0，R4-R12，PC｝"，即可将压入栈的数据依次还原到相应的寄存器中，且将栈中保存的返回地址复制给 PC，实现程序流的跳转。

从栈的地址增长方向（递增或递减）及栈指针所指向的栈顶空间是否有有效数据（空或满）这两方面看，有 4 种不同的栈组织形式——满递减栈、空递减栈、满递增栈和

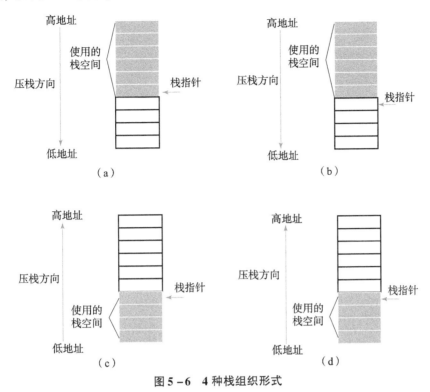

空递增栈，如图 5 - 6 所示。

图 5 - 6　4 种栈组织形式

（a）满递减栈；（b）空递减栈；（c）满递增栈；（d）空递增栈

1. 栈的作用及栈帧结构

栈对于计算机系统的重要性是不言而喻的，程序员需要非常清楚地知道编译器是如何利用栈来实现一系列工作的。总体来说，编译器利用栈完成以下 4 项工作：

（1）利用栈传递函数调用的参数。

一般情况下，编译器会在调用者的代码中插入参数值压栈的代码，最右边的参数值（参数列表中的最后一个参数）首先入栈，然后是前一个参数值，依此类推，直到最左边（参数列表中的第一个参数）的参数值入栈。所以说，C 语言的参数压栈顺序是从右到左的。对于 C 语言，参数是按值传递的，因此调用者会将参数值拷贝一份压入被调用函数的栈中。

另外需要说明的是，由于 RSIC 处理器包含较多的通用寄存器，所以这些 RSIC 处理器的 C 编译器会先采用 CPU 内部的通用寄存器进行传参（当然，还是为了得到更快的访问速度），当函数的参数比较多且难以全部用寄存器进行传递时，编译器才会将剩下的参数通过栈进行传递。

（2）利用栈保存函数调用的返回地址（对于中断处理程序还包括程序状态字寄存器）。

当函数调用或者发生中断时，返回地址会被压入当前被调用函数的栈中。当程序的执行流程需要返回时，通过调用相应的返回指令将栈中保存的返回地址弹出到 PC 中。需要指出的是，在 ARM 中，如果调用函数不会嵌套进行（嵌套是指函数 f1（ ）调用 f2（ ），f2（ ）又调用 f3（ ）；不嵌套是指函数 f1（ ）调用 f2（ ），f2（ ）不会调用其他子函数而返回到

f1()），那么只需要将返回地址保存在 LR 中即可，无须压栈，以节约执行时间。由于 LR 只有唯一一个，因此嵌套调用时，必须将返回地址压入栈中，以免地址被破坏而不能返回。

（3）利用栈保存在被调用函数中需要使用的寄存器的值。

当运算单元的控制权进入被调用函数后，被调用函数的指令可能需要用到一些寄存器暂存数据，而此时这些寄存器可能已经被调用函数使用。为了满足被调用函数的需要，而又不破坏调用函数中原有的数据，需要将这些使用到的寄存器的值压入栈保存。在被调用函数返回的前一刻，编译器需要插入一段代码将这些保存在栈中的数据恢复（通过退栈操作）到相关的寄存器中，这样回到调用函数后，其寄存器环境跟调用子函数前是一致的，可以接着进行运算。

（4）利用栈实现局部变量。

被调用函数中往往会声明新的局部变量。这些局部变量要么由编译器指定相应的寄存器来保存，要么由编译器通过栈来实现。具体流程如下：编译器首先尽可能地采用 CPU 内部寄存器实现局部变量，这是因为 CPU 内部寄存器的访问速度要远快于外部存储器的访问速度。当被调用函数声明的局部变量太多或者被调用函数中声明了局部数组、结构体等难以用一个寄存器实现的变量时，编译器将通过栈实现这些局部变量。

通过对栈的作用的分析，可以知道在实际的 C 语言程序中，编译器会根据需要插入维护这些功能的代码。当发生函数调用时，编译器会维护一个与该调用相关的栈结构，通常将这个栈结构称为调用栈帧。当发生中断时，会调用相应的中断处理函数（或称异常处理函数），因此也会形成一个栈结构，称为中断栈帧。调用栈帧和中断栈帧的结构如图 5－7 所示。

在此需要指出调用栈帧与中断栈帧的两点区别：①由于中断函数没有所谓的调用函数，因此也没有入口参数，所以中断栈帧中不会存在参数。②中断栈帧有程序状态字（即 ARM 的 CPSR）。这是因为子程序调用是编译器可控流程，而中断不是。以 if(a==b) 为例，它通常包含一个测试指令和一个根据标志位决定是否需要跳转的指令。编译器可以保证不会在这两条指令中间插入任何子程序调用代码，因此标志位不会改变，然而中断却随时有可能发生，导致标志位变化。

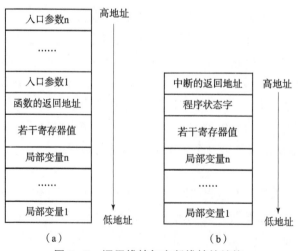

图 5－7 调用栈帧与中断栈帧的结构

（a）调用栈帧的结构；（b）中断栈帧的结构

2. 函数调用栈帧举例

为了更清楚地了解栈帧结构，现用以下程序作为实例：

```
U32 func1(U32 arg1, void *ptr, U16 arg3);
main()
{
    ......
    I = func1(a,p,c);
    ......
}
U32 func1(U32 arg1, void *ptr, U16 arg3)
{
    U32 x;
    ......
    return x;
}
```

其中 U32 是定义的 32 位无符号整型，U16 是 16 位无符号整型。main( ) 是调用函数，func1( ) 是被调用函数。当 main( ) 函数执行到"I = func1(a, p, c)"时，编译器的压栈过程如下（从高地址到低地址）：

（1）压参数。C 语言中，参数的入栈顺序是从后往前，所以先压 c，再压 p，最后压 a。根据 ATPCS 子程序的调用规则（见 6.1 节），如果参数少于 4 个，编译器用 R0～R3 寄存器传递参数。而本例中参数只有 3 个，所以用 R0～R2 寄存器传递参数，不会将参数压入栈中。

（2）压函数的返回地址。ARM 在子程序调用时会把返回地址存入 R14（LR 寄存器）中，这是硬件自动完成的；接下来要通过软件把 R14 的值保存到栈中，这是由编译器完成的。

（3）将被调函数中可能用到的寄存器值保存起来。C 语言程序经过汇编器生成汇编程序，汇编程序会使用处理器中的寄存器来保存一些局部变量、临时变量等。

（4）生成被调用函数的一些局部变量。对于 ARM 处理器，局部变量可以 R4～R11 寄存器保存，如果 R4～R11 寄存器不够用再用栈保存。

当然，每个函数根据自身情况，栈帧结构可能会有些许不同。

3. 栈帧结构中的局部变量使用陷阱

理解了栈的概念和作用，就比较容易深入理解使用局部变量时的注意事项。下面这段代码中潜伏着两个异常危险的错误。

```
char *Dosomething(……)
{
    char i[32 * 1024];
    memset(i,0,32 * 1024);
    ……
    return i;
}
```

在这段代码中，函数内部声明了一个 32×1024 的自动变量数组 i，编译器将在调用该函数的栈帧中为其分配相应的空间，这会耗费大量的栈空间，甚至可能造成栈溢出。另一个问题是最后的语句"return i"返回的是局部数组 i 的首地址，这是一个极为危险的操作，因为局部数组所占用的内存空间是由编译器分配在栈中的，当函数返回时，这些被占用的栈空间将被编译器添加的代码进行退栈操作，这时原来存放在栈中的数据就统统变成了无效数据。因此，返回的指针将指向一块无效的栈空间，任何通过这个指针对其所指向空间的访问都是无效的（数据可能已经被后续的栈操作所改变）和危险的（通过这个指针写入的数据有可能冲掉后续栈操作压入的有效数据）。

通过以上分析，C 语言编程中关于局部变量需要注意的问题总结如下：

（1）尽量不要对局部变量作取地址操作；

（2）不要返回局部变量的地址或局部指针变量；

（3）不要申请较大的局部变量数组。

5.3.4　堆与动态内存分配

1. 动态内存分配的含义

动态内存分配（Dynamic Memory Allocation）是指在程序执行的过程中动态地分配或者回收存储空间的内存分配方法。动态内存分配不像数组等静态内存分配方法那样需要预先分配存储空间，而是由系统根据程序的需要即时分配，且分配的大小就是程序要求的大小。

通常，编译器在编译时就可以根据变量的类型知道所需内存空间的大小，从而系统在适当的时候为它们分配确定的存储空间，这种方式称为静态内存分配。而有些数据块的大小只在程序运行时才能确定，这样编译时就无法为它们预定存储空间，只能在程序运行时，系统根据运行时的要求进行内存分配，这种方式称为动态内存分配。

例如定义一个 float 型数组：float ARMscore [200]，这就在编译时确定和预留了 $200 \times$ sizeof(float) 大小的空间（事实上，C 语言在编译时需要确定数据变量的大小）。但是，在使用数组的时候，总有一个问题：数组应该多大？在很多情况下，并不能确定要使用多大的数组，比如上例，可能并不知道要定义的数组到底有多大，那么就要把数组定义得足够大，以避免后续访问时空间不够。这样，程序在运行时就申请了固定大小的足够大的内存空间。另一方面，即使知道想利用的空间大小，但是如果因为某种特殊原因空间利用的大小有增加或者减少，又必须重新修改程序，扩大数组的存储范围。这种静态内存分配的方法存在的缺陷是：在预留最大空间时会浪费大量的内存空间，而当定义的数组不够大时，可能引起下标越界错误，甚至导致严重后果。

但如果用动态内存分配的方式定义变量就能解决这个问题，可以看出动态内存分配相对于静态内存分配的两个特点：

（1）不需要预先分配和确定存储空间；

（2）分配的存储空间可以根据程序的需要在运行过程中扩大或缩小。

2. C 语言中的 malloc( ) 与 free( ) 函数

在 C 语言中，动态存储区是由 malloc( ) 函数和 free( ) 函数管理的内存区域，这个存储区一般也称为堆（heap）。在嵌入式系统中的具体实现上，堆可以用一个静态数组表示，这个静态数组的内存空间在编译的时候由编译器分配，也可以由程序员指定一段没有被编译器和操作系统使用的空闲内存区域来实现。

malloc( ) 函数和 free( ) 函数是 ANSI C 标准定义的标准库函数。不幸的是，malloc( ) 函数的内部数据结构很容易被破坏，而由此引发的问题十分棘手。发生内存错误是非常麻烦的，编译器不能自动发现这些错误，通常在程序运行时才能捕捉到，并且这些错误大多没有明显的征状，时隐时现，增加了改错的难度。最常见的问题来源是向 malloc( ) 函数分配的区域写入比所分配的还多的数据，一个常见的 bug 是用 malloc(strlen(s)) 而不是 malloc(strlen(s) + 1)。其他问题还包括使用指向已经释放了的内存的指针、释放未从 malloc( ) 函数获得的内存、两次释放同一个指针、试图重分配空指针等等。

malloc( ) 函数的原型为：void ∗ malloc(unsigned int size)。其作用是在内存的堆中分配一个长度为 size 的连续空间。其参数是一个无符号整形数，返回值是一个指向所分配的连续存储区域起始地址的指针。还有一点必须要注意的是，当函数未能成功分配存储空间（如内存不足）时就会返回一个 NULL 指针，所以在调用该函数时应该检测返回值是否为 NULL 并执行相应操作。下面列举一个动态内存分配的例子：

```c
int *add;
void memory_request()
{
    add = (int *)malloc(8);//内存申请
    if(add == NULL)
    {
        printf("error");
        return;
    }
}
```

free( ) 函数是 malloc( ) 函数的逆操作，free( ) 函数的参数为将要释放的空间的指针。思考一下，free( ) 函数只传入了首指针而没有存储空间的大小，操作系统如何知道需要释放多大的空间？其实，在调用 malloc( ) 函数时，操作系统或函数内部会默认在用户可用的物理内存前面加上一个数据结构，这个数据结构记录了这次分配内存的大小，在用户眼中这个操作是透明的，是感知不到的。那么当用户需要 free( ) 函数时，free( ) 函数会通过首指针退回到这个结构体中，并找到该内存块的大小，这样就可以正确地释放内存了。

3. 动态内存分配的使用陷阱

1）内存泄漏

下面通过一段代码来分析内存泄漏。

```
char *DoSomething(…)
{
  char *p, *q;
  if((p = malloc(1024)) == NULL) return NULL;
  if((q = malloc(2048)) == NULL) return NULL;
  ……
  return p;
}
```

这段代码申请了 2 个缓冲区，分别用指针 p 和 q 表示。现考虑一种情况：如果程序中 p 的 1 024 字节的空间分配成功，在分配 q 的 2 048 字节空间时 malloc( ) 函数未能分配成功，则按照上面的代码将直接 return NULL；这时 p 所指向的 1 024 字节空间将永远被 "遗忘"，再也不会有人去引用它或释放它，它将永远占据堆中的空间。对于这种在堆中申请了内存而没有释放或者释放不成功，造成动态内存空间丢失，且最终可能导致再也申请不到动态内存空间的情况，称为内存泄漏。

所以，上述程序的正确写法如下：

```
char DoSomething(…)
{
  char *p, *q;
  if((p = malloc(1024)) == NULL) return NULL;
  if((q = malloc(2048)) == NULL)
  {
    free(p);
    return;
  }
  ……
  return p;
  return q;
}
```

有些人可能会有一个错觉，上面的代码中指针 p 和 q 都是临时变量，当退出函数时 p 和 q 这两个变量将自动消亡，因此它们所指向的动态内存空间也将自动被释放。这是非常错误的知识，要知道 p 和 q 是两个指针变量，它们存放的只是两个地址，这些地址通过调用 malloc() 函数后被保存在 p 和 q 之中，它们并不是动态内存本身。因此，函数退出后，保存这些地址的 p 和 q 会消亡，但是它们指向的动态内存空间并不会自动被释放。

简单地说，造成内存泄漏的原因就是申请了内存空间，但是没有正确地释放，其主要问题有 3 个：

（1）没有释放动态内存空间：差错处理时，忘了释放已分配的动态内存空间。

（2）程序员沟通问题：由于程序复杂性的增加，现在的嵌入式软件往往采用团队开发模式，在程序员沟通的过程中，往往会出现一些误会与推诿。比如：A 程序员在其代码中分配了一块内存，B 程序员的代码将使用这块内存，但是他们没有沟通好到底由谁来释放这块内存，这就非常容易造成内存泄漏。

（3）动态内存空间释放不成功：这个问题最复杂，也最难被发现。由于 free() 函数是根据 malloc() 函数分配的空间头部的控制信息来进行释放的，因此 free() 函数只能释放由 malloc() 函数返回的指针所指向的内存空间。如果 free() 函数的入口参数不是正确的指针或者 malloc() 分配空间的头部信息被破坏（往往是因为其他人往动态内存空间写数据溢出造成的），这都将造成 free() 函数无法正确释放内存空间。

通过分析内存泄漏的原因，现提出几种避免内存泄漏的建议和方法：

（1）一般情况下，子函数通过 malloc() 函数分配的内存空间在所有 return 语句之前都应该通过 free() 函数及时地释放。

（2）一定要保存 malloc() 函数返回的动态内存区首指针，这是正确释放这块内存的必要条件。

（3）避免在访问动态内存区时发生数据溢出的情况，程序员要特别小心数组的越界以及 strcpy()、memcpy()、sprintf() 等标准库函数在往动态分配的内存空间写数据时的边界条件。因为对这块动态内存空间的写越界不仅有可能破坏其他动态内存空间中的数据，也有可能破坏相邻动态内存空间的头部信息，从而造成 free() 函数的失败。

（4）对于团队开发的情况，应该本着"谁申请谁释放"的原则，也就是由 A 程序员申请的动态内存空间最好由 A 程序员负责释放，这样每个程序员各司其职，保证自己申请的动态内存空间在不需要时被正确释放。

2）"野"指针

"野"指针是指那些不知道指向什么内容或者指向的内容已经无效的指针。在这里需要注意的是，"野"指针并不是空指针 NULL，空指针的物理含义是不指向任何内容，而"野"指针要么随机地指向一段内存区域，要么所指向的内容已经无意义。相对于空指针，"野"指针的问题要复杂得多。用一个 if 条件判断就可以非常简单地知道一个指针是否为空，但是在"野"指针面前，if 判断显得无能为力。产生"野"指针的主要原因如下：

（1）指针在初始化之前就被直接引用。这个问题主要是针对局部变量，因为大多数编译器在处理全局变量时，会为全局变量静态分配内存空间，并且要么以程序中的初值对其进行初始化，要么以零对没有初值的全局变量进行初始化。比如 ARM 公司的 ARMCC 编译器就将全局变量分为两个段，一个是有初值全局变量的 RW 段，另一个是没有初值的全局变量的 ZI（Zero Initialized）段。因此，对于全局指针变量不用担心初值的问题。但是对于局部变量就不同了，这是因为编译器要么用 CPU 的通用寄存器存储局部变量，要么用栈空间存储局部变量。不管哪一种，局部变量的初值都是随机的，对于局部指针变量而言，这就意味着没有用初值去初始化的这个指针可能指向任何地方，这就是"野"指针。

（2）一个合法的指针所指向的内存空间已经被释放了，但是这个指针的值并没有被置为 NULL，如果通过这个指针继续访问这块已经被释放的内存空间，后果可能是非常危险的。请看下面这段代码：

```
void FreeWindows Tree(windows Root)
{
  if(Root ! = NULL)
  {
    window * pwmd;
    / * 释放 pwndRoot 的子窗口 * /
    for(pwnd = Root ->Child;pwmd! = NULL;Pwnd = pwnd ->Sibling)
    FreenindowTree(pwnd);
    if(Root ->strWndTitle ! = NULL)
    FreeMemory(Root ->strWndTitle);
    FreeMemory(root);
  }
}
```

这段代码似乎没有任何问题，但是请注意代码中的 for 循环，当程序释放了 pwnd 指针后进入下一次循环时，for 循环语句中重新引用了 pwnd 指针：pwnd = pwnd -> Sibling。pwnd 所指向的内存空间已经被释放，但是又重新通过 pwnd 指针引用了其所指向的 Sibling。这时已经不能保证 pwnd 所指向的内存空间的内容是否没有被其他代码所破坏，因此这个引用是非常危险的。

（3）返回局部变量的指针。一旦离开函数，局部变量所占用的栈空间将被退栈，其所表示的局部变量也将不复存在，因此返回这些局部变量的指针是没有意义的。如果程序通过这个指针继续访问栈中的内容，得到的结果是不能保证的。

3）规避动态内存分配的使用陷阱

动态内存分配是 C 语言中构建动态数据结构的关键，比如通过动态内存空间构建链表、树和图等。当然通过静态的数组同样可以构建这些数据结构，但是对于有一定使用周期的数据而言，在编程实践中更多的是采用动态内存空间，这样可以最大效率地利用有限的存储空间。但是使用动态内存空间会带来一系列潜在危险，比如前面所介绍的动态内存储空间的申请问题、内存泄漏和"野"指针问题等。如何规避动态内存空间的陷阱，是每一个程序员必须认真对待的。下面根据实际的编程经验总结避免这些问题的方法：

（1）检查动态内存分配是否成功后再引用该指针。

编程新手常犯内存分配未成功却使用它的错误，因为他们没有意识到内存分配会不成功。常用的解决办法是，在使用内存之前检查指针是否为 NULL。如果指针 p 是函数的参数，那么在函数的入口处用 "assert(p! == NULL)" 进行检查。如果用 malloc( ) 函数来申请内存空间，则应该用 "if(p == NULL)" 或 "if(p! = NULL)" 进行防错处理。

（2）对于分配成功的动态内存空间需要将其初始化后再使用。

free( ) 函数在释放动态内存空间时并不对该内存空间清零，因此在下一次由 malloc( ) 函数分配这块空间时，其中的内容依然保持着原来的值。所以在使用这块内存空间之前应该对其进行初始化。

（3）特别小心内存空间的访问越界。

例如在使用数组时经常发生下标多 1 或者少 1 的操作。特别是在 for 循环语句中，循环次数很容易出错，导致数组操作越界。

（4）用 sizeof 来计算结构体的大小；分配内存空间时 "宁滥勿缺"（宁可多申请，也不要少申请）。

（5）总是释放由 malloc( ) 函数返回的指针所指向的内存空间。

程序员必须在调用 malloc( ) 函数分配成功后保存好这个指针，否则将无法正确地释放这块内存空间，从而造成内存泄漏。

（6）进行错误处理时不要忘记释放其他已分配内存空间。

（7）对于被释放的动态内存空间，最好立刻为指向这块内存空间的指针变量赋值 NULL，这样可以避免继续引用这个指针造成 "野" 指针。

5.3.5　函数重入问题与全局变量

1. 函数重入的概念

函数重入本质上是由对函数的并发访问引起的。在一个存在中断多任务的系统中往往存在函数重入问题。

函数重入由 3 种情况引起，下面分别介绍。

由于中断的异步属性，中断可能会打断正在被执行的某个函数 A 而将程序的控制权交给相应的中断服务程序（ISR），这时会有两种可能情况出现：

（1）中断服务程序又重新调用了刚才被中断的函数 A。

（2）一个抢占式多任的实时多任务操作系统内核中，中断服务程序激活了一个更高优先级的任务，并且在中断返回时由实时多任务操作系统内核的调度器将控制权交给了这个高优先级任务，这个任务接着又重新调用了刚才被中断的函数 A。

不管是上面的哪种情况，对于函数 A 而言，都意味着在第一次调用未完成的情况下，中断或者任务切换造成了程序流第二次进入函数 A，如图 5 - 8 所示，这时称函数 A 被重入。

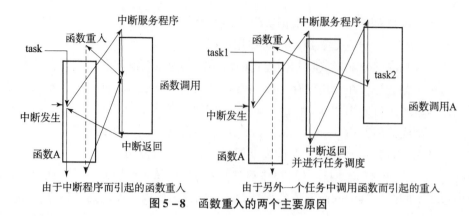

图 5-8 函数重入的两个主要原因

（3）递归调用。除了中断这种异步事件引起的函数重入外，第三种可能造成函数重入的原因是递归调用，不管是直接递归还是间接递归都会造成函数自己调用自己的情况，这时也就产生了函数重入，如图 5-9 所示。由递归调用引起的函数重入相对简单一些，因为程序员非常清楚在什么时候会发生递归调用（也就是发生函数重入），所以程序员可以判断重入的安全性问题，并加以保护。

图 5-9 递归调用引起的函数重入

2. 函数重入的条件

并不是所有函数都可以安全地被重入。那些被重入后依然能够正确执行的函数称为可重入函数；反之，那些被重入后不能够正确执行的函数称为不可重入函数。

其实函数重入是一个特殊的临界资源并发访问的问题（特殊性表现在对临界资源的并发访问是由同一个函数引起的）。可以把函数本身看作一个资源，那么这个资源是否可以被多个用户同时使用？首先分析一个最简单的情况，下面的这个函数是否可以安全重入呢？

```c
int myfunc(int a){
    int b;
    b = a * a;
    return b;
}
void task1(void){
```

```
    int c;
    c =myfunc(3);      /* 第一次进入 myfunc()函数 */
}
void task2(void){
    int c;
    c =myfunc(5);      /* 第二次进入 myfunc()函数 */

}
```

如果程序执行的流程首先由 task1()开始，在第一次进入函数myfunc()后，系统产生了一个中断，将控制权交给了 task2()，task2()将重新进入函数 myfunc()，这是否会产生问题呢？首先是入口参数，task1()将入口参数整数 3 通过寄存器或者堆栈传递给 myfunc ()，task2()也是通过堆栈或者寄存器将参数整数 5 传递给 myfun()，如果是通过堆栈传参，则每个函数调用都会由编译器构建自己的调用栈帧，因此不会有冲突；如果是通过寄存器传参，编译器和中断服务程序必须注意保存可能用到的寄存器到堆栈中，因此也不会有问题。现在再来看函数内部的代码和局部变量：代码本身并不是临界资源可以随时中断，否则中断处理程序就不可能实现，多任务更是不可能实现；局部变量是分别保存在每次调用的栈帧中的，虽然都以变量名"b"表示，但实际上第一次调用进入的变量 b 和第二次调用进入的变量 b 是两个独立存放在各自栈帧中的不同数据，因此局部变量在重入的时候不会引起冲突。

下面来看另外一个例子：

```
int array[100];
void myfunc(int * ptr)
{
  int I,* p =ptr;
  for(I =0; I < 100; i ++)
  {
    array[i] = * p ++;
  }
  return;
}
```

在这个函数中，程序访问了一个全局数组 array[]，并对这个全局数组进行了赋值。现在考虑这个函数的重入问题，如果第一次进入这个函数时在对 array[]的赋值循环进行了 50 次时系统产生中断，并在中断处理程序中重新调用了 myfunc()函数，第二次进入该函数后重新开始对 array[]数组进行赋值，这样就会把第一次写了一半的数据冲掉，等程序从中断返回时 array[]数组内已被填满了由中断服务程序所写的数据，接着原来被中断的第一次进入的函数会从第 51 个元素接着写数据。最后的结果就是 array[]数组中前一半的数据是中断服务程序所写的，后一半的数据是从中断返回后写的。显然，这样的代码的执行逻辑是错误的，因此这个函数是不可重入的。

造成函数不可重入的根本原因可以理解为全局数据本身是一个临界资源，而临界资源是不能够被多个用户共享的。还可以从这个结论进一步推断，事实上任何未采取互斥保护而使用临界资源的函数都不可能安全地重入。这里的临界资源可以是多种形式的，包括上面介绍的全局变量或者全局数据结构、外设（比如串口、打印机等），甚至也包括其他不可重入函数（同样可以将一个不可重入函数看作临界资源）。

需要提醒读者注意的是：在编写程序的过程中如果需要调用操作系统提供的 API 函数或者其他软件中间件的库函数，甚至包括随编译器附带的 ANSI C 运行库和浮点库中的函数时，需要清楚这些函数哪些是可以安全重入的，而哪些不可以安全重入。标准 C 语言并没有要求库函数必须是可重入的，在很多实时多任务操作系统提供的 API 函数中有很多也是不能安全重入的，实时多任务操作系统的用户手册一般都会提醒程序员不要在中断服务程序中调用这些函数。

3. 不可重入函数的互斥保护

如何将不可重入函数变成可重入函数呢？正如前面分析的，函数不可重入是因为函数中使用了临界资源，另外函数不可重入的部分其实只是访问临界资源的部分，其他没有访问临界资源的代码是可以安全重入的。因此，这个问题就变成了如何能够让程序安全地并发访问临界资源的问题。学习过操作系统的读者应该知道这是一个对临界资源进行互斥访问的问题。

通过上面的分析可以知道函数重入的原因有 3 个，其中递归调用造成的函数重入简单，因为递归调用是由程序本身主动发起的，因此程序可以在递归调用前进行适当的保护；但是由于中断发生的随机性，程序员不清楚函数什么时候会被重入，因此在处理器由于中断或者任务切换引起函数重入问题时必须尽可能地小心。与临界资源打交道时，使之满足互斥条件最一般的方法如下。

1）关中断

既然对临界资源的并发访问是由中断引起的（不管是在中断服务程序中的访问还是在切换后的新任务中访问，本质的原因就是中断的发生），那么在访问临界资源前关闭中断，在完成访问后重新使能中断就能够避免临界资源的并发访问从而实现互斥保护。关中断的方法虽然可以在根本上解决临界资源的并发访问问题，但是由于中断发生的随机性，在关中断期间操作系统可能会丢失一些中断请求，因此程序员最好尽量避免直接使用关中断的方法，如果必须采用也应该保证关中断的时间尽可能地短。

2）禁止作任务切换

一般嵌入式操作系统的任务切换发生在两个时间点：一是系统调用结束前，此时会调用操作系统的调度器；二是在中断返回前，一般操作系统将接管全部中断，因此在用户的中断程序结束后会将控制权交给操作系统内核提供的一个中断返回函数，这个函数将调用操作系统的调度器。不管是哪种情况，调度器将重新选择合适的任务运行（通常是处于就绪态且优先级最高的那个任务）。如果函数重入是另外一个任务抢占了原来任务的执行引起的，那么在访问临界资源前关闭操作系统的调度器，完成访问后再打开操作系统的调度器就可以避免函数重入。注意：关闭调度器并不等于关中断，操作系统的中断可以继续得到处理，不同的是在中断结束调用调度器时将直接返回而不会发生任务切换。所以采用关闭调度器的方法虽然可以解决任务切换引起的临界资源访问冲突的问题，但如果在中断服务程序中访问这个临界资源依然会引起冲突，因此在采用关闭调度器的方法时，程序员必须保证在中断服务程序中不会调用这个函数。

比如，在前面介绍了动态内存分配函数 malloc( ) 的实现，其中在访问临界资源时采用了关闭调度器的方法，这使程序员可以安全地在各个不同任务中调用这个函数，但程序员必须保证不在中断服务程序中调用 malloc( ) 函数。

```
……
/*注意:在这里进入临界区,将调用操作系统提供的 API 函数关闭调度器 */
vDisableDispatch();
……
……
/*注意:出临界区,重新打开调度器 */
vEnableDispatch();
```

3）利用信号量

对于临界资源实现互斥访问的最好方法就是采用系统提供的信号量原语。信号量的实现取决于具体的操作系统和硬件平台。在有些操作系统中，由于硬件能够在一条指令中完成存储器中两个数据的交换操作，那么操作系统在实现信号量时就可以采用不关中断的方法。如果硬件系统没有提供这样的指令，那么在实现信号量时，操作系统可能需要短暂地关闭中断。不管是哪种情况，信号量可以在付出最小代价的前提下实现对临界资源的互斥访问。

上面介绍的 3 种方法本质上并没有将不可重入函数改造为可重入函数，但是这些方法确实可以将原来存在重入风险的函数改造为没有重入风险的函数。这些方法可以确保在访问临界资源的时候实现每次只能有一个执行流进，从而规避了函数重入。

4. 函数重入的伪问题

有些函数虽然不能安全重入，但是也许这个函数根本就没有重入的可能性，那么对于这个函数的互斥保护就是多余的，这就是所谓函数重入的伪问题。如果某个函数根本就不可能重入，那么讨论它的重入问题就没有意义。

那么，在什么情况下函数根本就不存在重入问题呢？只需要对照造成函数重入的原因就可以得出结论：

（1）这个函数是一个非递归函数；

（2）这个函数不会被中断服务程序调用；

（3）这个函数只会在一个任务中被调用，在其他任务中不会被调用。

如果函数同时满足上面的 3 个条件，那么这个函数一定不会被重入，因此对于这个函数就不需要作相应的互斥保护。其实这个问题还是有特例的，如果函数满足了上述 3 个条件，虽然函数本身不会有重入的问题，但如果这个函数访问了临界资源，而其他函数也可能对这个临界资源进行并发访问，这时出于对临界资源的保护，还是需要增加额外的保护机制。

5.4　C 语言的中断技术

在计算机系统中，中断是指异步事件引起的 CPU 停止当前的执行流而跳转到特定的异步事件的处理程序 [通常称为中断服务程序（ISR）]。从中断产生的原因看，可以将中断分为硬件中断、软件中断和异常 3 种。

（1）硬件中断（Hardware Interrupt）是指 CPU 以外的硬件设备引起的异步事件，比如键盘产生击键、串口接收到新数据等。需要说明的是，现在大多数嵌入式处理器中往往集成了多个外围设备（比如定时器、串口控制器、DMA 控制器等），这些片内设备产生的中断称为内部硬件中断；为了适应应用的需要，这些嵌入式处理器往往会在芯片外部提供一些可以接收片外设备中断请求的中断线。比如如果需要在片外扩展一个 USB Host 控制器，该控制器就需要使用一根外部中断线以通知 CPU USB Host 的中断请求，这些中断称为外部硬件中断。

（2）软件中断（Software Interrupt）又叫软陷。与硬件中断不同，软件中断的发生是因为执行了软件中断指令。如 80x86 的 int 指令、68000 的 trap 指令、ARM 的 SWI 指令。软件中断指令一般用于操作系统的系统调用入口。

（3）异常（Exception）是指 CPU 内部在运行过程中引起的事件，比如指令预取中止、数据预取中止、未定义指令等，异常发生后一般由操作系统接管。

虽然中断产生的原因不同，但是中断响应的过程基本上是相同的，而且大多数处理器在响应中断时的操作也基本相同，比如在响应中断时硬件会自动关中断，以防中断响应时发生中断嵌套，如果程序员希望能够支持中断嵌套就必须在中断服务程序中显示地打开中断；又比如几乎所有的处理器在响应中断时，处理器硬件都要保存返回地址和当前的程序状态字，有些处理器将这些内容直接压栈，有些处理器将这些内容保存在相关的寄存器中。

中断的处理过程一般由硬件、软件两部分共同完成。由硬件（以 ARM 处理器为例）实现的部分有：

（1）复制 CPSR 到 SPSR_ < mode >，此处的 SPSR_ < mode > 指的是所进入的异常模式。

（2）设置正确的 CPSR 位。

（3）切换到 ARM 状态。

（4）切换到异常模式，禁止中断。

（5）将返回地址保存在 LR_ < mode >，设置 PC 到异常向量地址，此处的 LR_ < mode > 指的是所进入的异常模式。

由软件（中断服务程序）实现的部分有：

（1）把 SPCR 和 LR（保存了 PC 的值）压栈。

（2）保存中断服务程序中使用的寄存器到堆栈中。

（3）用户服务程序可以打开中断，以接受中断嵌套。

（4）中断服务程序处理完中断后，从堆栈中恢复保存的寄存器。

（5）从堆栈中弹出 SPSR 和 PC，从而恢复原来的执行流程。

1. C 语言中的中断处理

标准 C 语言中不包含中断，许多编译开发商在标准 C 语言中增加了对中断的支持，提供新的关键字用于标示中断服务程序，类似于__interrupt、#program interrupt，在 ARM 编译器中也增加了__irq 这个关键字。当一个函数被定义为 ISR 时，编译器会自动为该函数增加中断服务程序所需要的中断现场入栈和出栈代码（最主要是程序状态字 PSR 入栈和出栈，这一点和普通的函数调用不同）。

为了便于使用高级语言直接编写异常处理函数，ARM 编译器对此作了特定的扩展，可以使用函数声明关键字__irq，编译出来的函数就可满足异常响应对现场保护和恢复的需要，并且自动对 LR 进行减 4 的处理，符合 IRQ 和 FIQ 中断处理要求。编译器在处理用__irq 关键字声明的函数时将：①保存 ATPCS 规定的被破坏的寄存器；②保存其他中断服务程序中用到的寄存器；③将（LR－4）赋予 PC，实现中断服务程序的返回，并且恢复 CPSR 的内容。

示例代码如下：

```
__irq void IRQHandler(void){
    volatite unsigned int * source =(unsigned int *)0x80000000;
    if( * source ==1)
    int_handler_1();
    *(source) =0;
}

    STMFD SP!,{r0 -r4, r12, lr}
    MOV r4,#0x80000000
    LDRr0,[r4,#0]
    CMPr0, #1
    BLEQ int_handler_1
    MOV r0, # 0
    STRr0,[r4,#0]
    LDMFD sp!,{r0 -r4, r12, lr}
    SUBS pc,lr, #4
```

2. 中断处理的一般原则

中断处理的本质特征是它的异步性，中断可以在任何时候发生，而 CPU 以及操作系统必须能够在最短的时间内响应。总的来说，中断处理的基本原则只有两点：快速、保护。

"快速"包括两层含义。第一层含义是快速响应，也就是说 CPU 要尽快地响应中断请求。对于外部中断，通常情况下 CPU 在执行完当前指令后会对中断信号进行采样，如果有中断请求且允许中断，CPU 将进入中断响应。但是依然有下列几种情况可能造成中断响应的延迟甚至丢失：

（1）虽然现在 RISC 处理器的大多数指令可以在一个周期内完成，但是依然存在一些特殊的指令必须在多个周期内才能完成，而在这些指令运行期间 CPU 是不接受中断请求的。比如 ARM 指令集中的 LDM 和 STM 两类指令，这些指令是多装载和多存储指令，它们的执行时间取决于程序员希望通过一条指令保存多少数据，在最坏的情况下可能需要十几个周期才能完成。

（2）几乎所有的处理器在响应中断期间是关中断的，也就是说当 CPU 响应某个中断请求时，硬件会自动地将程序状态字中的中断使能位清除（ARM 处理器刚好相反，在响应中断时硬件会自动在 CPSR 中设置一位禁止中断位）。

（3）对于一些重要的全局变量或者全局数据结构以及其他临界资源的访问，必须采取相应的保护措施。对于无操作系统的系统，一般采用关中断的方法实现对临界资源的互斥访问；对于有操作系统的系统，可以有多种方法实现临界资源的互斥，比如采用信号量、关闭调度器以及关中断。总之，在软件系统中往往需要通过关中断的方法来实现对临界资源的互斥保护，在这种情况下会造成中断响应的延迟。

针对上面分析的原因，为了能够加快中断的响应速度，可以采取的措施如下：

（1）尽量避免在程序中直接使用关中断的方法。

（2）正如前面分析的，中断服务程序在默认情况下是不支持嵌套的，因此要加快中断响应就必须加快中断处理的速度。为了加快中断处理的速度，程序员应该注意：

①中断服务程序只处理最基本的硬件操作，其他的处理内容可以设法放在中断服务程序之外完成。

②中断服务程序中应该避免调用耗时的函数，比如 printf（char * lpFormat String，…）函数（在 ARM 平台上由于半主机机制，该函数的速度更慢）。

③浮点运算由于性能和可能存在的重入问题以及其他的耗时操作都不应该在中断服务程序中使用。

④在有操作系统的情况下，要非常小心那些有可能引起挂起的系统调用。

⑤由于函数调用本身的压栈和退栈开销以及可能存在的函数重入风险，在中断服务程序中应该尽可能避免不必要的函数调用。

上面讨论了中断处理的第一个原则"快速"，接下来讨论第二个原则"保护"。因为中断随时都会发生，因此对于全局数据结构和其他临界资源需要进行必要的互斥保护。当然，如果中断服务程序不访问这些全局数据结构和临界资源，就可以不要这些额外的保护。

（1）没有操作系统情况下的中断处理。

对于没有操作系统的应用，由于不存在多个任务的并发执行，中断服务程序需要考虑的因素比较单纯。中断服务程序不需要通知内核中断的发生，也不需要在中断处理结束前调用内核提供的调度器，另外由于没有多任务的并发运行，因此中断引起的函数重入问题以及其他关于临界资源的互斥保护问题等都不需要考虑。需要做的就是：确保中断处理尽快完成，以及确保没有在中断服务程序中调用不可重入函数以及其他临界资源。

（2）有操作系统情况下的中断处理。

在有操作系统作为底层软件平台的系统中中断处理的问题会相对复杂。任何一个嵌入式系统内核都必须完成 3 项最基本的工作：

（1）任务管理——负责多任务的环境维护、任务调度等；

（2）任务间通信——完成任务间的数据通信、同步与互斥，包括信号量、事件标志、邮箱等；

（3）中断管理将接管系统的所有中断事件，并由内核根据中断事件完成相应的任务切换等工作。

首先与所有的系统一样，操作系统需要构建中断向量表。与 x86 处理器不同的是，ARM 处理器的中断向量表（异常向量表）中存放的不是中断发生后需要跳转的地址，而是在中断向量表中存放发生中断后需要执行的第一条指令。因此，一般来说在 ARM 的中断向量表中存放的都是跳转指令，这样当中断发生时，CPU 将在相应的位置取到该跳转指令，并将程序的执行流程转向真正的中断服务程序。

5.5　C 语言的编译与调试

任何计算机系统的调试都是一项复杂的任务。调试有两种基本的方法，一种简单的方法是使用逻辑分析仪之类的测试仪器从外部监视系统；另一种更有效的方法是使用支持单步执行、设置断点等功能的工具从内部观察系统。

嵌入式系统的软件开发与调试相对于 PC 软件的调试是比较困难的，调试工具必须在远程主机上运行，通过某种通信方式与目标机（也就是被调试的嵌入式系统，即目标系统）连接，并通过在主机上运行交叉编译工具生成运行在目标系统上的可调试映像文件。由于目标系统中常常没有输入和输出处理所必要的人机接口，故需要在另外一台计算机上运行调试程序。这个运行调试程序的计算机通常是 PC，称为主机。在主机和目标机之间需要一定的信道进行通信。因此，一个嵌入式系统的调试系统应该包括 3 部分，即主机、目标机以及目标机和主机之间的通信信道。在主机上运行的调试程序用于接收用户的命令，把用户的命令通过通信信道发送到目标机，同时接收从目标机返回的数据并按照用户指定的格式进行显示。在主机和目标机之间需要一定的通信信道，通常使用的是串行端口、并行端口、以太网口或者 USB 口。

1. 嵌入式系统软件开发的一般流程

嵌入式系统软件开发的一般流程如图 5 - 10 所示。

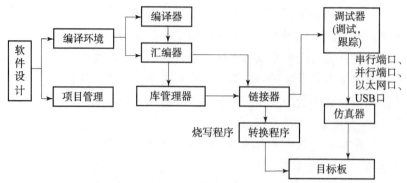

图 5 – 10　嵌入式系统软件开发的一般流程

在嵌入式系统软件开发的流程中，首先是进行软件设计（包括编辑环境的选择、项目管理、代码编写等），代码编写完成之后经过编译器、汇编器、库管理器生成与目标系统存储器地址无关的目标文件，然后由链接器连接后生成与目标系统存储器地址相关的可调试文件。

这个可调试文件可以以两种方式在目标板上运行：

（1）将该文件送给调试器，调试器通过并行端口、串行端口、以太网口或 USB 口与仿真器（Emulator）通信，通过仿真器把该文件下载到目标板上运行并调试。

（2）将二进制文件烧录到目标板上，并在离开调试器、仿真器的情况下独立运行行。一般而言，链接器生成的可调试文件通常并不是可以直接烧录到目标板上的二进制格式，因为由链接器输出的可调试文件包含很多给调试器的调试信息，为了将其烧录到目标系统的非易失性存储器（如 Fash、ROM 或 EEPROM 等）中，需要一个转换程序把该可调试文件转换成纯二进制的代码和数据格式，从而烧录到目标板上运行。

嵌入式系统软件开发的最大特点就是广泛采用所谓"交叉编译"（Cross Comping）和"交叉调试"的开发方式。所谓交叉编译和交叉调试是指嵌入式系统软件的编辑、编译、链接以及调试工具都运行在功能强大的主机（一般是 PC）上，而编译的结果却运行在目标系统上。这和在 PC 上开发软件有非常大的区别，PC 软件的开发过程是在 PC 上完成的，并且对这些代码的调试以及最终开发的程序都是运行在同一个 PC 平台上的。

图 5 – 11 以文件的形式进一步描述了嵌入式系统软件的开发过程。对 C 语言源文件利用 C 编译器生成"file. s"汇编文件，管理由多个 C 语言源文件构成的软件项目的编译需要一个 make 文件（有时也称这个文件为 make 脚本）来指定，有些集成开发环境需要用户自己编写 make 脚本，有些集成开发环境只需要用户输入一些选项，由集成开发环境来生成 make 脚本。汇编文件（包括汇编语言源文件和 C 语言编译后生成的汇编文件）经过汇编器生成"file. o"文件。"file. o"文件需要经过链接器生成与目标系统存储器地址相关的可调试文件"file. out"，此文件包含很多调试信息，如全局符号表、C 语句所对应的汇编语句等。调试信息的格式可以是厂商自己定义的，也可以是遵循标准的（如 IEEE695）。事实上，不同的厂商链接器输出的可调试文件的格式不一定相同，比如飞思卡尔（Freescale）公司的 68000 链接器输出的是"∗. out"文件；而 ARM 公司的链接器输出的则是标准的扩展的链接器格式（Extended Linker Format，ELF）。

　　软件开发人员还可以利用库管理工具将若干目标文件合并成为一个库文件。一般来说，库文件提供了一组功能相对独立的工具函数集，比如操作系统库、标准 C 函数库、手写识别库等。用户在使用链接工具时，可以将所需要的库文件一起链接到生成的可调试文件中。在图 5 – 11 所示的流程中，这些软件工具还会生成一些辅助性文件。编译器在编译一个 C 语言源文件时，会生成该文件的列表文件（" ＊. lst"，扩展名可能因不同的编译器而不同）。该列表文件采用纯文本的方式将 C 语言源文件的语句翻译成为一组相应的汇编语句。这个工具有助于软件开发员分析编译器将 C 语言源文件转化成为汇编文件的过程。链接器除生成内存映像文件外，一般还会生成一个全局符号表文件（" ＊. xrf"，扩展名可能因不同的链接器而不同），软件开发人员可以利用该文件查看整个映像文件中的任意变量、任意函数在内存映像中的绝对地址。"file. out" 文件可以由调试器下载到目标系统的 SDRAM 中进行调试，也可以通过转换工具转换为二进制文件，再利用烧录工具烧录到目标系统的 Flash 中。

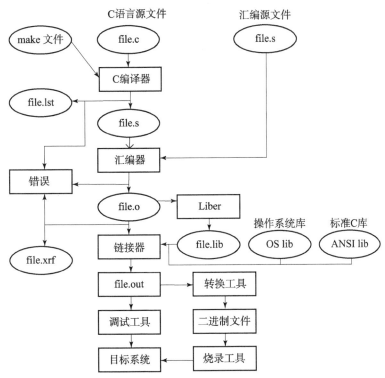

图 5 – 11　嵌入式系统软件的开发流程中的文件

2. C 语言的编译过程

　　一般认为所谓编译就是将便于程序员编写、阅读、维护的高级计算机语言翻译为计算机能解读、运行的低级机器语言的特定程序。编译器将源代码（source code）作为输入，翻译生成使用目标语言（target language）的等价程序。事实上，一般的 C 语言程序需要两步编译，首先由 C 语言编译器将 C 语言源代码编译成汇编代码，再使用汇编器将其最终翻译为计算机能够解读、执行的二进制机器码。很多人认为编译器直接将 C 语言程序转化为目标文件，实际上这是因为编译器在完成 C 语言源代码到汇编代码的转化后，直接调用汇编器将汇编代码汇编为目标代码。

一个现代编译器的工作流程一般为：源代码（source code）→预处理器（prepro cessor）→编译器（compiler）→汇编程序（assembler）→目标代码（object code）→链接器（linker）→可执行程序（executable）。相较于大量 x86 体系的编译器而言，针对 RISC 体系架构的编译器要复杂一些。这是因为后者设计的重点是降低由硬件执行的指令的复杂度。

总的来看，上述编译器主要有 3 个步骤：编译预处理、编译、链接。下面重点讲解从嵌入式系统开发者的角度应该理解的几个关键问题：

（1）首先是编译单位的问题。几乎所有的 C 编译器都是以 C 语言文件为单位进行编译的，也就是说当 C 语言编译器在编译某个 C 语言文件的时候，C 编译器不知道项目中有其他 C 语言文件的存在。C 编译器只针对当前正在编译的 C 语言文件，它并不知道还有多少个其他 C 语言文件，也不知道这些 C 文件之间的关系（主要是调用关系）。因此，当某个 C 语言文件中引用了（如访问或调用）其他 C 语言文件中定义的全局变量或函数时，C 编译器并不清楚被引用的全局变量或函数是否真的存在以及存在于何处。那么 C 编译器如何处理这个问题呢？对于这种情况，C 编译器要求被编译的 C 语言文件必须采用 extern 关键字显式声明这些外部定义的全局变量和函数，告诉 C 编译器这些全局变量和函数来自当前被编译 C 语言文件之外。

（2）其次是编译器对于存储器的布局。在 C 语言程序中指令和数据是混合在一起的，程序中几乎可以在任何地方声明和定义新的数据。但是对于机器指令而言，数据和指令是分开存放的，一般在指令部分不会存放数据（对于 ARM 这样的 RISC 处理器而言，有时会在指令段存放部分常量用于实现立即数和长跳转时的偏移量或绝对地址，但这种情况是特例），而在数据部分也不会存放指令。因此，编译器在将 C 语言程序转化为汇编程序的时候要做的一个非常重要的工作就是将 C 语言程序中的指令和数据分开，并分别映射到不同的程序段中。比如对 ARM 编译器而言，将程序分为 RO 段（即只读段）、ZI 段（即无初值的全局变量段）、RW 段（即有初值的全局变量段）。

（3）最后是编译器对栈的处理。栈对于 C 语言程序而言有非常重要的作用，通常 C 编译器利用栈传递参数、保存返回地址、保存 Caller() 函数已经使用的寄存器、实现 Callee() 函数的局部变量。可以说编译器在处理函数调用这个问题上主要依靠栈，但不同的编译器在处理调用栈时的方法略有不同。

3. C 语言的链接过程

通常情况下，将编译器、汇编器、链接器和库管理器统称为工具链（Tool Chain）。这些工具顺序地处理用户所编写的 C 语言源程序并最终生成可供调试器使用的可调试文件。

下面重点介绍链接过程，也就是从 "file. o" 文件到 "file. out" 文件的过程。每个 "file. o" 文件实际上都是独立的机器码文件，它内部的地址空间是独立于其他目标文件的，所有符号的定位都是相对地址，所以单个的目标文件实际上无法运行。也就是说，每个目标文件的第一条指令都从相同的地址开始存放，一个具体的目标文件的结构如图 5 - 12 所示，图中以飞思卡尔公司的 68K 系列处理器和 ARM 处理器为例说明了目标文件的结构。

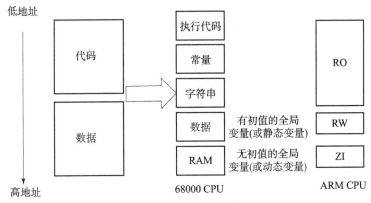

图 5 – 12　目标文件的结构

程序经过编译后主要由两部分组成：代码和数据。汇编器进行汇编后，得到的数据和代码分开存放，一般低地址端放代码，高地址端放数据，数据又可分为有初值的全局变量（或静态变量）、无初值的全局变量（或动态变量）两种。系统初始化时会自动将无初值变量初始化为 0，Freescale 的 68K 系列处理器汇编后分类较多，而 ARM 处理器汇编后的文件格式只有 3 种，分为只读段 RO（包括代码和常量）、有初值的全局变量段 RW 及无初值的全局变量段 ZI。这 3 种格式的段从 0 地址开始顺序存放。

链接器将编译或汇编通过的目标文件以及操作系统库文件、标准 C 函数库文件等库文件链接到一起，链接的过程实际上是将各个独立的目标地址空间编排到一个统一的地址空间中去，生成一个完整的与实际物理内存符合的内存映像文件（"file. out"文件），同时在有 MMU 的系统中可以为每个任务单独分配一个地址空间。图 5 – 13 以 68K 系列处理器为例说明默认情况下链接器如何将不同的目标文件链接起来。各个不同的目标文件都有各自不同的代码、常量、数据和存储空间，经链接器链接后，所有的代码、数据等文件格式都统一存放在一个绝对的物理地址中。

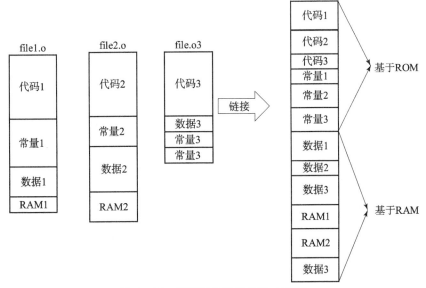

图 5 – 13　链接器的配置规则（68K）

图 5 – 14 以 ARM 处理器为例说明链接器在决定代码和数据的存放时要遵守的规则，地址映射本着 "RO 第一，RW 第二，ZI 最后" 的原则进行配置。在同一模块里，代码的配置要优先于数据。之后，链接器按名字字母的顺序配置输入部分，输入部分的命名根据汇编程序的指令性管理文件进行。在输入部分，不同目标文件的代码和数据要在链接器命令队列对目标文件的规范下有秩序地配置。

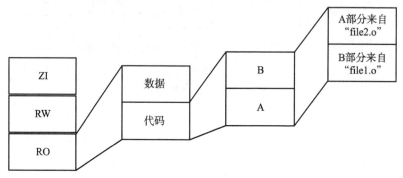

图 5 – 14　链接器的配置原则（ARM）

一旦要求对代码和数据进行精确配置，用户即可以不受这些原则的约束，通过 ARM 提供的调试工具 AXD 中的 scatterloading 机制实现对代码和数据的完全配置。通过 scatter 文件，用户可以自行决定不同目标文件的存放位置。

4. make 文件的作用

make 文件的本质是一个纯文本的脚本文件，所以有时也把 make 文件称为 make 脚本。这个脚本利用一定的格式把项目中某个输出文件的依赖关系描绘出来，并且给出了生成这个输出的方法。因此，make 文件的最基本的语法就是：用一行描述某个输出文件依赖于哪些输入文件，然后下一行给出生成这个输出文件的方法。

示例代码如下：

```
gpcfont.o: …\…\syssrc\sys\gpc\gpcfont.c..\..\include\sys\gpc.h
    cc68000 ..\..\\syssrc\sys\gpc\gpcfont.c -V 68000 -f -o list
= $ *.lst -E errs -I..\..\include
```

上面例子中的第 1 行描述了 "gpcfont. o" 这个输出文件依赖于 "gpcfont. c" 文件或和 "gpc. h" 文件，也就是说，若对这两个文件进行了修改就应该重新生成 "gpcfont. o" 这个文件。那么如何生成 "*.o" 文件呢？第 2 行给出了方法，其中 cc68000 是飞思卡尔公司 68000 处理器的编译器，"gpcfont. c" 是编译器所要编译的文件，后面的字符串 " – V 68000 – f – o list = $ *. lst – E errs – I.. \.. \include" 是编译器的编译选项。整个 make 文件主要是由这样的格式写成。

make 文件本身是纯文本文件，自己不会执行，因此必须有一个解释执行 make 文件的程序来按照文件的要求调用具体的编译器、汇编器、链接器等工具链软件生成用户所需的输出文件。不同的厂商有不同的 make 程序，相应的 make 文件的语法也有一定的差别，但是大同小异。比较有代表性的 make 程序包括微软公司的 nMake 程序以及 GCC 的 make 程序。

make 文件的作用如下：

（1）make 文件关系到整个工程的编译规则。

一个工程中的源文件不计数，按类型、功能、模块分别放在若干个目录中，make 文件定义了一系列的规则来指定哪些文件需要先编译，哪些文件需要后编译，哪些文件需要重新编译，甚至进行更复杂的功能操作，因为 make 文件就像 Shell 脚本一样，也可以执行操作系统的命令。

（2）make 文件的好处"自动化编译"。

make 文件一旦写好，只需要一个 make 命令，整个工程完全自动编译，极大地提高了软件开发的效率。

5. 嵌入式系统调试过程

随着嵌入式系统软、硬件的复杂程度大幅提高，软件开发受到前所未有的挑战。嵌入式系统软件开发涉及大量工具，比如编译工具、调试工具等。因此一个简单易用、工具丰富的嵌入式开发平台显得尤为重要，它将大大提高程序开发人员的工作效率，缩短开发周期。在这种情况下，Eclipse 应运而生。Eclipse 是一个集成开发环境，它的目的并不仅是成为 Java 的开发工具，若有相应的插件，它还能够成为任何领域的开发平台。下面介绍几种比较常用的 Eclipse 操作：

（1）设置断点：在编码窗体的左边框上双击或按组合键"Ctrl + Shift + B"。Eclipse 断点设置如图 5 – 15 所示。

图 5 – 15　Eclipse 断点设置

（2）在 Debug 模式下运行程序进入调试状态：单击工具栏上的绿色小虫按钮，启动程序的调试模式，如图 5 – 16 所示。

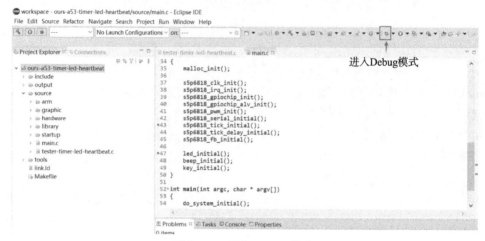

图 5 – 16　进入 Debug 模式

（3）第一次运行调试模式时 Eclipse 会弹出确认窗口，当程序运行到断点处时就会停下，这时可以通过下面的快捷键按需求进行调试：

①按快捷键 F8 直接执行程序，直到下一个断点处停止。

②按快捷键 F5 单步执行程序，遇到函数时进入。

③按快捷键 F6 单步执行程序，遇到函数时跳过。

④按快捷键 F7 单步执行程序，从当前函数跳出。

（4）查看断点时变量当前的值：用鼠标右键单击对应的变量，在弹出的菜单中选"watch"选项，变量的值就会出现在"Expressions"窗口中，如图 5 – 17 所示。

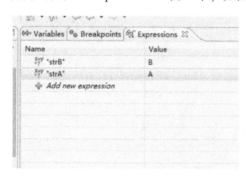

图 5 – 17　在 Debug 状态下查看变量值

思考题与习题

5.1　对于一个 2 字节整形数据 0x2345，采用小端字节序时低地址存放的数据是什么？

5.2　简要分析 static 关键字的作用。

5.3　volatile 关键字的作用是什么？请列举几种需要使用 volatile 关键字修饰变量的例子。

5.4　定义 "int * * a[2][5]，sizeof(a)" 的值为多少？

5.5　请分析下面这种定义结构是否正确，若有问题，请指出并修正。

```
struct a{
    int x;
    int y;
    struct a z;
    struct a * p;
}
```

5.6　根据要求定义相关变量：

（1）定义一个指向含有 8 个整形数的数组；

（2）定义一个指向函数的指针，该函数有一个整型参数并返回一个指向整型数的指针。

5.7　什么是内存泄漏？造成内存泄漏的原因有哪些？

5.8　在进行动态内存申请时，malloc( )函数需要提供所需要的内存大小信息，而为何在释放 free( )函数时不需要提供所释放的内存大小信息？

5.9　什么是栈帧结构？栈的作用有哪些？

5.10　结合栈的相关内容，分析调用栈帧和中断栈帧的区别。

5.11　表示递增和递减的满堆栈和空堆栈有哪几种组合？它们的特点是什么？

5.12　什么是函数重入？什么情况会造成函数重入？

5.13　分析下面的中断服务程序，指出代码的错误和不妥之处。

```
__interrupt double compute_area(double radius)
{
    double area = PI * radius * radius;
    printf("Area = % f", area);
    return area;
}
```

5.14　简述嵌入式系统软件开发的流程。

5.15　一个完整的编译过程分为哪几个阶段？

第 6 章

ARM 汇编语言与 C 语言混合编程

6.1 ATPCS

为了使单独编译的 C 语言程序和汇编程序能够相互调用，必须为子程序间的调用制定一定的规则。ATPCS 就是 ARM 程序和 Thumb 程序中子程序调用的基本规则。

6.1.1 ATPCS 概述

ATPCS 规定了一些子程序间调用的基本规则，这些基本规则包括子程序调用过程中寄存器的使用规则、数据栈的使用规则、参数的传递规则。为适应一些特定的需要，对这些基本的调用规则进行一些修改，得到几种不同的子程序调用规则。这些特定的调用规则包括：

(1) 支持数据栈限制检查的 ATPCS；

(2) 支持只读段位置无关（ROPD）的 ATPCS；

(3) 支持可读写段位置无关（RWPD）的 ATPCS；

(4) 支持 ARM 程序和 Thumb 程序混合使用的 ATPCS；

(5) 处理浮点运算的 ATPCS。

有调用关系的所有子程序必须遵守同一种 ATPCS。编译器或者汇编器 ELF 格式的目标文件中设置相应的属性，标识用户选定的 ATPCS 类型。对应不同类型的 ATPCS，有相应的 C 语言库，链接器根据用户指定的 ATPCS 类型链接相应的 C 语言库。

使用 ARM 的 C 编译器编译的 C 语言子程序满足用户指定的 ATPCS 类型。对于汇编语言程序来说，其完全依赖用户来保证各子程序满足选定的 ATPCS 类型。具体来说，汇编语言子程序必须满足下面 3 个条件：

(1) 在子程序编写时必须遵守相应的 ATPCS。

(2) 数据栈的使用要遵守相应的 ATPCS。

(3) 在汇编编译器中使用 -apcs 选项。

6.1.2 基本 ATPCS

基本 ATPCS 规定了在子程序调用时的一些基本规则，包括以下 3 个方面的内容：

（1）各寄存器的使用规则及其相应的名称；

（2）数据栈的使用规则；

（3）参数传递的规则。

相对于其他类型的 ATPCS，满足基本 ATPCS 的程序的执行速度更快，所占用的内存更少，但是它不能提供以下支持：

（1）ARM 程序和 Thumb 程序相互调用的支持；

（2）数据以及代码的位置无关的支持；

（3）子程序可重入性的支持；

（4）数据栈检查的支持。

派生的其他几种特定的 ATPCS 就是在基本 ATPCS 的基础上再添加其他规则形成的。其目的就是提供上述支持。

1. 寄存器的使用规则

寄存器的使用必须满足下面的规则：

（1）子程序间通过寄存器 R0 ~ R3 传递参数。这时，寄存器 R0 ~ R3 可以记作 A0 ~ A3。被调用的子程序在返回前无须恢复寄存器 R0 ~ R3 的内容。

（2）在子程序中，使用寄存器 R4 ~ R11 保存局部变量。这时，寄存器 R4 ~ R11 可以记作 V1 ~ V8。如果在子程序中使用到寄存器 V1 ~ V8 中的某些寄存器，子程序进入时必须保存这些寄存器的值，在返回前必须恢复这些寄存器的值；对于子程序中没有用到的寄存器则不必进行这些操作。在 Thumb 程序中，通常只能使用寄存器 R4 ~ R7 保存局部变量。

（3）寄存器 R12 用作子程序间的 scratch 寄存器，记作 IP。在子程序间的连接代码段中常有这种使用规则。

（4）寄存器 R13 用作数据栈指针，记作 SP。在子程序中，寄存器 R13 不能用作其他用途。寄存器 SP 在进入子程序时的值和退出子程序时的值必须相等。

（5）寄存器 R14 称为链接寄存器，记作 LR。它用于保存子程序的返回地址。如果在子程序中保存了返回地址，寄存器 R14 则可以用作其他用途。

（6）寄存器 R15 是程序计数器，记作 PC。它不能用作其他用途。

表 6 - 1 总结了在 ATPCS 中各寄存器的使用规则及其名称。这些名称在 ARM 编译器和汇编器中都是预定义的。

表 6 - 1　ATPCS 中各寄存器的使用规则及其名称

寄存器	别名	名称	使用规则
R15	—	PC	程序计数器
R14	—	LR	链接寄存器
R13	—	SP	数据栈指针
R12	—	IP	子程序内部调用的 scratch 寄存器
R11	V8	—	ARM 状态局部变量寄存器 8

寄存器	别名	名称	使用规则
R10	V7	SL	ARM 状态局部变量寄存器 7 在支持数据栈检查的 ATPCS 中为数据栈限制指针
R9	V6	SB	ARM 状态局部变量寄存器 7 在支持 RWPI 的 ATPCS 中为静态基址寄存器
R8	V5	—	ARM 状态局部变量寄存器 5
R7	V4	WR	局部变量寄存器 4 Thumb 状态工作寄存器
R6	V3	—	局部变量寄存器 3
R5	V2	—	局部变量寄存器 2
R4	V1	—	局部变量寄存器 2
R3	A4	—	参数/结果/ scratch 寄存器 4
R2	A3	—	参数/结果/ scratch 寄存器 3
R1	A2	—	参数/结果/ scratch 寄存器 2
R0	A1	—	参数/结果/ scratch 寄存器 1

2. 数据栈的使用规则

ATPCS 规定数据栈（图 6 – 1）为满递减栈（FD）类型，并且对数据栈的操作是 8 字节对齐的。虽然前面已经就栈的结构和定义作了阐述，此处再给出一些更详细的定义。

......

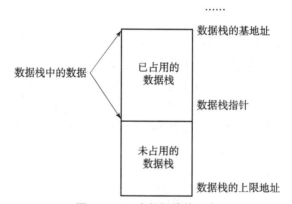

图 6 – 1　一个数据栈的示意

（1）数据栈指针（Stack Pointer）：是指最后一个写入栈的数据的内存地址。

（2）数据栈的基地址（Stack Base）：是指数据栈的最高地址。由于 ATPCS 中数据栈是 FD 类型的，实际上数据栈中最早入栈的数据占据的内存单元是基地址的下一个内存单元。

（3）数据栈界限（Stack Limit）：是指数据栈中可以使用的内存单元的最低地址。

（4）已占用的数据栈（Used Stack）：是指数据栈的基地址和数据栈指针之间的区域。其中包括数据栈指针对应的内存单元，但不包括数据栈的基地址对应的内存单元。

（5）未占用的数据栈（Unused Stack）：是指数据栈指针和数据栈界限之间的区域。其中包括数据栈界限对应的内存单元，但不包括数据栈指针对应的内存单元。

（6）数据栈中的数据帧（Stack Frame）：是指在数据栈中为子程序分配的用来保存寄存器和局部变量的区域。

（7）中断服务程序可以使用被中断程序的数据栈，这时用户要保证中断的程序的数据栈足够大。

使用 ADS 编译器产生的目标代码中，包含了 DRAFT2 格式的数据帧。在调试过程中，调试器可以使用这些数据帧查看数据栈中的相关信息。对于汇编语言来说，用户必须使用 FRAME 伪操作描述数据栈中的数据帧。ARM 汇编器根据这些伪操作在目标文件中产生相应的 DRAFT2 格式的数据帧。

在 ARMv5TE 中，批量传送指令 LDRDISTRD 要求数据栈是 8 字节对齐的，以提高数据传送的速度。用 ADS 编译器产生的目标文件中，外部接口的数据栈都是 8 字节对齐的，并且编译器将告诉链接器：本目标文件中的数据栈是 8 字节对齐的。对于汇编程序来说，如果目标文件中包含了外部调用，则必须满足下列条件：

（1）外部接口的数据栈必须是 8 字节对齐的，也就是要保证在进入该汇编代码后，直到该汇编代码调用外部程序之间，数据栈指针变化偶数个字（如数据栈指针加 2 个字，而不能为加 3 个字）。

（2）在汇编程序中使用 PRESER V E8 伪操作告诉链接器，本汇编程序的数据栈是 8 字节对齐的。

3. 参数传递规则

根据参数个数是否固定可以将子程序分为参数个数固定的（nonvariadic）子程序和参数个数可变的（variadic）子程序。这两种子程序的参数传递规则是不同的。

1）参数个数可变的子程序的参数传递规则

对于参数个数可变的子程序，当参数不超过 4 个时，可以使用寄存器 R0 ~ R3 传递参数；当参数超过 4 个时，还可以使用数据栈传递参数。

在参数传递时，将所有参数看作存放在连续的内存单元中的字数据。然后，依次将各字数据传送到寄存器 R0、R1、R2、R3 中，如果参数多于 4 个，将剩余的字数据传送到数据栈中，入栈的顺序与参数顺序相反，即最后一个字数据先入栈。

按照上面的规则，一个浮点参数可以通过寄存器传递，也可以通过数据栈传递，还可以一半通过寄存器传递，另一半通过数据栈传递。

2）参数个数固定的子程序的参数传递规则

对于参数个数固定的子程序，其参数传递规则与参数个数可变的子程序的参数传递规则不同。如果系统包含浮点运算的硬件部件，浮点参数将按照下面的规则传递：

（1）各个浮点参数按顺序处理。

（2）为每个浮点参数分配 FP 寄存器。分配的方法是，满足该浮点参数需要的且编号最小的一组连续的 FP（栈帧指针寄存器）寄存器。

（3）第一个整数参数通过寄存器 R0 ~ R3 传递。其他参数通过数据栈传递。

3）子程序结果返回规则

子程序结果返回规则如下：

（1）结果为一个 32 位的整数时，可以通过寄存器 R0 返回。

（2）结果为一个 64 位的整数时，可以通过寄存器 R0 和 R1 返回，依此类推。

（3）结果为一个浮点数时，可以通过浮点运算部件的寄存器 f0、d0 或 s0 返回。

（4）结果为复合型的浮点数（如复数）时，可以通过寄存器 f0~fN 或 d0~dN 返回。

（5）对于位数更多的结果，需要通过内存返回。

6.2　内嵌汇编

C 和 C++ 编译器中内置了内嵌汇编器，可以用其实现 C 语言不能或不易完成的操作。

1. 内嵌汇编指令的用法

内嵌汇编指令支持大部分 ARM 和 Thumb 指令，其在使用上有以下特点。

1）操作数

内嵌汇编指令的操作数可以是 C 或 C++ 表达式，这些表达式的值均按无符号数处理。当指令中同时使用寄存器和 C 或 C++ 表达式时，表达式不要过于复杂，以免编译器在计算表达式时用到过多的寄存器以致与指令中所用的寄存器冲突。

2）寄存器

一般不存推荐直接使用寄存器，因为可能影响编译器的寄存器分配，从而影响程序效率。如果必须使用要注意：不要向 PC 赋值，只能利用 B 或 BL 指令实现跳转；需要注意编译器可能会使用寄存器 r12 和 r13 存储临时变量，在计算表达式的值时可能会把寄存器 r0~r3、r12、r14 用于函数调用；如果 C 语言变量用到了指令中用到的物理寄存器，编译器一般会在必要时用栈保存或恢复这些寄存器，但排除 SP、SL、FP 和 SB。

3）常量

定值表达式前的 "#" 可以省略，如果用 "#"，则其后面必须是常量。

4）标号

可以利用 B 指令（不能用 BL 指令）跳转到 C 或 C++ 语言中的标号。

5）指令展开

除了与协处理器相关的指令，大多数 ARM 或 Thumb 指令对常量的操作会被展开成多条指令，各指令的展开对条件标志位的影响情况为：算术指令可以正确地设置 N、Z、C、V 条件标志位；逻辑指令可以正确地设置 N、Z 条件标志位，不影响 V 条件标志位，破坏 C 条件标志位。

6）内存分配

所有的内存分配在 C 或 C++ 语言程序中声明，通过标号在内嵌汇编中引用，不要在内嵌汇编中用伪操作分配内存。

7）SWI 和 BL 指令的使用

在内嵌汇编的 SWI 和 BL 指令中，除了正常的操作数域外，还必须增加如下 3 个可选的寄存列表：第 1 个寄存器列表中的寄存器用于存放输入的参数；第 2 个寄存器列表中的寄存器用于存放返回的结果；第 3 个寄存器列表中的寄存器的内容可能被调用的子程序破坏。

2. 内嵌汇编器与 ARM ASM 汇编器的区别

使用内嵌汇编应注意以下几点：

（1）不能通过（.）或 {PC} 获得当前指令地址。

（2）不能用 "LDR Rn，=expr" 伪指令，可以用 "MOV Rn，expr" 替代（可生成从数据缓冲池中加载数据的汇编指令）。

（3）不支持标号表达式。

（4）不支持 ADR 和 ADRL 伪指令。

（5）表示十六进制数只能用 0x，不能用 &。

（6）编译器可能使用寄存器 r0 ~ r3、IP 及 LR 存放中间结果，因此在使用这些寄存器时要注意。

（7）CPSR 中的 N、Z、C、V 条件标志位可能会被编译器在计算 C 语言表达式时改变，因此在指令中使用这些条件标志位时要注意。

（8）指令中使用的 C 语言变量不要与 ARM 物理寄存器同名。

（9）LDM 与 STM 指令的寄存器列表中只能使用物理寄存器，不能使用 C 语言表达式。

（10）不能写寄存器 PC，不支持 BX 和 BLX 指令。

（11）用户不需要维护数据栈，因为编译器会根据需要自动保存或恢复工作寄存器的值。

（12）用户可以改变处理器模式，修改 ATPCS 寄存器 SB、SL、FP，改变协处理器的状态，但这并不为编译器所知。所以，如果用户改变了处理器的模式，则不要使用原来的 C 语言表达式，直至重新恢复到原来的处理器模式后，方可使用这些 C 语言表达式。

3. 内嵌汇编在 C 和 C++ 语言程序中的使用格式

在标准 C 语言中可以使用 __asm 关键字声明内嵌汇编语句，格式如下：

```
__asm
{
    asm_instruction[; asm_instruction]
    [asm_instruction]
}
```

其中，如果一条指令占多行，用 "\" 续行；一行多条指令用 ";" 分隔，不能用 ";" 注释，可用 C 语言的注释方法。

在 C++ 语言中，除了以上方法外还可用 asm 关键字，格式如下：

```
asm("asm_instruction[; asm_instruction]");
```

其中，括号内必须是一个指令序列的字符串。

示例代码如下：

```
void strcpy(const char * src,char * dst)
{   //本程序实现将字符串 src 复制到 dst
    int ch;
    __asm
    {
    loop:
        LDRB ch, [src],#1
        STRB ch, [dst],#1
        CMP ch, 0
        BNE loop
    }
}
```

6.3   共享全局变量

在 C 语言程序中声明的全局变量可以被汇编程序通过地址间接地访问。具体访问方法如下：

（1）使用 IMPORT 伪操作声明该全局变量。

（2）使用 LDR 指令读取该全局变量的内存地址，通常该全局变量的内存地址值存放在程序的数据缓冲池中。

（3）根据该数据的类型，使用相应的 LDR 指令读取该全局变量的值，使用相应的 STR 指令修改该全局变量的值。

各数据类型及其对应的 LDR/STR 指令如下：

（1）对于无符号的 char 类型的变量，通过 LDRB/STRB 指令来读/写。

（2）对于无符号的 short 类型的变量，通过 LDRH/STRH 指令来读/写。

（3）对于 int 类型的变量，通过指令 LDR/STR 来读/写。

（4）对于有符号的 char 类型的变量，通过指令 LDRSB 来读取。

（5）对于有符号的 char 类型的变量，通过指令 STRB 来写入。

（6）对于有符号的 short 类型的变量，通过指令 LDRSH 来读取。

（7）对于有符号的 short 类型的变量，通过指令 STRH 来写入。

（8）对于小于 8 个字的结构型的变量，可以通过一条 LDM/STM 指令来读/写整个变量。

（9）对于结构型变量的数据成员，可以使用相应的 LDR/STR 指令来访问，这时必须知道该数据成员相对于结构型变量开始地址的偏移量。

下面是一个在汇编程序中访问 C 语言程序全局变量的例子。程序中，变量 global 是在 C 语言程序中声明的全局变量。在汇编程序中首先用 IMPORT 伪操作声明该变量，再将其内存地址读入寄存器 R1 中；将其值读入到寄存器 R0 中；修改后，将寄存器 R0 的值赋予变量 globol。

```
AREA globals, CODE, READONL
EXPORT asmsub
IMPORT global     ;用 IMPORT 伪操作声明该变量
asmsub
LDR r1, =global   ;将其内存地址读入寄存器 R1 中
LDR r0, [r1]   ;将其值读入寄存器 R0 中
ADD r0, r0, #2
STR r0, [r1]   ;修改后将寄存器 R0 的值赋予变量 global
MOV pc, lr
END
```

6.4　混合编程调用举例

汇编程序、C 语言程序相互调用时，要特别注意遵守相应的 ATPCS。下面一些例子具体说明了在这些混合调用中应注意遵守的 ATPCS。

1. 从 C 语言程序中调用汇编程序

在 C 语言程序中使用 extern 关键字声明需要调用的汇编程序，在汇编程序中使用 EXPORT 伪操作声明被调用函数，参考下面的字符串复制示例：

```
    AREA scopy, CODE
    EXPORT strcopy   ;声明外部可调用
strcopy                ;r0 为目标字符串地址,r1 中为源字符串地址
    LDRB r2, [r1], #1   ;加载字节并更新源字符串指针地址
    STRB r2, [r0], #1   ;存储字节并更新目的字符串指针地址
    CMP r2, #0         ;判断是否为字符串结尾
    BNE strcopy        ;如果不是,程序跳转到 strcopy 继续复制
    MOV pc, lr         ;程序返回
    END
```

C 语言程序中调用方法如下：

```
extern void strcopy( char * dest, const char * src);
int main( void) {
    char * str1 = "string";
    char str2[10];
    strcopy( (char *) str2, str1);
    ; code
    return 0; }
```

2. 从汇编程序中调用 C 语言程序

汇编程序的设计要遵守 ATPCS,以保证程序调用时参数的正确传递。汇编程序中用 IMPORT 伪操作声明要调用的外部程序,参考下面的示例:

用 C 语言函数实现 5 个整数相加的代码如下:

```
int g( int a, int b, int c, int d, int e)
{
  return a + b + c + d + e;
}
```

下面的汇编子程序中函数 f() 调用上面 C 语言程序中的函数 g() 计算 $n + n \times 2 + n \times 3 + n \times 4 + n \times 5$:

```
    EXPORT f              ;输出函数 f(),参数 n 用 r0 传递
    ARER func, CODE
    IMPORT g              ;声明引入外部函数
f   STR LR, [sp, # -4]!   ;因该子程序要调用另一子程序,保存返回地址
                          ;直接用 r0 作为函数 g() 的参数 a
    ADD r1, r0, r0        ;计算 2 * n 并送入 r1,作为函数 g() 的参数 b
    ADD r2 ,r1 r0         ;计算 3 * n 并送入 r2,作为函数 g() 的参数 c
    ADD r3 ,r1, r2        ;计算 5 * n
    STR r3, [sp, # -4]!   ;5 * n 用栈传递给函数 g() 的参数 e
    ADD r3 ,r1, r1        ;计算 4 * n 并送入 r3,作为函数 g() 的参数 d
    BL g                  ;调用函数 g(),结果将返回到 r0
    ADD sp, sp, #4        ;使 sp 指向已存的 lr
    LDR pc, [sp], #4      ;汇编子程序返回
    END
```

思考题与习题

6.1　请简述 ATPCS 中子函数调用的基本规则。

6.2　ATPCS 规定使用哪个寄存器存放程序的返回地址？

6.3　C 语言程序和汇编程序之间通过什么方法实现参数传递？简要说明具体步骤。

6.4　简要分析从 C 语言程序中调用汇编程序和从汇编程序中调用 C 语言程序的方法和步骤。

第 7 章
ARM 硬件开发平台概述

7.1 Cortex – A53 处理器概述

Cortex 系列处理器是基于 ARMv7 架构的，分为 Cortex – M、Cortex – R 和 Cortex – A 三类。由于应用领域不同，基于 ARMv7 架构的 Cortex 系列处理器所采用的技术也不相同，其中基于 ARMv7A 架构的称为 Cortex – A 系列。Cortex – A 系列处理器支持 ARM32 位或 64 位指令集，向后完全兼容早期的 ARM 处理器，包括 ARM7TDMI 处理器及 ARMll 处理器系列。Cortex – A15、Cortex – A9、Cortex – A8 处理器以及高效的 Cortex – A7 和 Cortex – A5 处理器均共享同一体系结构，因此具有完整的应用兼容性，支持传统的 ARM、Thumb 指令集和新增的高性能紧凑型 Thumb – 2 指令集。

ARMv7 包括 3 个关键要素：NEON 单指令多数据（SIMD）单元、ARMtrustZone 安全扩展以及 Thumb 2 指令集。它通过 16 位和 32 位混合长度指令减小代码长度。

Cortex – A 系列处理器分为高性能、低功耗和超低功耗 3 类：高性能系列的代表是 ARM 的大核构架 Cortex – A57 和 Cortex – A72（还有在慢慢退市的 Cortex – A15 和 Cortex – A17）；低功耗系列的代表是高效能比的 Cortex – A53，根据需求，它可以以多核，或者大、小核的形式工作；对于超低功耗系列，在 Cortex – A5 和 Cortex – A7 之后新增了 Cortex – A35。

Cortex – A53 是采用 ARM 设计的 ARMv8 – A 64 位指令集的微体系结构，能够作为一个独立的主应用处理器独立运作或者作为协处理器与其他核心整合为 ARM big. LITTLE 处理器架构，以结合高性能与高效率的特点。Cortex – A53 可以与包括 Cortex – A57、Cortex – A72、其他 Cortex – A53 和 Cortex – A35 处理器在内的任何 ARMv8 核心配对部署，形成 big. LITTLE 架构配置。Cortex – A53 体系结构如图 7 – 1 所示。

Cortex – A53 处理器支持多核，是采用 AMBA4 技术的多个一致的 SMP 处理器集群，单个处理器内集成了 1 ~ 4 个对称处理器内核，每个内核都有一个 L1 内存系统和一个共享 L2 缓存。Cortex – A53 处理器可以在两种执行状态下运行：AArch32 和 AArch64。AArch64 状态赋予 Cortex – A53 处理器执行 64 位应用程序的能力，而 AArch32 状态允许 Cortex – A53 处理器执行现有的 ARMv7 – A 应用程序。AArch32 完全向后兼容 ARMv7，AArch64 支持 64 位和新的架构功能，支持 DSP 和 SIMD 扩展，支持 VFPv4 浮点运算和硬件虚拟化。

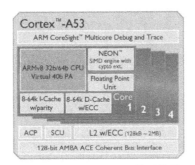

图 7 - 1　Cortex - A53 体系结构

7.2　S5P6818 应用处理器

S5P6818（图 7 - 2）是基于 64 位 RISC 处理器的 SOC，特别适用于平板电脑和智能手机应用。S5P6818 采用 28nm 低功耗工艺设计，其功能包括：①Cortex - A53 8 核 CPU；②高内存带宽；③全高清显示；④1 080P 60 帧视频解码和 1 080P 30 帧视频编码硬件；⑤3D 图形硬件；⑥高速接口，如 Emmc4.5 和 USB 2.0。

S5P6818 使用基于 ARMv8 - A 架构的 Cortex - A53 8 核 CPU，为 AArch32 执行状态下的 ARMv7 32 位代码提供更高的性能，并支持 AArch64 执行状态的 64 位数据和更大的虚拟寻址空间。它为大流量操作（如 1 080P 视频编码和解码、3D 图形显示和全高清显示的高分辨率图像信号处理）提供了 6.4 GB / s 的存储带宽。它支持动态虚拟地址映射，帮助软件工程师轻松充分利用内存资源。

S5P6818 提供最佳的 3D 图形性能，并具有多种 API，如 OpenGL ES1.1；2.0. Superior 3D 性能完全支持全高清显示独立的后处理流水线使 S5P6818 能够实现真正的显示场景。

图 7 - 2　S5P6818 处理器

7.2.1　S5P6818 框图

S5P6818 框图如图 7 - 3 所示，根据框图，可以知道 S5P6818 处理器内部包含 CPU、各类存储器、各种通信接口、多种多媒体模块以及各类外设模块。各模块通过总线相互通信。

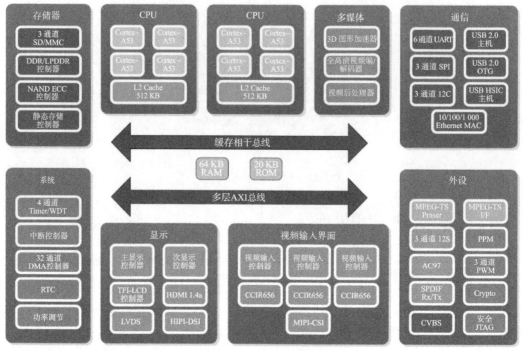

图 7 – 3 S5P6818 框图

7.2.2 S5P6818 特性

（1）Cortex – A53 8 核 CPU（频率>1.4 GHz）、高性能 3D 图形加速器、全高清多格式视频编/解码器；

（2）LPDDR2/3、LVDDR3（低电压 DDR3）、DDR3；

（3）支持硬连线 ECC 算法（4/8/12/16/24/40/60 位）的 MLC/SLC NAND Flash；

（4）支持最高 1 920 × 1 080 分辨率、TFT – LCD、LVDS、HDMI 1.4a、MIPI – DSI 和 CVBS 输出的双显示器；

（5）支持 3 通道 ITUR. BT 656 并行视频接口和 MIPI – CSI 接口；；

（6）支持 10/100/1 000M 以太网 MAC（RGMII I/F）；

（7）支持 3 通道 SD/MMC、6 通道 UART、32 通道 DMA、4 通道定时器、中断控制器，RTC；

（8）支持 3 通道 I2S、SPDIF Rx/Tx、3 通道 I2C、3 通道 SPI、3 通道 PWM、1 通道 PPM 和 GPIO；

（9）支持 CVBS 的 8 通道 12 位 ADC 和 1 通道 10 位 DAC；

（10）支持 MPEG – TS 串行/并行接口和 MPEG – TS 硬件解析器；

（11）支持 1 路 USB 2.0 主机、1 路 USB 2.0 OTG、1 路 USB HSIC 主机；

（12）支持安全功能（AES、DES/TDES、SHA – 1、MD5 和 PRNG）和安全 JTAG；

（13）支持 ARM TrustZone 技术，支持各种电源模式（正常、睡眠、停止）；

（14）支持各种引导模式，包括 NAND、SPI Flash/EEPROM、NOR、SD（eMMC）、USB 和 UART。

7.3　OURS – S5P6818 实验平台简介

OURS – S5P6818 实验平台（图 7 – 4）采用核心板加底板的硬件结构，以三星高性能 64 位 8 核嵌入式 S5P6818 应用处理器作为主控制器，具有 ARM Cortex – A53 核心、ARMv8 – A 架构、1.4 GHz 主频运行速度、64/32 位内部总线结构、32 KB 的一级数据缓存、32 KB 的一级指令缓存、1 MB 的共享二级缓存，内嵌向量浮点处理器 VFP，可以实现 2 760DMIPS（每秒运算 2.76 亿条指令）的高性能运算能力；内建 MFC 多格式编/解码系统，支持 MPEG – 1/2/4、H.263、H.264、MJPEG 等格式视频的编/解码，最大支持 60 帧/s 1 080P 硬件视频解码，30 帧/s 1 080P 硬件视频编码；内建高性能 3D 图形加速器及 Mali – 400 MP4 专业 GPU 处理器，最大支持 8 192 × 8 192 分辨率，支持多屏异显，多媒体处理能力卓越；具有丰富的功能接口、可扩展的功能模块，以供更多应用。

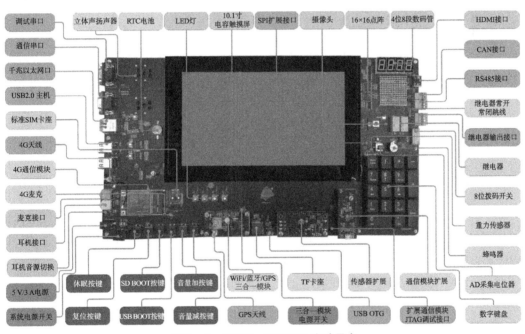

图 7 – 4　OURS – S5P6818 实验平台

7.3.1　硬件配置

（1）CPU：采用三星 S5P6818 8 核 Corte – A53 1.4 GHz 处理器、32 KB I/D 缓存、1 MB 二级共享缓存、933 MHz DDR3 数据总线。

（2）GPU：集成 Mali – 400 高性能图形引擎，内嵌 3D 图形处理加速引擎，支持 3D 图形流畅运行，支持 2 048 × 1 280 高分辨率显示；支持 H.263、H.264、MPEG1、MPEG2、MPEG4、VC1、VP8、Theora、AVS、RV8/9/10、MJPEG 多媒体解码；支持 H.263、H.264、MPEG4、MJPEG 多媒体编码。

（3）RAM 存储：2 GB 内存单通道 32 bit 数据总线 DDR3。

（4）Flash 存储：16 GB 固态硬盘高速 eMMC4. 5 存储。

（5）电源管理：板载独立电源变频管理 AXP228 芯片，待机功耗为0.1 W，额定电流小于 20 mA。

（6）LCD 显示：板载 10. 1 寸真彩 LVDS 接口 TFT LCD 液晶显示屏，分辨率为 1 024 × 600，带 Android 标准虚拟按键。

（7）LCD 接口：板载 MIPI、LVDS、RGB 等多种显示接口，支持 RGB/LVDS/MIPI/HDMI 显示；24 位色 RGB 通道，最大分辨率为 2 048 ×1 280 ；可扩展 32 路 GPIO 口。

（8）触摸屏：10. 1 寸一体式多点触控电容触摸屏；支持按下触发及抬起触发，支持 X/Y 轴反转，支持旋转，支持自适应 LCD 屏。

（9）HDMI 接口：板载 HDMI 1.4a 接口，最高 1 920 ×1 080 分辨率及 30 帧/s 高清数字输出；支持 LCD 及 HDMI 多屏异显。

（10）摄像头：板载 1 路 MIPI CSI 高清图像采集传感器接口；板载 1 路 YUV BT656 格式 Camera 接口；板载 500 W 像素自动对焦 OV5645 高清摄像头。

（11）数码管显示：板载 4 个 8 段共阴数码管。

（12）LED 点阵显示：板载 1 个 16 ×16 LED 点阵。

（13）以太网通信：板载千兆以太网控制器，1 个 10 M/100 M/1 000 M 自适应千兆以太网 RJ45 接口。

（14）UART：系统板载 6 路 UART、2 路 RS232 DB9 接口。

（15）USB 主机：板载 4 路 USB 主机 2.0 高速接口，支持 USB 鼠标、键盘、蓝牙、U 盘、摄像头及无线网卡等。

（16）USB OTG：系统板载 1 路 USB OTG 2.0、Mini USB A – B 接口；支持 USB 烧录，支持 USB 同步数据。

（17）SD/MMC 接口：一个高速 MicroSD 卡（TF）接口，支持 SD 卡存储，支持 SD/SDIO/SDHC，支持一键 SD 启动，支持 SD 烧录更新系统，最大支持 64 GB 存储。

（18）CAN 总线：板载 SPI 接口 CAN 控制器、1 路 CAN 接口，完全支持 CAN V2. 0B 技术规范。

（19）RS485 总线：板载 1 路 RS485 接口，支持标准 RS485 通信。

（20）RTC：板载独立 RTC 单元、RTC 电池。

（21）SPI 总线接口：内置 3 路 SPI 总线，支持 8/16/32 位总线接口，主机模式最高频率为 50 MHz，从机模式最高频率为 8 MHz，板载 SPI 器件，1 路 SPI 总线接口引出。

（22）音频接口：板载基于 I2S 接口的 WM8960 音频处理器，3.5 立体声耳机输入、耳机输出插孔，支持插拔检测，支持 –42 dB 高灵敏度麦克风输入，板载 4G 麦克风咪头。

（23）喇叭：板载 2 路 8Ω1W classD 类喇叭输出。

（24）蜂鸣器：板载 1 个蜂鸣器。

（25）I2C 总线：系统内置 3 个多主器件 I2C 总线接口，1 路 I2C 接口引出。

（26）数字键盘：板载 1 个标准数字键盘，采用工业键盘。

（27）功能按键：板载 1 个休眠按键（PWR）、1 个复位按键（RESET）、1 个启动选择按键（SD - BOOT）、1 个启动选择按键（US8 - BOOT）、1 个音量加按键（VOL +）、1 个音量减按键（VOL -）。

（28）ADC 总线：1 路 16 位 8 通道 AD、1 路电池电量检测通道、1 路电位器模拟 ADC 输入。

（29）LED 显示：板载 4 个高亮度独立 LED 指示灯。

（30）Android 按键：3 个 Android 标准虚拟按键。

（31）重力传感器：板载 1 个 BM250 G - Sensor 重力传感器，可实现自动感应屏幕旋转、重力感应应用等。

（32）PWM：内置 5 路 32 位 PWM、独立 PWM 时钟发生器及定时器。

（33）继电器控制：板载 2 个继电器模块，支持常开/常闭切换，4 路继电器输出接口。

（34）拨码开关输入：板载 1 个 8 位拨码开关。

（35）4G 通信：板载 Mini - PCIE 接口，可扩展 4G 通信模块；板载 SIM 卡座，支持移动、联通、电信网络，内置网络协议栈，可进行 4G 数据通信以及语音通话，SMA 天线引出。

（36）无线通信：板载"WiFi + 蓝牙 4.0 + GPS"三合一模块，支持 WiFi 通信，符合 IEEE802.11b/g/n 标准，内置 TCP/IP 协议栈，支持蓝牙通信，支持蓝牙 4.0 功能；支持 GPS 全球定位，具有独立 GPS 延长天线；支持"WiFi + LAN + 4G"无缝联网。

（37）Zigbee 通信模块：板载 32 位 ARM 内核 SOC 控制器 CC2538 Zigbee 通信模块，内部集成 ARM Cortex - M3 处理器和 2.4 GHz 射频单元；板载 RFX2401 功率放大器（+22 dBm 功率输出）；集成低噪声放大器；板载 PCB 天线及外接 IPX 天线座，遵循 Zigbee 协议规范，内置 Z - Stack 协议栈，实现 Zigbee 自组网，支持星状网、MESH 网，内置 1 个系统复位按键，内置 USB 转串算法。

（38）Zigbee 通信节点：采用 TI CC2538，ARM Cortex - M3 处理器，主频为 32 MHz，遵循 Zigbee 协议规范，内置 Z - Stack 协议栈，可实现 Zigbee 自组网，支持星状网、MESH 网；集成 RFX2401C 功率放大器（+22 dBm 输出功率）；集成低噪声放大器，板载 3 个单色 LED 指示灯，板载 2 个功能按键和 1 个复位按键；板载 IPX 外接天线底座，板载 PCB 天线；板载段式 LCD 屏，板载 3 个 RGB LED 指示灯，板载 4 个扩展功能按键，板载 1 个 JoyStick 摇杆按键，板载 CH340 USB 转串口模块；板载 2 组 2×20 管脚 I/O 接口，包含 ADC、I2C、SPI、UART 等总线的扩展接口，可扩展传感器模块及其他模块。

（39）扩展接口：板载 2×40 pin 无线通信模块接口，可以扩展 Zigbee、WiFi、蓝牙、EnOcean 无线无源等通信模块。

（40）传感器：板载数字温/湿度传感器，采用 I2C 总线通信，内置身份识别系统，板载存储器存储模块 ID，具有高精度数字输出；湿度检测范围为 0% RH ~ 100% RH，精度为 ±4.5 % RH，温度检测范围为 0 ℃ ~ 50 ℃，精度为 ±0.5 ℃，湿度漂移≤0.5% RH/yr，温度漂移≤0.04 ℃/yr，湿度响应时间为 3 s，温度响应时间为 3 ~ 20 s。

（41）传感器接口：板载 20pin 传感器扩展接口，I2C、ADC、UART、GPIO 接口引出，可外扩各种数字、模拟、串口、I/O 类型传感器。

（42）系统：支持裸机系统、Android 系统、Linux + QT 系统、Ubuntu 系统。

7.3.2　核心板

OURS – S5P6818 核心板如图 7 – 5 所示。核心板引脚定义见表 7 – 1。

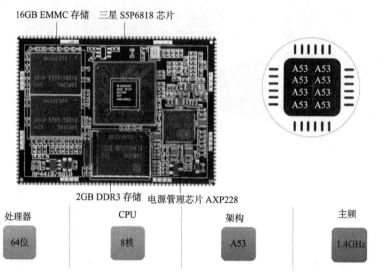

图 7 – 5　OURS – S5P6818 核心板

表 7 – 1　核心板引脚定义

引脚编号	引脚名称	输入/输出	说明
1	VSYS_IN	IN	电源输入 3.4 ~ 5.5 V
2	VSYS_IN	IN	
3	GND	IN – OUT	接地
4	GND	IN – OUT	
5	GPIOC24	IN – OUT	GPIO 控制口
6	GPIOC17	IN – OUT	GPIO 控制口
7	OUT – 3V3 – 1A	OUT	可外供电 3.3 V 负载 1 A
8	VDD_RTC	IN	RTC 时钟保存，电源输入 1.8 ~ 3 V
9	LCD_CLK	OUT	LCD 时钟
10	R0	OUT	
11	R1	OUT	
12	R2	OUT	
13	R3	OUT	
14	R4	OUT	—
15	R5	OUT	
16	R6	OUT	
17	R7	OUT	

引脚编号	引脚名称	输入/输出	说明
18	G0	OUT	
19	G1	OUT	
20	G2	OUT	
21	G3	OUT	
22	G4	OUT	
23	G5	OUT	—
24	G6	OUT	
25	G7	OUT	
26	B0	OUT	
27	B1	OUT	
28	B2	OUT	
29	B3	OUT	
30	B4	OUT	
31	B5	OUT	LCD 数据通道（可复用 GPIO）
32	B6	OUT	
33	B7	OUT	
34	HSYNC	OUT	LCD 数据行（可复用 GPIO）
35	VSYNC	OUT	LCD 数据场（可复用 GPIO）
36	DE	OUT	LCD 数据模式（可复用 GPIO）
37	GPIOC8	IN－OUT	GPIO 控制口
38	PWM0	OUT	PMW 定时器
39	SDA1	IN－OUT	I2C 通道 1 数据信号
40	SCL1	OUT	I2C 通道 1 时钟信号
41	GPIOB26	IN－OUT	GPIO 控制口
42	GPIOC14	IN－OUT	GPIO 控制口
43	LVDS_CLKP	OUT	LVDS 时钟正
44	LVDS_CLKN	OUT	LVDS 时钟负
45	LVDS_Y0P	OUT	LVDS 数据通道 0 正
46	LVDS_Y0N	OUT	LVDS 数据通道 0 负
47	LVDS_Y1P	OUT	LVDS 数据通道 1 正
48	LVDS_Y1N	OUT	LVDS 数据通道 1 负

引脚编号	引脚名称	输入/输出	说明
49	LVDS_Y2P	OUT	LVDS 数据通道 2 正
50	LVDS_Y2N	OUT	LVDS 数据通道 2 负
51	LVDS_Y3P	OUT	LVDS 数据通道 3 正
52	LVDS_Y3N	OUT	LVDS 数据通道 3 负
53	LCD_MIPI_CLKP	OUT	MIPI 时钟正
54	LCD_MIPI_CLKN	OUT	MIPI 时钟负
55	LCD_MIPI_DP0	OUT	MIPI 数据通道 0 正
56	LCD_MIPI_DN0	OUT	MIPI 数据通道 0 负
57	LCD_MIPI_DP1	OUT	MIPI 数据通道 1 正
58	LCD_MIPI_DN1	OUT	MIPI 数据通道 1 负
59	LCD_MIPI_DP2	OUT	MIPI 数据通道 2 正
60	LCD_MIPI_DN2	OUT	MIPI 数据通道 2 负
61	LCD_MIPI_DP3	OUT	MIPI 数据通道 3 正
62	LCD_MIPI_DN3	OUT	MIPI 数据通道 3 负
63	SD0_CD	IN	TF 卡检测脚
64	SD0_D1	IN – OUT	SD 通道 0 数据 1
65	SD0_D0	IN – OUT	SD 通道 0 数据 0
66	SD0_CLK	OUT	SD 通道 0 时钟
67	SD0_CMD	IN – OUT	SD 通道 0 使能
68	SD0_D3	IN – OUT	SD 通道 0 数据 3
69	SD0_D2	IN – OUT	SD 通道 0 数据 2
70	SD1_D1	IN – OUT	SD 通道 1 数据 1
71	SD1_D0	IN – OUT	SD 通道 1 数据 0
72	SD1_CLK	OUT	SD 通道 1 时钟
73	SD1_CMD	IN – OUT	SD 通道 1 使能
74	SD1_D3	IN – OUT	SD 通道 1 数据 3
75	SD1_D2	IN – OUT	SD 通道 1 数据 2
76	TXD1	OUT	TTL 串口通道 1 发送
77	RXD1	IN	TTL 串口通道 1 接收
78	RTS1	OUT	TTL 串口通道 1 发送数据请求
79	CTS1	OUT	TTL 串口通道 1 清除数据
80	SDA2	IN – OUT	I2C 通道 2 数据信号
81	SCL2	OUT	I2C 通道 2 时钟信号

引脚编号	引脚名称	输入/输出	说明
82	GPIOB25	IN – OUT	GPIO 控制口
83	GPIO3	IN – OUT	GPIO 控制口
84	VDD33_WiFi	OUT	WiFi 电源 3.3 V 输出
85	ADC0	IN	模拟 ADC0 通道，支持 0 ~ 1.8 V
86	TXD2	OUT	TTL 串口通道 2 发送
87	RXD2	IN	TTL 串口通道 2 接收
88	TXD3	OUT	TTL 串口通道 3 发送
89	RXD3	IN	TTL 串口通道 3 接收
90	USB_BOOT	IN	USB 启动方式
91	SD_BOOT	IN	SD 卡启动方式
92	KEY_RST	IN	复位键
93	KEY_PWR	IN	开机键
94	GPIOB30	IN – OUT	GPIO 控制口
95	GPIOB31	IN – OUT	GPIO 控制口
96	GPIO5	IN – OUT	GPIO 控制口
97	SPICLK0	OUT	SPI0 通道时钟（可复用 GPIO）
98	SPICS0	OUT	SPI0 片选（可复用 GPIO）
99	SPITX0	OUT	SPI0 发送（可复用 GPIO）
100	SPIRX0	IN	SPI0 发送（可复用 GPIO）
101	SPICLK2	OUT	SPI2 通道时钟（可复用 GPIO）
102	SPICS2	OUT	SPI2 片选（可复用 GPIO）
103	SPITX2	OUT	SPI2 发送（可复用 GPIO）
104	SPIRX2	IN	SPI2 接收（可复用 GPIO）
105	MIPI_DN0	IN	摄像头 MIPI0 数据负
106	MIPI_DP0	IN	摄像头 MIPI0 数据正
107	MIPI_DN1	IN	摄像头 MIPI1 数据负
108	MIPI_DP1	IN	摄像头 MIPI1 数据正
109	VDIPI_CKN	IN	摄像头 MIPI0 时钟负
110	MIPI_CKP	IN	摄像头 MIPI0 时钟正
111	MIPI_DN2	IN	摄像头 MIPI2 数据负
112	MIPI_DP2	IN	摄像头 MIPI2 数据正
113	MIPI_DN3	IN	摄像头 MIPI3 数据负
114	MIPI_DP3	IN	摄像头 MIPI3 数据正

引脚编号	引脚名称	输入/输出	说明
115	CAM0_D2	IN	YUV 摄像头数据 2（可复用 GPIO）
116	CAM0_D1	IN	YUV 摄像头数据 1（可复用 GPIO）
117	CAM0_D3	IN	YUV 摄像头数据 3（可复用 GPIO）
118	CAM0_D0	IN	YUV 摄像头数据 0（可复用 GPIO）
119	CAM0_D4	IN	YUV 摄像头数据 4（可复用 GPIO）
120	CAM0_PCLK	IN	YUV 摄像头时钟输入（可复用 GPIO）
121	CAM0_D5	IN	YUV 摄像头数据 5（可复用 GPIO）
122	CAM0_D6	IN	YUV 摄像头数据 6（可复用 GPIO）
123	CAM_MCLK	OUT	YUV 摄像头时钟输出（可复用 GPIO）
124	CAM0_D7	IN	YUV 摄像头数据 7（可复用 GPIO）
125	CAM_2V8	OUT	摄像头电源 2.8 V
126	CAM_1V8	OUT	摄像头电源 1.8 V
127	GND	IN – OUT	接地
128	CAM0_HS	IN	YUV 摄像头行信号
129	GPIOA28	IN – OUT	GPIO 控制口
130	GPIOB24	IN – OUT	GPIO 控制口
131	CAM0_VS	IN	YUV 摄像头场信号
132	GPIOB9	IN – OUT	GPIO 控制口
133	OTG_PWR	OUT	VBUS 5 V 使能
134	VBUS	OUT	VBUS 电源
135	OTG_DN	IN – OUT	USB 数据负
136	OTG_DP	IN – OUT	USB 数据正
137	ID	IN	主从模式检测
138	HDMI_HPD	IN	HDMI 检测
139	HDMI_CEC	IN	HDMI 检测
140	HDMI_TXCN	OUT	HDMI 时钟负
141	HDMI_TXCP	OUT	HDMI 时钟正
142	HDMI_TX0N	OUT	HDMI 数据 0 负
143	HDMI_TX0P	OUT	HDMI 数据 0 正
144	HDMI_TX1N	OUT	HDMI 数据 1 负
145	HDMI_TX1P	OUT	HDMI 数据 1 正
146	HDMI_TX2N	OUT	HDMI 数据 2 负
147	HDMI_TX2P	OUT	HDMI 数据 2 正

引脚编号	引脚名称	输入/输出	说明
148	GND	IN – OUT	接地
149	HOST_DP	IN – OUT	USB 数据正
150	HOST_DN	IN – OUT	USB 数据负
151	GPIO8	IN – OUT	GPIO 控制口
152	SDA0	IN – OUT	I2C 通道 0 数据信号
153	SCL0	OUT	I2C 通道 0 时钟信号
154	I2S_IN	IN	I2S 数据输入
155	GPIOC4	IN – OUT	GPIO 控制口
156	I2S_OUT	OUT	I2S 数据输出
157	I2S_LRCK	IN	I2S 时钟输入
158	I2S_BCK	IN	I2S 时钟输入
159	I2S_MCLK	OUT	I2S 主时钟输出
160	GPIOB27	IN – OUT	GPIO 控制口
161	GND	IN – OUT	接地
162	GMAC_MDIO	IN – OUT	以太网 PHY 接口（可复用 GPIO）
163	GMAC_MDIO	IN – OUT	
164	PHY_NRST	IN – OUT	
165	GMAC_TXEN	IN – OUT	
166	GMAC_TXD3	IN – OUT	
167	GMAC_TXD2	IN – OUT	
168	GMAC_TXD1	IN – OUT	
169	GMAC_TXD0	IN – OUT	
170	GMAC_TXCLK	IN – OUT	
171	PHY_INT	IN	
172	GMAC_RXCLK	IN – OUT	
173	GMAC_RXD3	IN – OUT	
174	GMAC_RXD2	IN – OUT	
175	GMAC_RXD1	IN – OUT	
176	GMAC_RXD0	IN – OUT	
177	GMAC_RXDV	IN – OUT	
178	GND	IN – OUT	接地
179	TXD0	OUT	TTL 串口通道 0 发送
180	RXD0	IN	TTL 串口通道 0 接收
181	TXD4	OUT	TTL 串口通道 4 发送
182	RXD4	IN	TTL 串口通道 4 接收

第8章
ARM 裸机系统开发环境搭建

开发 ARM 裸机系统有很多种方法，之前在 LPC21XX、S3C44B0、S3C2410、S3C2440 等平台上，比较常用的是 ADS1.2 或 MDK，但是这些工具主要针对 ARM9 平台，对于后续的 Cortex – A8、Cortex – A9 等高端平台，这些工具难以满足更高的要求，所以需要选择更适合的开发环境。

一种方式是直接在 Linux 下进行裸机系统开发，这时需要安装 Linux 操作系统，需要熟悉各种 Linux 命令、操作、Makefile 及交叉编译工具链等，需要一定的 Linux 基础，比较麻烦。因此，采用 Eclipse 开发平台，它同时支持 Linux32 位、Linux64 位、Windows32 位、Windows64 位操作系统。无论使用 Ubuntu32 位、Ubuntu64 位、Fedora32 位、Fedora64 位，或 windows xp、windows7、windows10 等，都可以开发裸机系统。同时，烧写程序也不再局限于 Linux 系统，无论使用何种操作系统，都能方便地将映像文件写到 SD 卡中。

由于官方 Eclipse 是通用开发平台，所以需要自己搭建适合自己的开发环境，基于 Eclipse 安装各种插件是一种很好的方式，本书基于 Eclipse for C/C++ 加上插件构建出开发 ARM 裸机系统的 Eclipse for ARM 开发环境。

Eclipse for ARM 是借用开源软件 Eclipse 的工程管理工具，嵌入 GNU 工具集，以开发 ARM 公司 Cortex – A 系列的 CPU。

Eclipse IDE 整体结构如图 8 – 1 所示。

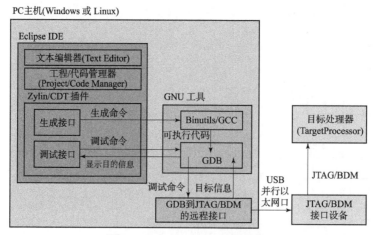

图 8 – 1　Eclipse IDE 整体结构

8.1　安装 Yagarto 工具包

Yagarto 工具包整合了 GNU ARM 的交叉编译工具链，是一个跨平台的 ARM 架构开发平台，也是一个 Eclipse 的插件。该工具包安装后可以使用 rm、mkdir、make、touch 等命令，这是为了在非 Linux 虚拟环境中使用。

安装 Yagarto 工具包，如图 8 – 2、图 8 – 3 所示。

图 8 – 2　Yagarto 工具包安装步骤（1）

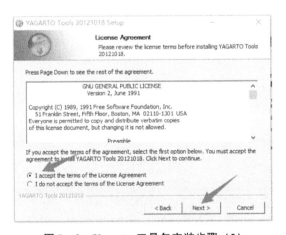

图 8 – 3　Yagarto 工具包安装步骤（2）

单击 "I accept the terms of the License Agreement" 单选按钮，单击 "Next" 按钮，勾选需要安装的组件，单击 "Next" 按钮，如图 8 – 4 所示。

设置安装路径，单击 "Next" 按钮，如图 8 – 5 所示。设置 "开始" 菜单项，单击 "Install" 按钮，如图 8 – 6 所示。

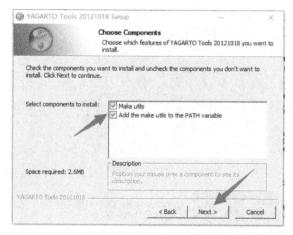

图 8 - 4　Yagarto 工具包安装步骤 (3)

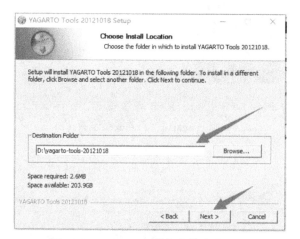

图 8 - 5　Yagarto 工具包安装步骤 (4)

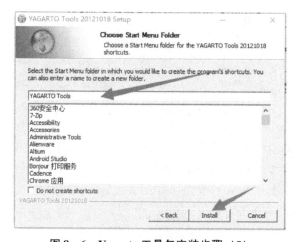

图 8 - 6　Yagarto 工具包安装步骤 (5)

单击"Next"按钮，如图 8 - 7 所示。单击"Finish"按钮完成安装，如图 8 - 8 所示。

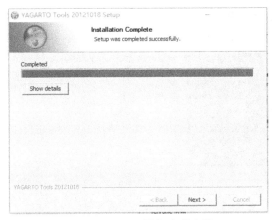

图 8 - 7　Yagarto 工具包安装步骤（6）

图 8 - 8　Yagarto 工具包安装步骤（7）

8.2　安装 Yagarto 编译器工具包

Yagarto 编译器工具包包括 Binutils、GCC、GDB、LD 等常用编译工具，安装后才可使用 arm - gcc、arm - gdb 等工具。Yagarto 编译器工具包具有如下特点：

（1）基于 MinGW，无须 CygXXX. dll；

（2）集成到 Eclipse，无须额外 IDE；

（3）附带 Open On - Chip Debugger、Support for J - Link、SAM - ICE GDB Server；

（4）具有 Binutils、Newlib、GCC Compiler、Insight Debugger；

（5）具有 Eclipse Platform Runtime Binary、Eclipse CDT、CDT Plugin for the GDB Embedded Debugging。

安装 Yagarto 编译器工具包，单击"Next"按钮，如图 8 - 9 所示。单击"I accept the terms of the License Agreement"单选按钮，单击"Next"如图 8 - 10 所示。勾选需要安装的组件，单击"Next"按钮，如图 8 - 11 所示。

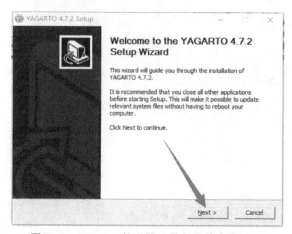

图 8 - 9　Yagarto 编译器工具包安装步骤（1）

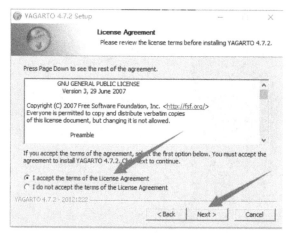

图 8 - 10　Yagarto 编译器工具包安装步骤（2）

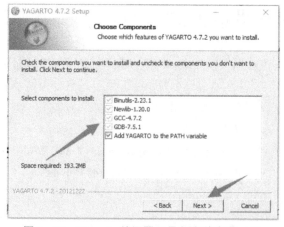

图 8 - 11　Yagarto 编译器工具包安装步骤（3）

　　设置安装路径，单击 "Next" 按钮，如图 8 - 12 所示。单击 "Install" 按钮，如图 8 - 13 所示。

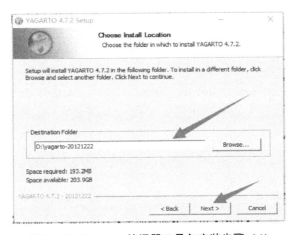

图 8 – 12　Yagarto 编译器工具包安装步骤（4）

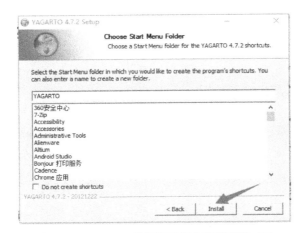

图 8 – 13　Yagarto 编译器工具包安装步骤（5）

单击"Finish"按钮，完成安装，如图 8 – 14 所示。

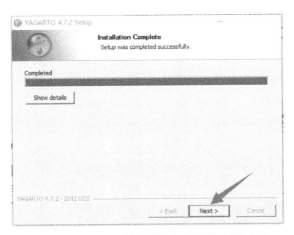

图 8 – 14　Yagarto 编译器工具包安装步骤（6）

8.3 安装 JRE 及设置环境变量

因为使用 Eclipse 作为集成开发环境（IDE），而 Eclipse 是由 Java 语言开发的，且基于 Java Runtime 的，所以需要先安装 JDK（Java Development Kit）。JDK 中包含了 JRE（Java Runtime Enviroment）。

JRE 是 Java 的运行时环境，是使用 Java 语言编写的程序运行所需要的软件环境，是面向 Java 程序的使用者，提供给想运行 Java 程序的用户使用的，而不是开发者。如果仅下载并安装了 JRE，那么系统只能运行 Java 程序。JRE 是运行 Java 程序所必须环境的集合，包含 JVM 标准实现及 Java 核心类库。它包括 Java 虚拟机、Java 平台核心类和支持文件。它不包含开发工具（编译器、调试器等）。

JDK 又称 J2SDK（Java2 Software Development Kit），是使用 Java 语言编写 Java 程序所需的开发工具包。它提供 Java 的开发环境（提供了编译器 javac 等工具，用于将 Java 文件编译为 class 文件）和运行环境 JRE（提供了 JVM 和 Runtime 辅助包，用于解析 class 文件使其得到运行）。JDK 是整个 Java 的核心，包括 Java 运行环境（JRE），Java 工具 tools. jar 和 Java 标准类库（rt. jar）。

如果需要运行 Java 程序，只安装 JRE 就可以了。如果需要编写 Java 程序，则需要安装 JDK。JRE 根据不同的操作系统（如 Windows、Linux 等）和不同的 JRE 提供商（IBM、Oracle 等）有很多版本，最常用的是 Oracle 公司收购 SUN 公司的 JRE 版本。

8.3.1 安装 JDK

下载并安装 JDK 文件，如图 8 – 15 ~ 图 8 – 20 所示。

图 8 – 15   JDK 下载步骤（1）

弹出 JRE 安装界面，修改安装路径或保持默认，单击"下一步"按钮，如图 8 – 21 所示。

图 8 – 16　JDK 下载步骤（2）

图 8 – 17　JDK 下载步骤（3）

图 8 – 18　JDK 安装步骤（1）

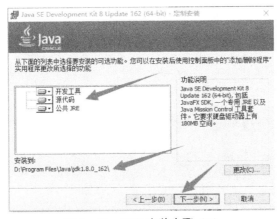

图 8 – 19　JDK 安装步骤（2）

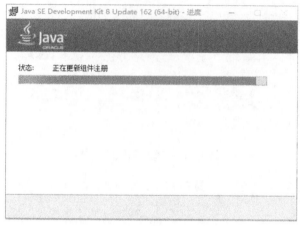

图 8 – 20　JDK 安装步骤（3）

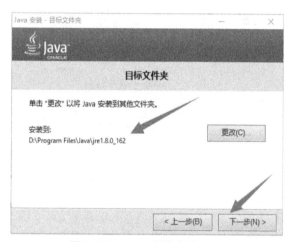

图 8 – 21　JDK 安装步骤（4）

单击"关闭"按钮，完成 JDK 安装，如图 8 – 22 所示。

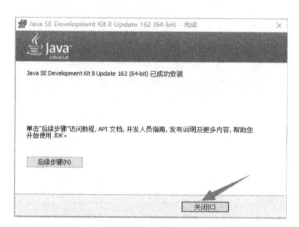

图 8 – 22　JDK 安装步骤 5

8.3.2　配置 Java 环境变量

1. 设置 JAVA_HOME

在 Windows 系统的桌面上用鼠标右键单击"我的电脑"图标，选择"属性"→"高级系统设置"→"高级"选项卡，单击→"环境变量"按钮，如图 8 - 23 所示。

图 8 - 23　Java 环境变量配置步骤（1）

在"系统变量"区域新建一个 JAVA_HOME 环境变量，值为 JDK 的安装目录，如"D：\ProgramFiles\Java\jdk1.8.0_162"，在弹出的对话框中输入变量信息，如图 8 - 24 ～ 图 8 - 26 所示。

图 8 - 24　Java 环境变量配置步骤（2）

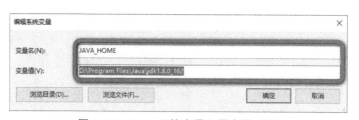

图 8 - 25　Java 环境变量配置步骤（3）

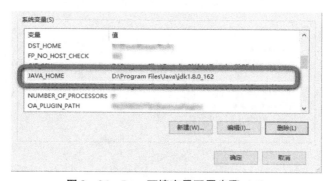

图 8 - 26　Java 环境变量配置步骤（4）

2. 设置 CLASSPATH

在"系统变量"区域新建一个 CLASSPATH 变量，CLASSPATH 变量值设置为".；%
JAVA_HOME% \ lib；% JAVA_HOME% \ lib\ tools. jar"注意最前面有一个点，如图 8 - 27、
图 8 - 28 所示。

图 8 - 27　Java 环境变量配置步骤（4）

图 8 - 28　Java 环境变量配置步骤（5）

3. 修改 PATH

在"系统变量"区域找到 PATH 变量，单击"编辑"按钮，在 PATH 变量最前面追加 "% JAVA_HOME%\ bin;%JAVA_HOME%\ jre\ bin;"，如图 8 - 29 ~ 图 8 - 31 所示。

图 8 - 29　Java 环境变量配置步骤（6）

图 8 – 30　Java 环境变量配置步骤（7）

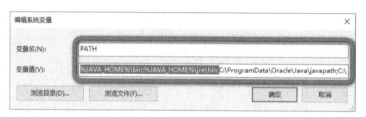

图 8 – 31　Java 环境变量配置步骤 8

4. 进行 JDK 安装配置测试

进入命令行窗口，输入"java – version"和"javac – version"，如图 8 – 32 所示。

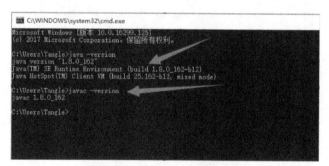

图 8 – 32　JDK 安装配置测试

8.4　PuTTY 串口终端安装配置

PuTTY 是一个 Telnet、SSH、Rlogin、纯 TCP 以及串行接口连接软件。PuTTY 为一款开放源代码软件，主要由 Simon Tatham 维护，使用 MIT Licence 授权。

8.4.1　安装 PuTTY

双击"puTTY - 0.70 - installer. msi"运行安装程序，然后单击"Next"按钮，如图 8 -
33 所示。

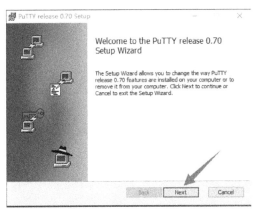

图 8 - 33　启动 puTTY 安装软件

设置安装路径，单击"Next"按钮，如图 8 - 34 所示。

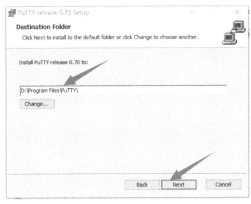

图 8 - 34　设置安装路径

选择安装的组件，单击"Next"按钮，如图 8 - 35 所示。

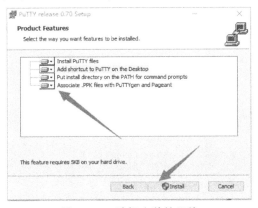

图 8 - 35　选择安装的组件

单击"Finish"按钮完成安装，如图 8 – 36 所示。

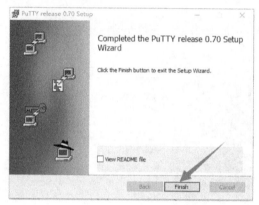

图 8 – 36　安装完成

8.4.2　配置 PuTTY

打开设备管理器，查看串口号，如图 8 – 37 所示。

图 8 – 37　puTTY 配置步骤（1）

在左侧"Category"区域选择"Serial"选项，设置串口参数——"Serial Line to connect to"COM1（设备管理器中查到的 COM 号）、"Speed（baud）"：115200、"Data bits"：8、"Stop bits"：1、"Parity"：None、"Flow control"：None，如图 8 – 38、图 8 – 39 所示。

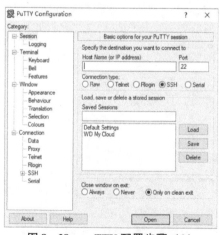

图 8 – 38　puTTY 配置步骤（2）

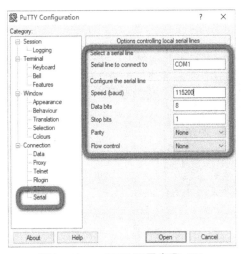

图 8 - 39　puTTY 配置步骤（3）

设置完成后，在左侧"Category"区域选择"Session"→"Serial"选项，单击"Open"按钮，打开串口终端，如图 8 - 40 所示。

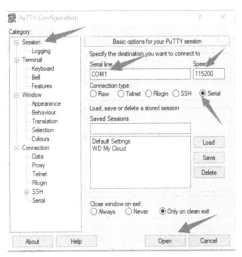

图 8 - 40　puTTY 配置步骤（4）

8.5　安装分区助手软件

由于目前所做的一些裸机程序功能相对比较简单，将这些简单功能的应用烧写到板载 Flash 意义不大，因此将可执行程序存放于外置的 TF 卡中，通过读取 TF 卡将程序加载到 RAM 运行。要想让硬件平台能够直接读取 TF 卡中的内容，对 TF 卡有一定的要求，不能直接使用系统自带的格式化功能等，因此需要借助第三方更强大的分区工具，这里使用傲梅分区助手。

双击安装文件进行安装，此软件安装无特别注意事项，与在一般 Windows 系统下安装软件一样。

傲梅分区助手安装步骤如图 8 - 41 ~图 8 - 43 所示。

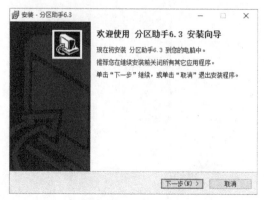

图 8 - 41　傲梅分区助手安装步骤 (1)

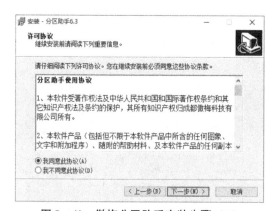

图 8 - 42　傲梅分区助手安装步骤 (2)

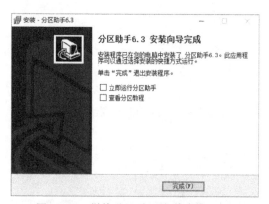

图 8 - 43　傲梅分区助手安装步骤 (3)

8.6　Eclipse 下载与安装

获取 Eclipse IDE for C/C ++ Developers 安装包，可进入官网单击"Download Packages"按钮，选择对应的系统（建议使用 32 位版本），选择"Eclipse IDE for C/C ++ Developers"选项进行下载，如图 8 - 44、图 8 - 45 所示。

图 8 - 44　Eclipse 下载步骤（1）

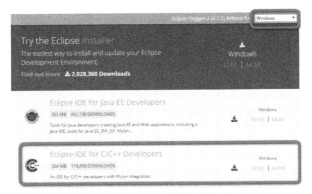

图 8 - 45　Eclipse 下载步骤（2）

下载完成后复制 "eclipse - cpp - xxx. zip" 到用户的磁盘，例如 D 盘。选择解压到当前目录，解压后需要保证 Eclipse 位于该盘的顶层目录下，如图 8 - 46 所示。

图 8 - 46　Eclipse 安装步骤

解压完成后，双击 "eclipse. exe" 即可打开 Eclipse（注意：在 Windows7 以上的系统中使用管理员模式打开）。

8. 7　Eclipse for ARM 使用

1. 指定工作目录

Eclipse for ARM 是一个标准的窗口应用程序，可以单击程序按钮开始运行。首次打开后必须先指定一个工作目录，如图 8 - 47 所示。该工程存放路径中不能有中文字符，必须为全英文。

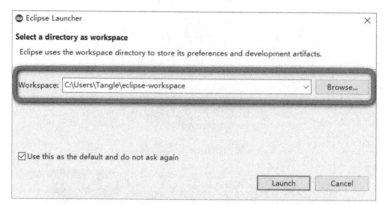

图 8 - 47　设置工作目录

2. 更换工作目录

用户可能有多个工作目录，不同的工作目录之间的互相切换在 Eclipse 中也被支持。选择"File"→"Switch Workspace"选项，选择相应的工作目录，如图 8 - 48 所示。

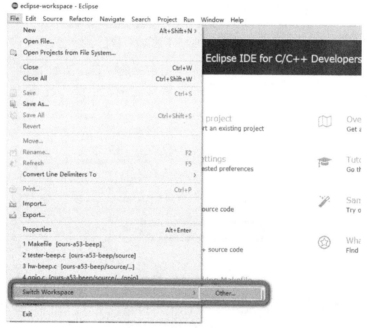

图 8 - 48　Eclipse 更换工作目录

3. 进入工程界面

第一次打开会显示启动界面，单击"Workbench"按钮进入工程界面，如图 8 - 49 所示。

4. 新建项目

选择"File"→"New"→"Project"选项，新建项目，如图 8 - 50 所示。弹出向导对话框，选择"C/C ++ "→"C Project"选项，单击"Next"按钮，如图 8 - 51 所示。

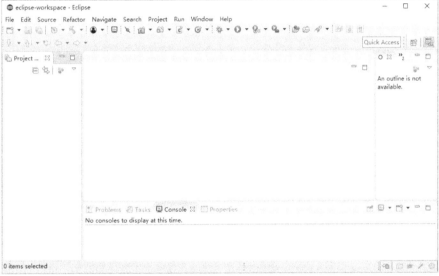

图 8-49　进入工程界面

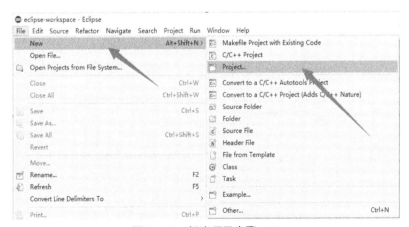

图 8-50　新建项目步骤（1）

图 8 –51   新建项目步骤（2）

弹出 "C Project" 对话框，输入项目名称 "ours – s5p6818 – buzzer"，在 "Project type" 区域选择 "Makefile project" → "Empty Project" 选项，"Tool chains" 区域保持默认，单击 "Finish" 按钮即可完成项目创建，如图 8 –52、图 8 –53 所示。

5. 添加/编写项目源码

为了方便查阅每个工程项目，建议在每个工程中合理组织存放相关工程文件

（1）新建 "output" 目录用于存放编译生成的输出文件：在工程名上单击鼠标右键，选择 "New" → "Folder" 选项，在弹出的界面中选择要添加目录的工程，并输入新建目录名 "output"，单击 "Finish" 按钮完成，如图 8 –54、图 8 –55 所示。

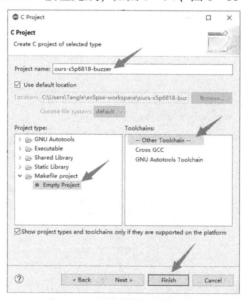

图 8 –52   新建项目步骤（3）

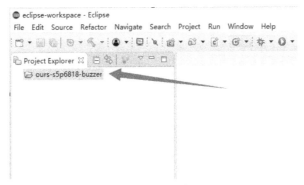

图 8 – 53　新建项目步骤（4）

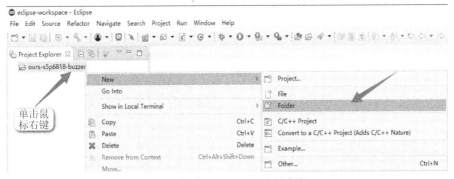

图 8 – 54　新建"output"目录步骤（1）

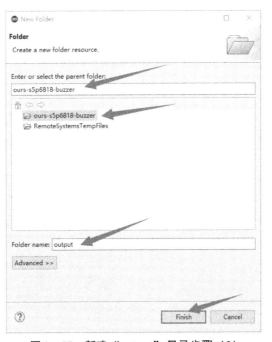

图 8 – 55　新建"output"目录步骤（2）

（2）新建"source"目录用于存放源码：在工程名上单击鼠标右键，选择"New"→"Folder"选项，在弹出的界面中选择要添加目录的工程，并输入新建目录名"source"，单击"Finish"按钮完成，如图 8 – 56 所示。

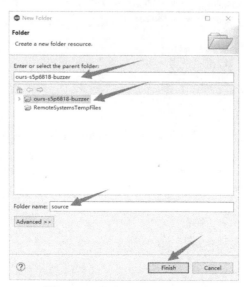

图 8 – 56　新建"source"目录

（3）新建"tools"目录用于存放编译工程所要用到的工具：在工程名上单击鼠标右键，选择"New"→"Folder"选项，在弹出的界面中选择要添加目录的工程，并输入新建目录名"tools"，单击"Finish"按钮完成，如图 8 – 57 所示。

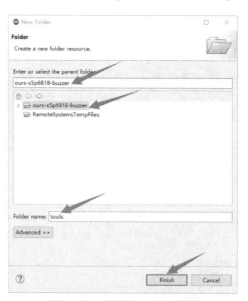

图 8 – 57　新建"tools"目录

（4）新建 Makefile 文件：在工程名上单击鼠标右键，选择"New"→"File"选项，在弹出的界面中选择要添加文件的工程，并输入新建文件名"Makefile"，单击"Finish"按钮完成（注意文件名必须是"Makefile"，而且区分大小写），如图 8 – 58、图 5 – 59 所示。

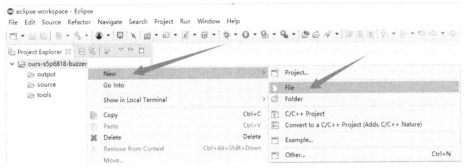

图 8 – 58　新建"Makefile"文件步骤（1）

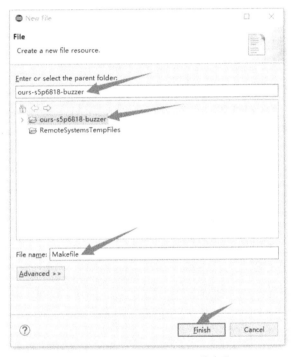

图 8 – 59　新建"Makefile"文件步骤（2）

（5）新建链接脚本文件"ours – s5p6818 – buzzer. lds"：在工程名上单击鼠标右键，选择"New"→"File"选项，在弹出的界面中选择要添加文件的工程，并输入新建文件名"ours – s5p6818 – buzzer. lds"，单击"Finish"按钮完成，如图 8 – 60 所示。

（6）目录及文件添加完成后的效果如图 8 – 61 所示。

（7）完善项目中的源码等文件，此处省略，具体请参考实验例程，如图 8 – 62 所示。

6. 导入已有工程

在"Project Explorer"窗口中单击鼠标右键，选择"Import…"选项，如图 8 – 63 所示。

在弹出的导入选择界面中选择"General"→"Existing Projects into Workspace"选项，然后单击"Next"按钮，如图 8 – 64 所示。

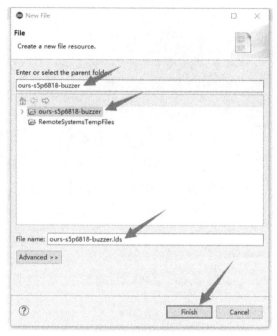

图 8 – 60　新建链接脚本文件

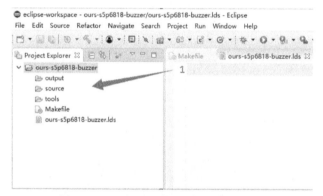

图 8 – 61　目录及文件添加完成后的效果

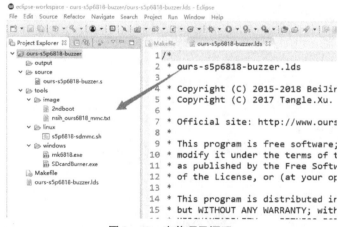

图 8 – 62　完善项目源码

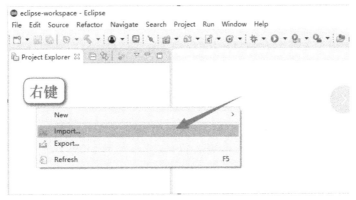

图 8 – 63　导入工程步骤（1）

图 8 – 64　导入工程步骤（2）

　　浏览要导入的工程所在的目录，勾选"Copy projects into workspace"复选框，单击"Finish"按钮完成工程导入，如图 8 – 65、图 8 – 66 所示。

7. 编译工程

　　工程创建成功后，可以单击工具栏中的"Build all"编译图标（或者按组合键"Ctrl + B"），这种方式会编译所有已经打开的工程，如图 8 – 67 所示。

　　如果要编译单独的工程，可以单击工具栏中的"Build default project"编译图标，这种方式会编译当前选择的已打开工程，如图 8 – 68 所示。

　　也可以单击菜单栏中的"Project"→"Build Automatically"命令编译工程（图 8 – 69），或者在工程上单击鼠标右键，选择"Build Project"命令编译工程（图 8 – 70）。

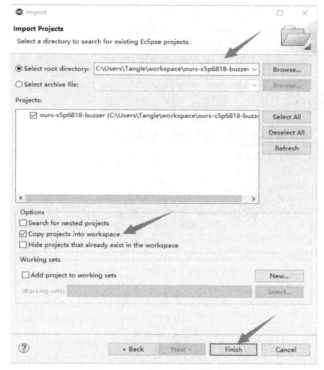

图 8-65　导入工程步骤（3）

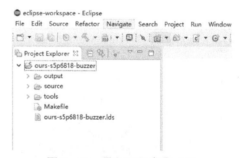

图 8-66　导入工程步骤（4）

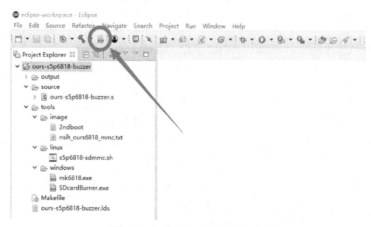

图 8-67　编译工程方式（1）

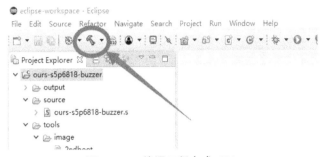

图 8 - 68　编译工程方式（2）

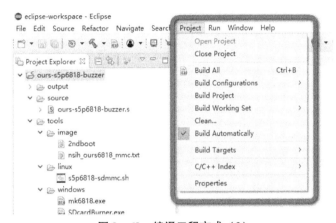

图 8 - 69　编译工程方式（3）

图 8 - 70　编译工程方式（4）

编译工程的过程及结果会在"Console"窗口中显示，如图 8 - 71 所示。

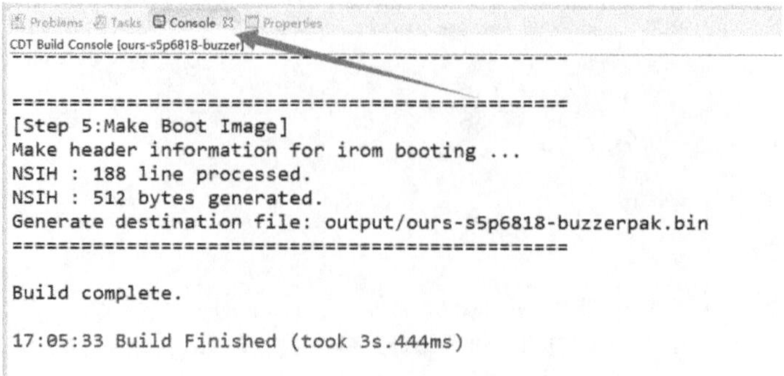

图 8-71　编译工程的过程及结果

第9章

ARM 裸机实验汇编语言案例

9.1　S5P6818 启动分析

1. 实验目的

本节着重介绍 S5P6818 的启动模式，通过原理说明，要求掌握 S5P6818 的启动模式以及启动模式配置方法，以理解系统启动流程。

2. 实验原理

OURS – S5P6818 实验平台的启动模式配置如图 9 – 1 所示。

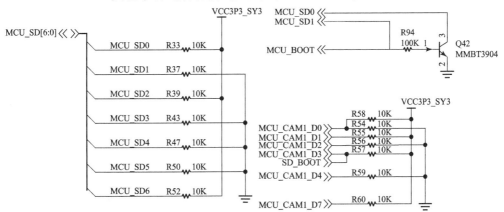

BOTT MODE Option

	eMMC	SPI	USB	NAND
MCU_SD0	High	Low	Low	High
MCU_SD1	Low	Low	High	High
MCU_SD2	High	High	High	High
MCU_SD4	Low	High	—	—
MCU_SD5	Low	Low	—	—

BOOT media port select(SPI, eMMC)

	CH0	CH1	CH2
MCU_SD3	Low	High	Low
MCU_CAM1_D3	Low	Low	High

图 9 – 1　OURS – S5P6818 平台启动模式硬件连接

S5P6818 支持各种系统启动模式。引导模式由重启或者复位时的系统引导配置决定。引导模式大体上分为两大类：一类是外部静态 RAM 启动，一类是内部 ROM 启动。系统启动模式引脚（RST_ CGF）配置见表 9 - 1，各引脚配置功能见表 9 - 2，启动场景见表 9 - 3。

表 9 - 1　系统启动模式引脚（RST_CFG）配置

引脚	RST_CFG	静态内存	SDFS（TBD）	UART	Serial Flash	SD MMC	USB 设备	NAND
SD0	RST_CFG0	0	1	1	0	1	0	1
SD1	RST_CFG1	0	0	1	0	0	1	1
SD2	RST_CFG2	0	0	0	1	1	1	1
SD3	RST_CFG3	—	Port_Num0	Port_Num0	Port_Num0	Port_Num0		SELCS
SD4	RST_CFG4	—	—	—	ADDRWIDTH0	0	—	—
SD5	RST_CFG5	—	—	—	ADDRWIDTH1	0	—	—
SD6	RST_CFG6	—	—	BAUD	SPEED	—	—	—
SD7	RST_CFG7							
DISD0	RST_CFG8	LATADDR	LATADDR	LATADDR	LATADDR	LATADDR	LATADDR	LATADDR
DISD1	RST_CFG9	BUSWIDTH	0	0	0	0	0	0
DISD2	RST_CFG10	—	—	—	—	—	—	NANDPAGE1
DISD3	RST_CFG11	—	—	—	—	—	—	NANDTYPE0
DISD4	RST_CFG12	—	—	—	—	—	—	NANDTYPE1
DISD5	RST_CFG13	—	—	—	—	—	—	NANDPAGE0
DISD6	RST_CFG14	—	DECRYPT	DECRYPT	DECRYPT	DECRYPT	DECRYPT	DECRYPT
DISD7	RST_CFG15	—	I - Cache	I - Cache	I - Cache	I - Cache	I - Cache	I - Cache
VID1[0]	RST_CFG16	—	Next Try	—	Next Try	Next Try	—	Next Try
VID1[1]	RST_CFG17	—	—	—	—	—	Vbus_Level	—
VID1[2]	RST_CFG18	—	Next Port	—	Next Port	Next Port	—	Next Port
VID1[3]	RST_CFG19	—	Port_Num1	—	Port_Num1	Port_Num1	—	Port_Num1
VID1[4]	RST_CFG20	—	USE_FS	—	USE_FS	USE_FS	—	—
VID1[5]	RST_CFG21	—	—	—	—	—	—	—
VID1[6]	RST_CFG22	—	—	—	—	—	—	—
VID1[7]	RST_CFG23	—	CORE_VOLTAGE	CORE_VOLTAGE	CORE_VOLTAGE	CORE_VOLTAGE	CORE_VOLTAGE	CORE_VOLTAGE

表 9 – 2　系统各引脚配置功能

名称	引脚	RST_CFG	注解	
NANDTYPE [1:0]	DISD [4:3]	RST_CFG[12:11]	SD 总线上的 NAND 闪存类型	0 = Small Block 3 Address 1 = Small block 4 Address 2 = Large 4 Address 3 = Large 4 Address
NANDPAGE [1:0]	DISD[2,5]	RST_CFG[10,13]	SD 总线上的大型 NAND 闪存页面大小	0 = 2 KB 1 = 4 KB 2 = 8 KB 3 = 16 KB or above
SELCS	DISD2	RST_CFG10	NAND 芯片选择	When SD Bus 0 = nNCS0 1 = nNCS1
DECRYPT	DISD6	RST_CFG14	AES ECB 模式解密	0 = Not decrypt 1 = Decrypt
I – Cache	DISD7	RST_CFG15	I – Cache 使能	0 = Disable 1 = Enable
SBZ	SD4	RST_CFG[6:4]	—	Should Be Zero
ADDRWIDTH [1:0]	SD[5:4]	RST_CFG[5:4]	Serial Flash 地址宽度	0 = 16 bit 1 = 24 bit 3 = 32 bit
BAUD	SD6	RST_CFG6	UART 波特率	0 = 19 200 bit/s 1 = 115 200 bit/s
SPEED	SD6	RST_CFG6	Serial Flash 速度	0 = 1 MHz 1 = 16 MHz
LATADDR	DISD0	RST_CFG8	静态锁存地址	0 = None 1 = Latched
BOOTMODE [2:0]	SD[2:0]	RST_CFG[2:0]	BOOT 模式选择	0 = Static Memory 1 = SDFS 3 = UART 4 = SPI 5 = SDMMC 6 = USB 7 = NAND
Port Num [1:0]	VID1[3],SD3	RST_CFG[19,3]	BOOT 设备端口号	0 = Port 0 1 = Port 1 2 = Port 2(When SPI,SD)
Core Voltage	VID1[7]	RST_CFG23	EMA 电压	0 = 1.0 V 1 = 1.1 V
Vbus_Level	VID1[1]	RST_CFG17	Vbus 检测主机电压电平	0 = 5 V 1 = 3.3 V

表 9 – 3　启动场景

Next Try	USE_FS (TBD)	Next Port	Port SEL1	Port SEL0	Boot Mode	BOOT Scenario
x	x	x	x	x	6	USB
0	x	x	0	0	4	SPI0 => USB
				1		SPI1 => USB
			1	1		SPI2 => USB
				1		SPI0hs => USB
1	s		0	0	4	SPI0 => SDs0 => USB
				1		SPI1 => SDs1 => USB
			1	0		SPI2 => SDs0 => USB
				1		SPI0hs => SDs1 => USB
			1	0		SPI0 => SDs1 => USB
				1		SPI1 => SDs0 => USB
			1	0		SPI2 => SDs1 => USB
				1		SPI0hs => SDs0 => USB
0	x	x	0	0	1, 5	SD0 => USB
				1		SD1=> USB
			1	0		SD2 => USB
				1		SD2hs => USB
1	s		0	0	1, 5	SD0 => SDs2 => USB
				1		SD1 => SDs0 => USB
			1	0		SD2 => SDs1 => USB
				1		SD2hs => SDs1 => USB
			1	0		SD0 => SDs1 => USB
				1		SD1 => SDs2 => USB
			1	0		SD2 => SDs0 => USB
				1		SD2hs => SDs0 => USB
0	x	x	x	0	7	NAND0 => USB
				1		NAND1 => USB
1	s		0	0	7	NAND0 => SDs0 => USB
				1		NAND1 => SDs1 => USB
			1	0		NAND0 => SDs2 => USB
				1		NAND1 => SDs2hs => USB
			1	0		NAND0 => SDs1 => USB
				1		NAND1 => SDs0 => USB
			1	0		NAND0 => SDs2hs => USB
				1		NAND1 => SDs2 => USB

Note：s——0：SD；1：SDFS。

hs——0：Normal speed；1：High speed。

1）外部静态 RAM 启动

S5P6818 支持外部静态 RAM 启动,该启动方式可以在不占用 CPU 的情况下执行外部静态存储器访问,支持 16/8 位静态存储器。外部静态 RAM 启动需要外接外部 SRAM,即在 CPU 之外扩展 SRAM 存储器,作为系统引导介质,需要额外增加硬件器件,一般很少使用。

当 BOOTMODE =0 时属于使用外部静态 RAM 启动,即 SRAM 启动;当 BOOTMODE =2 时,属于未使用外部静态 RAM 启动。

外部静态 RAM 启动的配置见表 9 – 4。

表 9 - 4　外部静态 RAM 启动的配置

引脚名	功能名	说明
RST_CFG[2:0]	BOOTMODE[2:0]	Pull - down
RST_CFG[7:3]	—	不关注
RST_CFG8	CfgSTLATADD	静态锁存地址（用户选择） 0 = None 1 = Latched
RST_CFG9	CfgSTBUSWidth	静态总线宽度（用户选择） 0 = 8 bit 1 = 16 bit
RST_CFG[24:10]	—	不关注

内存映射大致分为一个 SDRAM 区（MCU - A）和一个 SRAM 区（MCU - S）。MCU - S 由 NAND 闪存控制器、静态存储器控制器组成。MCU - A 由线性阵列区域和显示阵列区域组成。内存映射如图 9 - 2 所示。

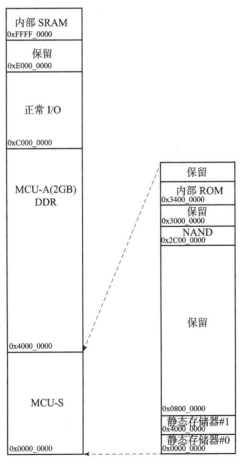

图 9 - 2　内存映射

静态存储器由静态存储器#0（片内静态存储器）、静态存储器#1（外部静态存储器）、静态存储器#13（内部 ROM）和 NAND 组成；内部 ROM 的基地址和 nSCS[0] 地址根据系统启动模式而改变；在内部 ROM 引导模式下，内部 ROM 的基地址应该与 nSCS [0] 的地址交换。在外部 SRAM 启动模式下，基地址保持以前的状态不变。静态内存映射如图 9-3 所示。

在外部静态 RAM 启动的情况下，通过在复位时配置，将 nSCS [0] 设置为地址 0x00000000，并且 CPU 可以通过 MCU - S 内存控制器单元访问外部静态存储器，如图 9 - 4 所示。

图 9 - 3　静态内存映射

图 9 - 4　静态内存储访问

2）内部 ROM 启动

该芯片内置 20 KB ROM，通过将 CfgBOOTMODE 系统配置设置为 0 ~ 2，可以将内部 ROM 地址设置为第 0 个地址，也就是起始地址。当设置好 CfgBOOTMODE，复位后 CPU 会从内部 ROM 的 0 地址处取出指令执行。内部 ROM 里存放着一组具有支持各种引导方法的代码。此代码主要侦测启动引脚配置，从各种不同的启动介质中读取用户引导代码，然后加载到内部 SRAM（0xFFFF0000）中运行。这种引导方法被定义为 iROMBOOT。

iROMBOOT 支持 SPIBOOT、UARTBOOT、USBBOOT、SDHCBOOT 和 NANDBOOT 5 种引导模式。通过参考 SD [15:0] 中的复位状态，每种引导模式都支持各种引导方式。表 9 - 5 显示了每种引导模式的系统配置。

表 9 – 5　iROM BOOT 系统配置

引脚	IROMBOOT					
	SDFS	UART	SPI Serial Flash	SDMMC	USB 设备	NANDBOOT（带纠错）
RST_CFG[2:0]	BOOTMODE = 1	BOOTMODE = 3	BOOTMODE = 4	BOOTMODE = 5	BOOTMODE = 6	BOOTMODE = 7
RST_CFG[12:11]						NANDTYPE[1:0]
RST_CFG[13:10]	—					PAGESIZE[1:0]
RST_CFG[3]						SELCS
RST_CFG[17]	—				OTG 会话检查	—
RST_CFG[6]	—	波特率	速度	应为 0		—
RST_CFG[5:4]	—		ADDRWIDRTH[1:0]	应为 0		—
RST_CFG[19:3]	端口号					
RST_CFG[14]	DECRYPT					
RST_CFG[15]	I – Cahe					
RST_CFG[8]	LATADDR					
RST_CFG[9]	应为 0（总线宽度）					

（1）SPIBoot。

iROMBOOT 可以将 SPI Flash ROM 中的用户引导代码加载到内存中并执行此代码，该引导方法称为 SPIBOOT。SPIBOOT 支持 2、3、4 地址步进，启动速度为 16MHz，支持 SPI 端口 0、端口 1 和端口 2，最大引导代码为 56 KB，支持启动签名检查和启动镜像 CRC 校验。

在 SPIBOOT 模式下，iROMBOOT 程序从 SPI Flash 地址 0 位置加载用户引导代码到内部的 SRAM 的 0xFFFF_0000 地址处，当加载完最大 56 KB 的用户引导代码后，将 PC 指向内部 SRAM 的 0xFFFF_0000 地址即执行用户引导代码。

SPIROM 引导操作如图 9 – 5 所示。

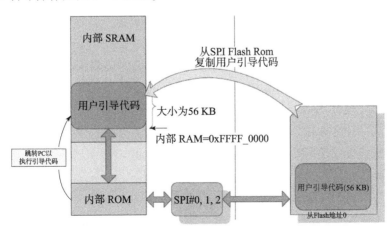

图 9 – 5　SPIBOOT 引导操作

（2）UARTBOOT。

iROMBOOT 可以通过 UART 将用户引导代码加载到内存中并执行该代码，该引导方法称为 UARTBOOT。该方法支持 19 200 bit/s 和 115 200 bit/s 两种波特率，支持 UART 端口 0 和端口 1，支持启动签名检查和启动镜像 CRC 校验。

在 UARTBOOT 模式下，iROMBOOT 程序通过 UART 端口将与其所连接的 UART 设备中的用户引导代码加载到内部 SRAM 的 0xFFFF_0000 地址处，当加载完最大 16 KB 的用户引导代码后，将 PC 指向内部 SRAM 的 0xFFFF_0000 地址即执行用户引导代码。

UARTBOOT 引导操作如图 9 - 6 所示。

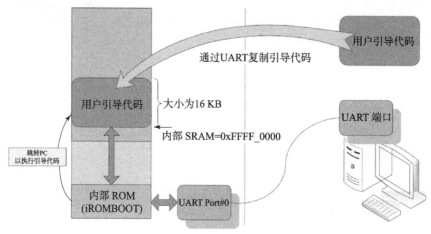

图 9 - 6　UARTBOOT 引导操作

（3）USBBOOT。

iROMBOOT 可以通过 USB 将用户引导代码加载到内存并执行该代码，该引导方法称为 USBBOOT。该方法支持全速（64 KB）、高速（512 KB）的 USB 连接和 Bulk 传输。

USB 主机程序通过使用 USB 设备的 EP2 进行批量传输来传输用户引导代码。根据端点的 USB 连接速度，最大数据包大小可以更改。在全速连接中，USB 主机程序可以将最多 64 个字节作为一个数据包传输，而在高速连接中，最多可传输 512 个字节作为一个数据包。USB 主机程序应该传输偶数大小的数据包，即使它可以传输相同的包作为最大大小或小于最大大小的包。

在 USBBOOT 模式下，iROMBOOT 程序从 USB 主机中读取用户引导代码加载到内部 SRAM 的 0xFFFF_0000 地址，USBBOOT 在收到最大 56 KB 的用户引导代码后，通过将 PC 更改为内部 SRAM 地址 0xFFFF_0000 来执行用户引导代码。

USBBOOT 引导操作如图 9 - 7 所示。

USB 主机程序可以使用 Get_Descriptor 请求获取 USBBOOT 的描述符。表 9 - 6 所示为 USBBOOT 的描述符。USBBOOT 包含一个配置、一个接口和除控制端点外的两个附加端点。端点 1 仅用于兼容性，USBBOOT 仅通过使用端点接收数据。

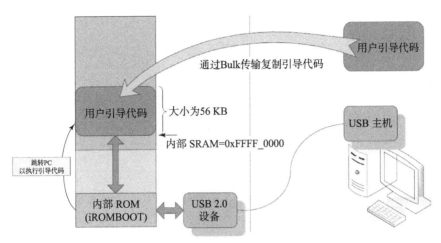

图 9 - 7　USBBOOT 引导操作

表 9 - 6　USBBOOT 描述符

偏移	域	大小/KB	USBBOOT 值		说明
			全速	高速	
设备描述符					
0	bLength	1	18		该描述符的大小（字节）
1	bDescriptorType	1	01h		设备描述符类型
2	bcdUSB	2	0110h	0200h	BCD 中的 USB 规范版本号
4	bDeviceClass	1	FFh		分类号
5	bDeviceSubClass	1	FFh		次分类号
6	bDeviceProtocol	1	FFh		协议号
7	bMaxPacketSize0	1	64		端点 0 的最大包的大小
8	idVender	2	04E8h		制造商
10	idProduct	2	1234h		产品
12	bcdDevice	2	0000h		BCD 中的设备规范版本号
14	iManufacturer	1	0		描述制造商的描述符索引
15	iProduct	1	0		描述产品的描述符索引
16	iSerialNumber	1	0		描述设备系列号的描述符索引
17	bNumConfiguration	1	1		可能配置的数量
配置描述符					
0	bLength	1	9		该描述符的大小（字节）
1	bDescriptorType	1	02h		设备描述符类型

偏移	域	大小/KB	USBBOOT 值		说明
			全速	高速	
配置描述符					
2	wTotalLength	2	32		为此配置返回的数据总长度
4	bNumInterfaces	1	1		接口数量
5	bConfigurationValue	1	1		用作集合配置参数的值
6	iConfiguration	1	0		描述此配置的描述符索引
7	bmAttribute	1	80h		配置特征
8	bMaxPower	1	25		最大功耗
接口描述符					
0	bLength	1	9		此描述符的大小（字节）
1	bDescriptorType	1	04h		接口描述符类型
2	bInterfaceNumber	1	0		接口数量
3	bAlternateSetting	1	0		用于选择此设备的设置值
4	bNumEndpoints	1	2		用于为接口选择此设备的设置值
5	bInterfaceClass	1	FFh		分类号
6	bInterfaceSubClass	1	FFh		次分类号
7	bInterfaceProtocol	1	FFh		协议号
8	iInterface	1	0		描述接口的描述符索引
端点 1 的端点描述符					
0	bLength	1	7		此描述符的大小（字节）
1	bDescriptorType	1	05h		端点描述符的类型
2	bEndpointAddress	1	81h		端点地址
3	bmAttributes	1	02h		端点属性
4	wMaxPacketSize	2	64	512	最大包的大小
6	bInterval	1	0		数据传输的轮询端点间隔
端点 2 的端点描述符					
0	bLength	1	7		此描述符的大小（字节）
1	bDescriptorType	1	05h		端点描述符的类型
2	bEndpointAddress	1	02h		端点地址
3	bmAttributes	1	02h		端点属性
4	wMaxPacketSize	2	64	512	最大包的大小
6	bInterval	1	0		数据传输的轮询端点间隔

（2）SDHCBOOT。

iROMBOOT 可以通过从 SD 存储卡、MMC 存储卡和 eMMC 中读取并使用 SDHC 模块将其加载到内存中来执行用户引导代码。这种引导方法称为 SDHCBOOT。

它支持 SD/MMC 存储卡和 eMMC，支持高容量的 SD/MMC 存储卡，支持 SD 端口 0/1/2，用 400 KHz 的 SDCLK 输出来识别，用 22.9 MHz 的 SDCLK 进行数据传输。

SDHCBOOT 引导操作如图 9 - 8 所示。

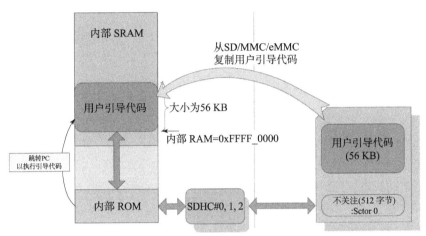

图 9 - 8　SDHCBOOT 引导操作

在 SDHCBOOT 模式下，iROMBOOT 程序从 SDHC 端口连接的存储卡中读取用户引导代码加载到内部 SRAM 的 0xFFFF_0000 地址，SDHCBOOT 在收到最大 56 KB 的用户引导代码后，通过将 PC 更改为内部 SRAM 地址 0xFFFF_0000 来执行用户引导代码。SDHCBOOT 不关心 SDHC 存储卡 0 扇区的内容，也就是说用户引导代码从 1 扇区开始，前 512 字节的 0 扇区空间没有意义。

SDHCBOOT 使用所有 SDHC#0，1，2 模块。SDHCBOOT 根据 CFG 引脚提供各种引导方法，其中每种方法的规范建议参考 RST_CFG 引脚的系统配置。用户引导代码应该如表 9 - 7 所示写入存储设备以使用 SDHCBOOT。

表 9 - 7　SDHC BOOT 模式启动引导数据格式

扇区	名称	说明
0	保留	SDHCBOOT 不关注 0 扇区中的数据，因此可用 0 扇区存储主引导记录（Master Boot Record，MBR），以及将用户引导代码和文件系统包含到物理分区中
1 ~ 32	用户引导代码	来自第二扇区的用户引导代码大小为 56 KB

用户引导代码存储的介质必须按如下方式写入：用户引导代码存储介质至少有 113 个扇区（1 个扇区为 512 字节），其中 0 扇区为预留区，SDHCBOOT 不关注 0 扇区的数据，0 扇区的数据会被忽略，因为 0 扇区可能会保存有 MBR。用户引导代码自第二扇区开始最大为 56 KB。因此，可以使用 0 扇区存储 MBR，并将用户引导代码和文件系统一起包含到一个物理分区中。第 1 ~ 113 块扇区则存放用户引导代码，每扇区为 512 字节，总共 56 KB。

SDHCBOOT 的引导过程如下：

（1）当 CfgSDHCBM = 0 时，执行正常的 SDMMC 引导；

（2）进入闲置状态；

（3）SDHCBOOT 识别卡的类型并进行初始化；

（4）卡的状态更改为数据传输模式；

（5）SDHCBOOT 从 1 扇区读取用户引导代码，并将其加载到内部 SRAM 中执行。

SDHCBOOT 的启动过程如下：

①当 CfgSDHCBM =1 时，SDHCBOOT 执行 eMMC 启动。此时，若 CfgEMMCBM =1 时是正常的 eMMC 启动执行，当 CfgEMMCBM =0 时，第二种 eMMC 启动执行。对于 eMMC 的启动，SDHCBOOT 总是使用 4 位的数据总线，因此，EXT_CSD 的 BOOT_BUS_WIDTH 应该被设置成 1，同时，EXT_CSD 的 BOOT_ACK 被设置成 0，因为 BOOT_ACK 对于 eMMCBooting 已经不可用了。正常的 SDMMC 启动在 1s 内没有数据从 CARD 传输过来的时候被执行。第一次传输的 512 个字节没有用，第二次传输的 512 个字节有用。用户引导代码从卡中传输到内部的 SRAM，然后被执行。

②当 CfgSDHCBM =0 或 eMMC 启动失败时，SDHCBOOT 执行正常 SDMMC 启动。首先会进入一个空闲状态，随后 SDHCBOOT 识别出卡的类型并初始化，卡的状态改变为数据传输模式，SDHCBOOT 根据 CfgPARTITION 选择分区，SDHCBOOT 从 1 扇区中读取用户引导代码，并加载它到内部的 SRAM 中执行。

（4） SDFSBOOT。

iROMBOOT 可以使用 FAT32 文件系统引导启动。只能使用 SD 的第一个分区作为 FAT 文件系统，分区类型必须是 FAT32，而且需要两个引导文件：一个是"NXDATA. SBH"，另一个是"NXDATA. SBL"。第一次启动时，读取 MBR 并搜索分区和文件系统。如果分区存在且文件系统为 FAT32，将搜索第一个引导文件"NXDATA. SBH"。如果找到第一个引导文件，将搜索下一个引导文件"NXDATA. SBL"。"NXDATA. SBL"的最大尺寸为 56 KB。

SDFSBOOT 支持 SD/MMC 和 eMMC 存储，支持大容量 SD/MMC 存储卡，支持 SD 的 0/1/2 端口，用 400kHz 的 SDCLK 输出来识别，用 22. 9MHz 的 SDCLK 进行数据传输，支持 FAT12、FAT16、FAT32 文件系统，不支持 FAT32 的长文件名。

（5） NANDBOOT。

iROMBOOT 提供一个从 NAND Flash 加载用户引导代码并且支持错误检测的启动方式，通过加载存储在 NAND Flash 中的用户引导代码到内部 SRAM 执行。这个启动方法也被描述成 NANDBOOTEC。

该方法支持长达每 551 字节 24 位的错误纠正：用户引导代码（512 字节）＋同等的（39 字节）＋奇偶校验 39 字节；支持长达每 1 129 字节 60 位错误纠正：用户引导代码（1 024 字节）＋奇偶校验（105 字节）。支持 521B、2 KB、4 KB、8 KB、16 KB 以及更高的 NAND Flash 页面大小。支持 NAND Flash 通过重置命令来初始化它们。不支持坏扇区管理。

NANDBOOT 引导操作如图 9 - 9 所示。

NANDBOOT 可以纠正存储在用户引导代码中发生的错误。无论在什么时候，NANDBOOT 都是以 512 字节或 1 024 字节的方式从 NAND Flash 读取用户引导代码，每当 NANDBOOT 从 NAND Flash 读取 512 字节或 1 024 字节的用户引导代码时，它能通过使用 MCU－S 中包含的 H/W BCH 解码器的错误检测功能知道是否存在数据错误。如果数据中有错误，则可以通过硬件纠错来纠正最多 24 或 60 个错误。

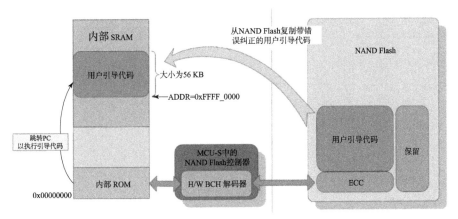

图 9 – 9　NANDBOOT 引导操作

图 9 – 10 所示为用户引导代码写入 NAND Flash 的形式。NANDBOOT 使用 NAND Flash 的主存储器，并不使用它的备份区域。

扇区	数据	页面大小 512字节
0	ECC #0	页面 #0
1	引脚 #0	页面 #1
2	引脚 #1	页面 #2
3	引脚 #2	页面 #3
4	引脚 #3	页面 #4
5	引脚 #4	页面 #5
6	引脚 #5	页面 #6
7	引脚 #6	页面 #7
8	ECC #1	页面 #8
9	引脚 #7	页面 #9
10	引脚 #8	页面 #10
11	引脚 #9	页面 #11
12	引脚 #10	页面 #12
13	引脚 #11	页面 #13
14	引脚 #12	页面 #14
15	引脚 #13	页面 #15
16	ECC #2	页面 #16
17	引脚 #14	页面 #17
18	引脚 #15	页面 #18
19	引脚 #16	页面 #19
20	引脚 #17	页面 #20
21	引脚 #18	页面 #21
22	引脚 #19	页面 #22
23	引脚 #20	页面 #23
24	ECC #3	页面 #24
25	引脚 #21	页面 #25
26	引脚 #22	页面 #26
27	引脚 #23	页面 #27
28	引脚 #24	页面 #28
29	引脚 #25	页面 #29
30	引脚 #26	页面 #30
31	引脚 #27	页面 #31
32	ECC #4	页面 #32
33	引脚 #28	页面 #33
34	引脚 #29	页面 #34
35	引脚 #30	页面 #35
36	引脚 #31	页面 #36
37	引脚 #32	页面 #37
xx	引脚 #xx	页面 #xx

ECC #n	64字节 × 8=512字节	
	LSB (312 bit)	MSB (200 bit)
LSB 39字节	保留	
	扇区奇偶校验码 #(n × 8+1)	保留
	扇区奇偶校验码 #(n × 8+2)	保留
	扇区奇偶校验码 #(n × 8+3)	保留
	扇区奇偶校验码 #(n × 8+4)	保留
	扇区奇偶校验码 #(n × 8+5)	保留
	扇区奇偶校验码 #(n × 8+6)	保留
MSB 39字节	扇区奇偶校验码 #(n × 8+7)	保留

图 9 – 10　用户引导代码写入 NAND Flash 的形式

扇区	数据	页面大小			
		2 KB	4 KB	8 KB	16 KB
0	ECC #0	页面#0			
1	引脚#0		页面#0		
2	引脚#1	页面#1			
3	引脚#2				页面#0
4	引脚#3	页面#2		页面#0	
5	引脚#4		页面#1		
6	引脚#5	页面#3			
7	引脚#6			页面#1	页面#0
8	ECC #1	页面#4	页面#2		
9	引脚#7				
10	引脚#8	页面#5			
11	引脚#9			页面#1	
12	引脚#10	页面#6			
13	引脚#11		页面#3		
14	引脚#12	页面#7			
15	引脚#13				
16	ECC #2	页面#8			
17	引脚#14		页面#4	页面#xx	
18	引脚#15	页面#xx			页面#1
xx	引脚#xx		页面#xx		

ECC #n	128 字节 × 8=1024 字节	
	LSB (840 bit)	MSB (184 bit)
LSB 105 字节	保留	
	扇区奇偶校验 #(n×8+1)	保留
	扇区奇偶校验 #(n×8+2)	保留
	扇区奇偶校验 #(n×8+3)	保留
	扇区奇偶校验 #(n×8+4)	保留
	扇区奇偶校验 #(n×8+5)	保留
MSB 105 字节	扇区奇偶校验 #(n×8+6)	保留
	扇区奇偶校验 #(n×8+7)	保留

图 9-10　用户引导代码写入 NAND Flash 的形式（续）

3) S5P6818 启动说明

S5P6818 的所有引导模式（除了 UARTBOOT）均要检查 512 字节的 BootHeader。首先从引导设备接收或加载该 BootHeader 到 SRAM 的 0xFFFF0000 地址。当接收到 512 字节的 BootHeader 时，ROMBOOT 检查 BootHeader 最后一个引导签名。该签名值必须是 0x4849534E。如果不相等，ROMBOOT 尝试下次启动。所有引导都必须有 LOADSIZE、LOADADDR 和 LAUNCHADDR 这 3 个有效数据。这些数据描述了接下来的第二级启动镜像信息。引导镜像的大小和加载地址必须以 16 字节对齐。如果是 SPIBOOT 模式，ROMBOOT 检查 CRC32。CRC32 是除 BootHeader 以外的引导代码。

下面以 SD 卡的启动方式进行详细介绍。SD 卡的启动方式属于内部 ROM 启动中的 SDHCBOOT。上电时，S5P6818 会将位于 0x3400_0000 地址的内部 ROM 代码映射到 0x0000_0000 上进行执行。该代码将 SD 卡上从 0x0000_0200 开始的数据复制到内部 RAM 中，目标位置为 0xFFFF_0000，数据大小为 56 KB。复制完成后，指令就会跳转到 0xFFFF_0200 继续执行，该代码会初始化 CPU 的一些设备，包括时钟、DRAM 等，然后再将 SD 卡上第 64 扇区开始的数据（二级引导程序）复制到 DRAM 上，目标地址为 0x43C0_0000。复制完毕后再跳转到地址 0x43C0_0000 上继续执行。此时启动完成。

以上就是 S5P6818 上电启动的过程。

9.2　通过 TF 卡运行程序

1. 实验目的

本节着重讲解可引导 TF 卡的制作，掌握制作可引导 TF 卡的方法，所有裸机系统程序均需要使用此方法引导运行。

2. 实验步骤

1）格式化 TF 卡

针对 OURS－S5P6818 实验平台，一般使用 IROMBOOT 进行引导启动，在裸机系统中几乎都是将裸机程序直接烧写到 TF 卡上运行。通过前面启动模式的分析可知 IROMBOOT 对于 TF 卡中存放的文件有一定要求，所以第一步需要按照要求格式化 TF 卡。

注意：一旦完成 TF 卡格式化，若未对 TF 卡作其他操作，在裸机系统环境下无须再次格式化，即 TF 卡只需格式化一次便可；若每次都格式化 TF 卡，可能影响 TF 卡及读卡器寿命，以及浪费时间，不会对实验设备及过程造成影响。

按照如下流程格式化 TF 卡：

（1）将 TF 卡接入 PC。

（2）运行分区助手软件，其界面如图 9－11 所示。"硬盘 4"便是插入的 TF 卡（注意：每个 PC 和 TF 卡的情况不同，所显示的名称也不相同）。需要使用这个工具给 TF 卡预留一些空间，用于存放 Bootloader 或裸机程序。

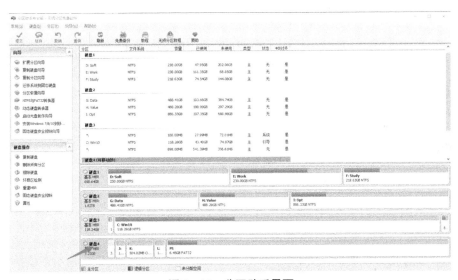

图 9－11　分区助手界面

（3）删除 TF 卡所有原有分区。

在需要删除的分区单击鼠标右键，选择"删除分区"命令（注意：此操作将导致数据损坏，千万不要错删其他分区），如图 9－12 所示。

在弹出的对话框中单击"快速删除分区（推荐的操作）"单选按钮，单击"确定"按钮，在分区助手界面单击"提交"按钮，如图 9－13、图 9－14 所示。

在弹出的操作界面中单击"执行"按钮，如图 9－15 所示，此后的操作界面如图 9－16～图 9－18 所示。

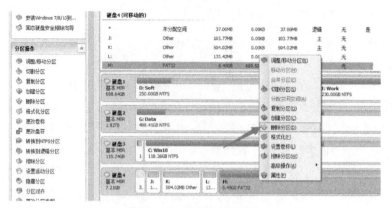

图 9 – 12　删除原有分区

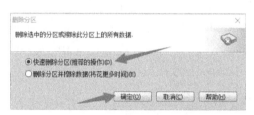

图 9 – 13　快速删除分区步骤（1）

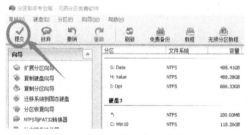

图 9 – 14　快速删除分区步骤（2）

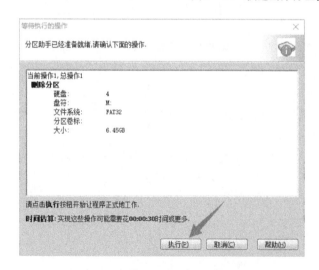

图 9 – 15　快速删除分区步骤（3）

图 9 – 16　快速删除分区步骤（4）

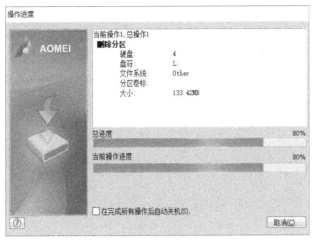

图 9 – 17　快速删除分区步骤（5）

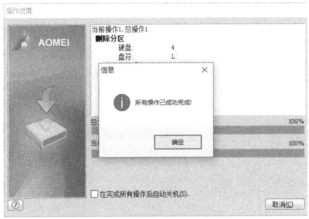

图 9 – 18　快速删除分区步骤（6）

按以上步骤依次删除 TF 卡所有原有分区，得到空的 TF 卡，如图 9 – 19 所示。

图 9 – 19　删除 TF 卡所有原有分区

在 TF 卡上单击鼠标右键，选择"创建分区"命令，如图 9 – 20 所示。

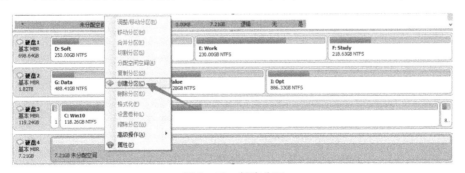

图 9 – 20　创建分区

调整分区大小和盘符，盘符随意，分区大小不小于要存放程序文件大小即可，系统必须是"未格式化的"，单击"确定"→"提交"按钮，如图 9-21 所示。

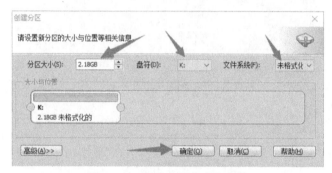

图 9-21　调整分区大小和盘符

2）烧录镜像到 TF 卡中

格式化 TF 卡完成后，便可以借助 TF 卡烧录软件将程序镜像烧录到 TF 卡中。

（1）用鼠标右键单击"SDcardBurner. exe"，选择"以管理员身份运行"命令，如图 9-22 所示。

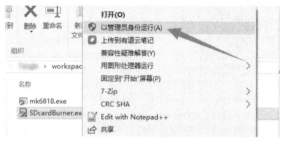

图 9-22　运行 SDcardBurner 软件

（2）选择要烧录的 TF 卡分区，每个用户显示的分区号可能不同。选择分区后，将自动显示此磁盘扇区数，此处选择"K"选项（注意：请根据 PC 识别到的情况选择，并通过自动识别的扇区数检查，千万不要选错分区），如图 9-23 所示。

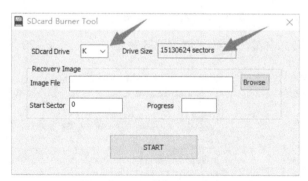

图 9-23　TF 卡烧录步骤（1）

（3）单击"Browse"按钮，选择要烧录到 TF 卡中的镜像文件（此镜像必须为可引导镜像），设置烧录起始扇区为 "1"，单击 "START" 按钮进行烧录。当烧录完成且没有出错时，会弹出烧录成功提示框（若出现异常，请检查是否使用管理员身份运行程序），如图 9 – 24 所示。

图 9 – 24　TF 卡烧录步骤（2）

3）设置开发板启动顺序

OURS – S5P6818 实验平台默认首先从 SD0 通道启动，如果 SD0 卡槽放有能够启动 OURS – S5P6818 实验平台的 TF 卡，则从 TF 卡启动，否则从 eMMC Flash 启动。当将裸机程序烧写到 TF 卡中后，只需要插到 SD0 通道，即 OURS – S5P6818 下侧的 TF 卡槽，开机即可执行裸机程序，而不必理会实验平台 Flash 中是否已经烧有镜像文件，也无须进行任何跳线设置。程序直接从 TF 卡读到 DRAM 运行，不会对 Flash 中固化的程序产生影响。

4）通过 TF 卡运行裸机程序

通过串口线连接实验平台的 Debug 串口（J10），打开串口终端软件（波特率为 115 200，数据位为 8，无奇偶校验，有 1 个停止位，无流控）。将烧有裸机程序的 TF 卡插到实验平台下侧的 TF 卡槽中，给实验平台上电，无须按任何按键，系统自动执行用户程序，同时串口将会打印引导信息，如图 9 – 25 所示。

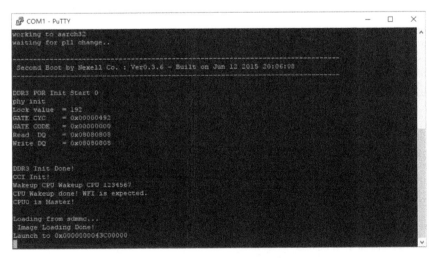

图 9 – 25　串口打印引导信息

9.3　ARM 汇编控制蜂鸣器实验

1. 实验目的

掌握汇编程序工程组织；了解 Makefile 文件及链接文件；掌握 OURS – S5P6818 实验平台汇编语言基本操作，重点掌握使用 GPIO 通过三极管驱动蜂鸣器的方法；能够灵活控制蜂鸣器。

2. 实验原理

1）硬件连接

蜂鸣器原理图如图 9 – 26 所示。

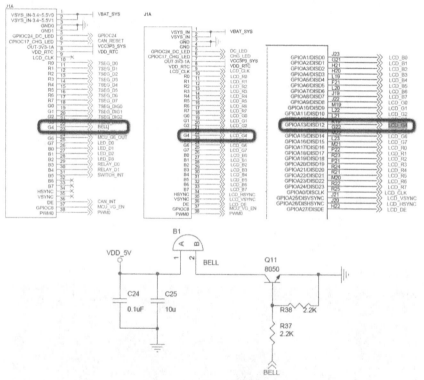

图 9 – 26　蜂鸣器原理图

通过原理图可知蜂鸣器通过与其连接的三极管 Q11 控制，控制引脚 BELL 最终连接到 CPU 的 GPIOA13/DISD12 管脚上。

2）控制原理

实验平台上电后，无须按任何按键，VDD_5V 引脚会产生 5V 的电压，通过一个 NPN 型 8050 三极管控制蜂鸣器的蜂鸣与停止。

三极管是电流放大器件，主要用于电流放大和电流的导通与截止。三极管有三个极，分别叫作集电极 C、基极 B、发射极 E。有 NPN 和 PNP 两种结构形式，N 是负极的意思（Negative），N 型半导体在高纯度硅中加入磷取代一些硅原子，在电压刺激下产生自由电子导电，而 P 是正极的意思（Positive），是加入硼取代硅，产生大量空穴以利于导电。

NPN 型三极管由 2 块 N 型半导体中间夹着一块 P 型半导体所组成，发射区与基区形成的 PN 结称为发射结，而集电区与基区形成的 PN 结称为集电结。

三极管工作的必要条件如下：

（1）在 B 极和 E 极之间施加正向电压；

（2）在 C 极和 E 极之间施加反向电压（此电压应比 eb 间电压高）；

（3）若要取得输出必须施加负载。

三极管结构如图 9 – 27 所示。

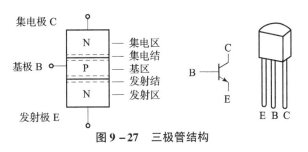

图 9 – 27　三极管结构

当三极管满足必要的工作条件后，其工作原理如下：

（1）基极有电流流动时。由于基极和发射极之间有正向电压，所以电子从发射极向基极移动，又因为集电极和发射极间施加了反向电压，因此，从发射极向基极移动的电子在高电压的作用下，通过基极进入集电极。于是，在基极所加的正电压的作用下，发射极的大量电子被输送到集电极，产生很大的集电极电流。

（2）基极无电流流动时。在基极和发射极之间不能施加电压时，由于集电极和发射极间施加了反向电压，所以集电极的电子受电源正电压的吸引而在集电极和发射极之间产生空间电荷区，阻碍从发射极向集电极的电子流动，因此没有集电极电流产生。

综上所述，在三极管中很小的基极电流可以导致很大的集电极电流，这就是三极管的电流放大作用。此外，三极管还能通过基极电流来控制集电极电流的导通和截止，这就是三极管的开关作用。

三极管除了可以当作交流信号放大器之外，也可以作为开关。严格地说，三极管与一般的机械式开关在动作上并不完全相同，但是它具有一些机械式开关所没有的特点。基本的三极管开关电路如图 9 – 28 所示。

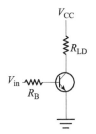

图 9 – 28　三极管开关电路

由三极管开关电路可知负载直接跨接于三极管的集电极与电源之间，而位居三极管主电流的回路上。输入电压 V_{in} 则控制三极管开关的开启与闭合动作，当三极管呈开启状态时，负载电流便被阻断，反之，当三极管呈闭合状态时，电流便可以流通。详细地说，当 V_{in} 为低电压时，由于基极没有电流，因此集电极亦无电流，致使连接于集电极的负载亦没有电流，而相当于开关的开启，此时三极管工作于截止区。同理，当 V_{in} 为高电压时，由于有基极电流流动，因此集电极流过更大的放大电流，因此负载回路便导通，而相当于开关的闭合，此时三极管工作于饱和区。

3）驱动过程

蜂鸣器是一种一体化结构的电子讯响器，采用直流电压供电，大体上分为有源蜂鸣器和无源蜂鸣器，首先需要说明这里的"源"不是指电源，而是指振荡源。也就是说，有源蜂鸣器内部带振荡源，所以只要一通电就会鸣叫。而无源蜂鸣器内部不带振荡源，所以如果用直流信号无法令其鸣叫。必须用 2 ~ 5 kHz 的方波去驱动它。有源蜂鸣器往往比无源蜂鸣器贵，就是因为其中包含多个振荡电路。

由前面的硬件连接及控制原理可知，要驱动蜂鸣器直接控制 8050 三极管即可，也就是控制 BELL 引脚输出高/低电平。因为 BELL 引脚最终连接到 CPU 的 GPIOA13 端口，所以需要控制 GPIOA13 端口输出高或低电平。也就是当 BELL 引脚输出高电平时三极管 Q11 闭合，蜂鸣器 B1 的引 2 脚和"地"导通形成通路，蜂鸣器鸣响，反之关闭。

蜂鸣器引脚状态见表 9 – 8。

表 9 – 8　蜂鸣器引脚状态

电路网络标号	GPIO 端口	GPIO 状态	蜂鸣器状态
BELL	GPIOA13	GPIOA13 = 0（低电平）	停止鸣响
		GPIOA13 = 1（高电平）	鸣响

现在绝大多数 MCU 为了在减小体积的同时不影响接口功能，都会采用引脚复用技术，即同样的 CPU 芯片引脚通过配置寄存器为不同的值，使其具有不同的功能。通过查看 S5P6818 芯片数据手册可知，在 S5P6818 的 151 个 GPIO 引脚中，大多数 GPIO 引脚都具有复用功能。但是，复用功能和 GPIO 功能不应该同时使用。因此，通过将 GPIOx 复用功能选择寄存器的相应位分别设置为 b'01 和 b'10，可以操作复用功能 1 和复用功能 2。

要使用 S5P6818 的 GPIO 端口进行输出，需要通过设置 GPIO 端口的相关位选择 GPIO 功能。具体到 GPIOA13 引脚来说，其具有 GPIO 和 DISD 复用功能，如果要将其设置为普通 GPIO 功能需要设置其复用功能寄存器为复用功能 0，若要将其设置为显示数据线 DISD12 功能，需要设置其复用功能寄存器为复用功能 1。GPIO 复用功能见表 9 – 9。GPIO 复用功能如图 9 – 29 所示。

要使用 GPIO 端口进行输出，除了应通过设置 GPIOx 复用功能选择寄存器的相应位选择 GPIO 功能外，还应通过将 GPIOx 输出使能寄存器（GPIOxOUTENB）设置为"1"来选择 GPIOx 作为输出模式。接下来配置 GPIOx 输出寄存器（GPIOxOUT）所需的输出值（低电平："0"，高电平："1"），该值将反映到相应的位。

表 9 – 9　GPIO 复用功能

Ball	Name	Type	Alternate Function 0	Alternate Function 1	Alternate Function 2	Alternate Function 3
J23	DISD0	S	GPIOA1	DISD0	–	–
G21	DISD1	S	GPIOA2	DISD1	–	–
H21	DISD2	S	GPIOA3	DISD2	–	–
L21	DISD11	S	GPIOA12	DISD11	–	–
K19	DISD12	S	GPIOA13	DISD12	–	–
G22	DISD13	S	GPIOA14	DISD13	–	–
M22	DISD14	S	GPIOA15	DISD14	–	–

GPIOxALTFN0

- Base Address: C001_A000h (GPIOA)
- Base Address: C001_B000h (GPIOB)
- Base Address: C001_C000h (GPIOC)
- Base Address: C001_D000h (GPIOD)
- Base Address: C001_E000h (GPIOE)
- Address = Base Address + A020h, B020h, C020h, D020h, E020h, Reset Value = 0x0000_0000

Name	bit	Type	Description	Reset Value
GPIOXALTFN0_15	[31:30]	RW	GPIOx[15]: Selects the function of GPIOx 15pin. 00 = ALT Function0 01 = ALT Function1 10 = ALT Function2 11 = ALT Function3	2'b0
GPIOXALTFN0_14	[29:28]	RW	GPIOx[14]: Selects the function of GPIOx 14pin. 00 = ALT Function0 01 = ALT Function1 10 = ALT Function2 11 = ALT Function3	2'b0
GPIOXALTFN0_13	[27:26]	RW	GPIOx[13]: Selects the function of GPIOx 13pin. 00 = ALT Function0 01 = ALT Function1 10 = ALT Function2 11 = ALT Function3	2'b0
GPIOXALTFN0_12	[25:24]	RW	GPIOx[12]: Selects the function of GPIOx 12pin. 00 = ALT Function0 01 = ALT Function1 10 = ALT Function2	2'b0

图 9 – 29　GPIO 复用功能设置

　　需要注意的是，只有当 GPIOx 输出寄存器设置为 "0" 时，开漏引脚（GPIOB [7：4] 和 GPIOC [8]）才会在输出模式下工作。即使 GPIOx 输出使能寄存器被设置为输入模式，开漏引脚仍由 GPIOx 输出寄存器操作。

　　GPIOA13/DISD12 引脚的配置过程如下：

　　第 1 步：将 GPIOA13 引脚的复用功能选择寄存器 GPIOxALTFN 设置为 b'00，用于将 GPIOA13 引脚配置为普通的 GPIO 功能。

　　第 2 步：将 GPIOA13 引脚的输出使能寄存器（GPIOxOUTENB）设置为 "1"，用于配置 GPIOA13 引脚为 GPIO 输出功能。

　　第 3 步：将 GPIOA13 引脚的输出寄存器设置为所要输出的值（ "0" 或者 "1" ）。当配置为 "0" 时，GPIOA13 引脚输出低电平；当配置为 "1" 时，GPIOA13 引脚输出高电平。

　　所有实例工程的文件系统目录均按图 9 – 30 所示规则组织。

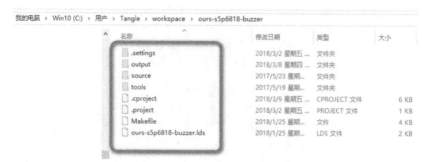

图 9 – 30　工程文件夹目录

（1）". settings" 目录是 IDE 环境自动生成；

（2）"output" 目录是用户自行建立的，用于存放编译生成的输出文件；

（3）"source" 目录是用户自行建立的，用于存放程序源码；

（4）"tools" 目录是用户自行建立的，用于存放编译过程中需要用到的工具及引导文件镜像；

（5）". cproject" 目录是 IDE 环境自动生成的，当建立的是 C 语言工程时，自动创建此文件；

（6）". project" 目录是 IDE 环境自动生成的，当建立工程后自动创建；

（7）Makefile 文件为用户自己创建的文件，是执行 make 命令时需要用到的脚本文件，其中主要包含编译和链接程序的规则说明；

（8）" ∗. lds" 文件为用户自行创建，是工程编译链接的脚本文件；

（9）由于系统等外部因素，可能产生其他文件和目录，均为 IDE 工具生成文件。

工程文件结构如图 9 – 31 所示。

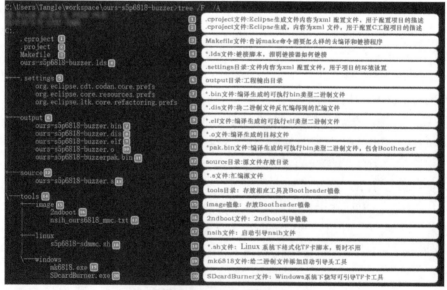

图 9 – 31　工程文件结构

由前面的启动分析可知，要使用户程序能够正常引导运行，TF 卡需要先存放启动引导文件头，再存放用户程序，也就是需要对编译生成的用户可执行文件进行包装。引导镜

像包括2ndboot 和 nsih 两个文件,

在工程目录中"tools/windows"目录下存放的"mk6818. exe"便是完成将"2ndboot"和"nsih"引导镜像与用户 bin 文件进行打包的工具。在编译过程中最后需要完成打包任务,这将在后面的具体工程分析中说明。

3. 实验现象

当实验平台成功运行 TF 卡中的蜂鸣器控制程序时,可以听到板载蜂鸣器间隔约500 ms鸣响一次。可以修改源码改变鸣响间隔及鸣响方式。

4. 实验步骤

1) 导入工程

打开 Eclipse for C ++ 软件,选择"File"→"Import…"选项,如图 9 - 32 所示,在弹出的对话框中选择"General"类中的"Existing Projects into Workspace",单击"Next"按钮,如图 9 - 33 所示。

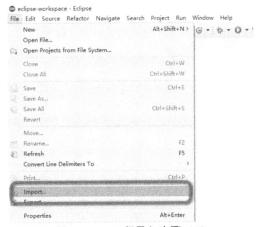

图 9 - 32　工程导入步骤 (1)

图 9 - 33　工程导入步骤 (2)

在选择目录处单击"Browse…"按钮,选择"ours - s5p6818 - buzzer"目录,单击"Finish"按钮完成工程导入,如图 9 - 34 所示。

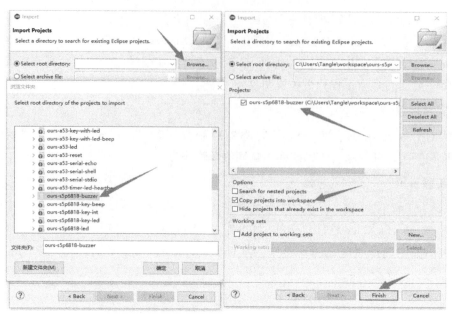

图 9 - 34　工程导入步骤 (3)

2）编译工程

工程导入完成后，用鼠标右键单击工程名，选择"Build Project"命令编译工程，编译的过程和结果会在"Console"窗口中显示，最终生成"ours - s5p6818 - buzzerpak. bin"文件，这是要使用的最终文件，如图 9 - 35 所示。

图 9 - 35　编译工程

3）烧写 TF 卡

由于每一个裸机程序的功能都不相同，所以每次都需要重新烧写 TF 卡，应确保已经完成了 TF 卡格式化工作（否则无法完成烧写）。将 TF 卡接入 PC，以管理员身份运行工程中 "tools/windows" 目录下 TF 卡引导烧写工具 "SDcardBurner. exe"，烧写编译生成的 "ours – s5p6818 – buzzerpak. bin" 文件，如图 9 – 36 所示。

图 9 – 36　烧写 TF 卡

4）运行程序

通过串口线连接实验平台的 Debug 串口（左上角 DB9 接口 J10），打开串口终端软件（没有特殊说明的情况下配置均为波特率 115 200、8 位数据位、无奇偶校验、1 位停止位、无流控）。将烧有蜂鸣器控制程序的 TF 卡插到实验平台下侧的 TF 卡槽，给实验平台上电，即可执行，同时串口将会打印引导信息，如图 9 – 37 所示。注意观察最后 3 条信息，其指示了当前是从 SD/MMC 卡引导，程序最后跳转到 0x43C00000 地址执行。

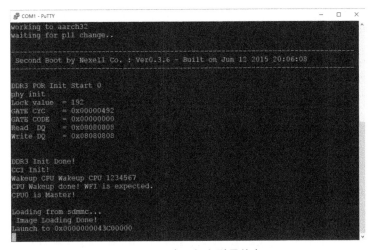

图 9 – 37　串口打印引导信息

注意：如果在启动时未打印引导信息，同时也未实现需要的功能，可能是 TF 卡格式化出错，或者烧写镜像到 TF 卡时出错，应仔细核对。

5. 实验分析

本节及以后的汇编语言实验主要涉及的编写及修改的文件包括 " * . s" 汇编源文件、Makefile 文件、" * . lds" 链接文件。下面对源文件及编译过程进行简要分析。

1）汇编源程序说明

```
//Buzzer ----> GPIOA13 默认 ALT Function0 为 GPIO
//GPIOA 寄存器地址定义
.equ GPIOAALTFN0,0xC001A020  @GPIOAALTFN0 寄存器地址,复用功能选择寄存器 0
.equ GPIOAOUTENB,0xC001A004  @GPIOAOUTENB 寄存器地址,输出使能寄存器地址
.equ GPIOAOUT,0xC001A000           @GPIOAOUT 寄存器地址,输出寄存器
.text
.global_start
.arm
_start:
    @蜂鸣器
    //将 GPIOA13 功能选项配置为 GPIO
    ldr r0, = GPIOAALTFN0     @读取 GPIOA 的备用功能选择寄存器 GPIOAALTFN0
    ldr r1,[r0]           @先读出原值
    bic r1,r1,#(0x3 << 26)   @清除 bit[27:26]清零 r1 = r1 & ( ~0xC000000),GPIOAALTFN0_13
    str r1,[r0]           @写入 GPIOAALTFN0
    //将 GPIOA13 配置为输出
    ldr r0, = GPIOAOUTENB    @读 GPIOAOUTENB
    ldr r1,[r0]           @先读出原值
    orr r1,r1,#(0x1 <<13)    @置位 1,bit13;将 GPIOA13 设置为输出模式
    str r1,[r0]           @回写
LOOP:
    //输出高电平,打开蜂鸣器
    ldr r0, = GPIOAOUT    @读 GPIOAOUT
    ldr r1,[r0]    @读值
    orr r1,r1,#(0x1 <<13)   @置位 1,bit 13 位置 1;打开蜂鸣器
    str r1,[r0]           @回写
    ldr r2, =0x2FFFFFF    @延时值
LOOP1:
    sub r2,r2,#1          @减 1
    cmp r2,#0    @与 0 比较
    bne LOOP1            @不相等跳转
```

```
//输出低电平,关闭蜂鸣器
ldr r0,=GPIOAOUT @读值
```

由于采用的是 GNU 编译器,故汇编采用 GNU 汇编语法,在 GNU 汇编程序中,程序宏观上是从开始标识到结束标识顺序依次执行的,遇到跳转指令除外。具体到本例中,程序从 _start 标识开始执行,到 .end 标识结束。下面结合前面的原理说明对程序进行简要分析:

(1) 汇编程序头。

```
//Buzzer ----> GPIOA13 默认 ALT Function0 为 GPIO
//GPIOA 寄存器地址定义
.equ GPIOAALTFN0,0xC001A020   @GPIOAALTFN0 寄存器地址,复用功能选择寄存器 0
.equ GPIOAOUTENB,0xC001A004   @GPIOAOUTENB 寄存器地址,输出使能寄存器地址
.equ GPIOAOUT,0xC001A000          @GPIOAOUT 寄存器地址,输出寄存器
.text
.global _start
.arm
_start:
```

在 _start 标识之前使用 .equ 伪指令把常量值设置为符号,类似于高级语言中的宏定义。

①. text 指定了后续编译出来的内容放在代码段中 (可执行)。

②. global 告诉编译器后续是一个全局可见的名字 (可以是变量,也可以是函数名)。在本例中, _start 是一个函数的起始地址,也是编译、链接后面程序的起始地址。由于程序是通过加载器来加载的,必须要找到名字为 _start 的函数,因此 _start 必须定义成全局的,以便存在于编译后的全局符合表中,供其他程序 (如加载器) 寻找。

(2) 主程序开始。

①第 1 步:设置复用功能。

```
_start:
    @蜂鸣器
    //将 GPIOA13 功能选项配置为 GPIO
    ldr r0,=GPIOAALTFN0   @读取 GPIOA 的备用功能选择寄存器 GPIOAALTFN0
    ldr r1,[r0]      @先读出原值
    bic r1,r1,#(0x3<<26)      @清除 bit[27:26]清零 r1 = r1 & ( ~ 0xC000000),GPIOAALTFN0_13
    str r1,[r0]      @写入 GPIOAALTFN0
```

将蜂鸣器连接的 GPIO 引脚 GPIOA13 的复用功能设置为 GPIO 功能。也就是将其对应的 GPIOAALTFN0 寄存器相关位清零。注意程序中的 GPIOAALTFN0 寄存器操作采用的是位操作,并非暴力地强制写入值,这样的好处是此操作仅影响要操作的位的值,对其他位的值不产生影响。

②第 2 步:设置输出使能。

```
// 将 GPIOA13 配置为输出
ldr r0, = GPIOAOUTENB    @读 GPIOAOUTENB
ldr r1,[r0]       @先读出原值
orr r1,r1,#(0x1 <<13)      @置位 1,bit13;将 GPIOA13 设置为输出模式
str r1,[r0]     @回写 GPIOAOUTENB
```

将蜂鸣器连接的 GPIO 引脚 GPIOA13 配置为输出功能,即将 GPIOAOUTENB 寄存器对应位设置为"1"。

③第 3 步:打开蜂鸣器。

```
LOOP:
// 输出高电平,打开蜂鸣器
ldr r0, = GPIOAOUT     @读 GPIOAOUT
ldr r1,[r0]    @读值
orr r1,r1,#(0x1 <<13)    @置位 1,bit 13 位置 1;打开蜂鸣器
str r1,[r0]    @回写
```

控制打开蜂鸣器,即控制 GPIOAOUT 输出寄存器输出"1"(高电平),三极管 Q11 闭合,蜂鸣器电路形成通路,蜂鸣器打开。由于 CPU 运行指令的速度很快,当执行完打开蜂鸣器指令后立即控制 GPIOAOUT 输出"0"(低电平),三极管 Q11 打开,蜂鸣器电路断路,蜂鸣器关闭,其间隔可能只有几微秒或几纳秒,人根本无法听到如此短暂的响声,因此需要添加延时程序,使其打开状态能够保持一段时间。当执行完上述代码段后,蜂鸣器便被打开,若无其他控制代码,蜂鸣器将在重启之前一直鸣响。在此代码段后添加延时及关闭蜂鸣器的代码,以改变其状态。

④第 4 步:延时保持打开状态。

```
ldr r2, = 0x2FFFFFF    @延时值
LOOP1:
sub r2,r2,#1       @减 1
cmp r2,#0       @与 0 比较
bne LOOP1        @不相等跳转
```

如上代码段主要完成延时功能,即将 0x2FFFFFF 减去 1 后与 0 进行判断,如果不等于 0 就跳转到 LOOP1 标识执行,相当于 CPU 执行减法空转,以实现延时功能,延时总时间

等于 0x2FFFFFF 乘以单条指令执行时间。一旦延时值减为 0，程序将跳出 LOOP1 循环判断，接着执行下面的指令。

⑤第 5 步：关闭蜂鸣器。

```
//输出低电平,关闭蜂鸣器
ldr r0,=GPIOAOUT  @读值
ldr r1,[r0]
bic r1,r1,#(0x1<<13)  @置位 0,bit 13 设置为 0,关闭蜂鸣器
str r1,[r0]      @回写
```

上述代码段控制 GPIOAOUT 输出 "0"，即关闭蜂鸣器，同理关闭蜂鸣器后其状态也需要保持一段时间才能被人耳察觉。如此循环，将实现蜂鸣器间隔鸣响。

⑥第 6 步：延时保持关闭状态。

```
    ldr r2,=0x3FFFFFF  @延时值
LOOP2:
    sub r2,r2,#1        @减1
    cmp r2,#0        @比较
    bne LOOP2
```

与前面的 LOOP1 循环判断类似，在此处延时，0x3FFFFFF 便是延时值。紧接着程序继续向下执行。一旦延时值减到 0，便会跳出循环执行下面的程序。

⑦第 7 步：循环。

```
    b LOOP
stop:
    b stop
.end
```

直接使用无条件跳转指令 b 跳转到前面的 LOOP 标识处，如此往复循环，也就是死循环，后面 stop 标识的代码将永远没有执行机会。

2）链接脚本说明

创建可执行文件的最后一步是链接，链接脚本是整个程序编译之后的连接过程。它是由 LD 或者用 GCC 间接调用 LD 来完成的。链接脚本决定了一个可执行程序的各个段的存储位置，它的主要任务是把外部库和应用程序的目标代码放到 text 段的正确位置，以及创建程序中的其他段（如 data/bss 段）。在程序链接时，链接器只关心函数和全局变量，链接器把它们识别为符号进行链接。在本例中最主要的是在链接脚本中设置程序起始位置为 0x43C00000。

（1）链接脚本头。

```
OUTPUT_FORMAT ( "elf32 - littlearm", "elf32 - littlearm", "elf32 -
littlearm")
/* 指定输出可执行文件是 elf 格式,32 位 ARM 指令,小端格式 */
OUTPUT_ARCH(arm)
/* 指定输出可执行文件的平台为 ARM */
ENTRY(_start)
/* 指定输出可执行文件的起始代码段为_start */
```

①链接脚本最开始指定了输出文件为 elf 格式、32 位 ARM 指令、小端格式;

②指定输出的架构为 ARM 架构;

③指定整个程序的入口地址,可以认为是第一句指令,_start 是 "＊.s" 汇编源文件的第一个标签。值得注意的是,程序入口并不代表它位于存储介质的起始位置。一般起始位置存放的是 16 字节校验头和异常向量表。

(2) SECTIONS 字段。

```
SECTIONS
/* 正式开始地址划分 */
{
    . = 0x43C00000;
    /* .是指当前地址(代码段起始地址)设为 0x43C00000 */
    . = ALIGN(4);
    /* 代码以 4 字节对齐 */
```

SECTIONS 表示正式开始地址划分。

① "." 的意思是当前地址,这行代码将当前地址 (代码段起始地址) 设为 0x43C00000。

② ". = ALIGN (4)" 的意思是代码以 4 字节对齐。

(3) text 字段。

```
.text:
/* 指定代码段 */
{
    *(.text)
    /* 其他代码部分 */
}
```

".text" 表示开始代码段的链接。

(4) 其他字段。

```
. = ALIGN(4);
.rodata :
/* 指定只读数据段 */
{
    *(.rodata)
}
. = ALIGN(4);
.data :
/* 指定读/写数据段 */
{
    *(.data)
}
. = ALIGN(4);
.bss :
/* 指定 bss 段 */
{
    *(.bss) *(COMMON)
}
```

① ". = ALIGN(4)" 的意思是将当前地址（代码段结束地址）4 字节对齐，然后将其作为只读数据段的起始地址（存放只读的全局变量）。

② 同理，对数据段（存放全局变量）和 bss 段进行相同的设置。

③ 最后设置 bss 段（存放初始值为 0 的全局变量）。

3）编译脚本

编译脚本关系到整个工程的编译规则，其定义了一系列规则来指定哪些文件需要先编译，哪些文件需要后编译，哪些文件需要重新编译，甚至进行更复杂的功能操作。

因为开发环境和编译工具不同，使用的编译脚本也不同，本例使用的是 GNU 的 make 工具来管理编译工作，其对应的脚本为 Makefile，Makefile 就像一个 Shell 脚本，也可以执行操作系统的命令。Makefile 的好处是"自动化编译"，一旦写好，只需要一个 make 命令，整个工程完全自动编译，极大地提高了软件开发的效率。make 是一个命令工具，是一个解释 Makefile 中指令的命令工具。一般来说，大多数 IDE 都有这个命令，比如 Delphi 的 make、Visual C ++的 nmake、Linux 下 GNU 的 make。可见，Makefile 已成为一种工程方面的编译方法。

（1）Makefile 的规则。

```
target: prerequisites...
command
...
```

①target：是一个目标文件，可以是 Object File，也可以是执行文件，还可以是一个标签。

②prerequisites：是要生成的 target 所需要的文件或目标。

③command：是 make 需要执行的命令（任意的 Shell 命令）。

这是一个文件的依赖关系，也就是说，target 依赖于 prerequisites 中的文件，其生成规则定义在 command 中。在定义好依赖关系后，后续的那一行定义了如何生成目标文件的操作系统命令，一定要以一个 Tab 键作为开头。make 并不管命令是怎么工作的，只管执行所定义的命令。make 会比较 target 文件和 prerequisites 文件的修改日期，如果 prerequisites 文件的日期比 target 文件的日期新，或者 target 文件不存在，那么，make 就会执行后续定义的命令。也就是说，prerequisites 中如果有一个以上的文件比 target 文件新，command 所定义的命令就会被执行。这就是 Makefile 的规则。要编译目标文件可以使用 make target。更详细的内容请读者自行学习。

（2）定义 Makefile 变量。

```
SHELL = C:/windows/system32/cmd.exe
CROSS_COMPILE  : = arm - none - eabi -
PROJ_NAME      : = ours - s5p6818 - buzzer
SRCDIRS        : = source
OUTDIRS        : = output
MK6818         : = tools/windows/mk6818
NSIH           : = tools/image/nsih_ours6818_mmc.txt
SECBOOT        : = tools/image/2ndboot
CFLAGS         : = - O0 - g - c - o
LDFLAGS        : = - T  $(PROJ_NAME).lds - o
OCFLAGS        : = - O binary - S
ODFLAGS        : = - D
CC             : = $(CROSS_COMPILE)gcc
LD             : = $(CROSS_COMPILE)ld
OC             : = $(CROSS_COMPILE)objcopy
OD             : = $(CROSS_COMPILE)objdump
MKDIR          : = mkdir
CP             : = cp - af
RM             : = rm - rf
CD             : = cd
FIND           : = find
```

在 Makefile 文件最开始处定义了一系列变量，变量一般都是字符串，类似 C 语言中的宏，当 Makefile 文件被执行时，其中的变量都会被扩展到相应的引用位置上。当然，并不是必须定义变量，只是使用变量的方式可以方便修改以及使脚本更简洁。

（3）定义伪目标。

```
.PHONY:all clean
all:
    …
clean:
    …
```

由 Makefile 规则可知 target 可以是一个目标文件，也可以是一个标签。程序并不生成 all 和 clean 这两个文件，它们只是伪目标。伪目标并不是一个文件，只是一个标签，由于伪目标不是文件，所以 make 无法生成它的依赖关系和决定它是否要执行。只有通过显式地指明这个"目标"才能让其生效。当然，伪目标的取名不能和文件名重名，不然其就失去了伪目标的意义。

可以使用一个特殊的标记".PHONY"显式地指明一个目标是伪目标，向 make 说明，不管是否有这个文件，这个目标就是伪目标。

在 Makefile 中，规则的顺序是很重要的，因为 Makefile 中只应该有一个最终目标，其他目标都是被这个目标所连带出来的，所以一定要让 make 知道最终目标是什么。一般来说，定义在 Makefile 中的目标可能有很多，但是第一条规则中的目标将被确立为最终目标。如果第一条规则中的目标有很多个，那么，第一个目标会成为最终目标。make 所完成的也就是这个目标。

```
all:
    @echo.
    @echo Build All...
    @echo =================================================
    @echo [Step 1:Build]
    @echo Building $(PROJ_NAME) ...
     $(CC) $(CFLAGS) $(OUTDIRS)/$(PROJ_NAME).
o $(SRCDIRS)/$(PROJ_NAME).s
    @echo =================================================
    @echo.
    @echo =================================================
    @echo [Step 2:LD]
    @echo Linking $(PROJ_NAME).elf ...
     $(LD) $(OUTDIRS)/$(PROJ_NAME).o $(LDFLAGS) $(OUTDIRS)/
 $(PROJ_NAME).elf
```

```
    @echo =================================================
    @echo.
    @echo =================================================
    @echo [Step 3:OC]
    @echo Objcopying $(PROJ_NAME).bin ...
     $(OC) $(OUTDIRS)/$(PROJ_NAME).elf $(OCFLAGS) $(OUTDIRS)/
$(PROJ_NAME).bin
    @echo =================================================
    @echo.
    @echo =================================================
    @echo [Step 4:OD]
    @echo Objdumping $(PROJ_NAME).elf ...
     $(OD) $(ODFLAGS) $(OUTDIRS)/$(PROJ_NAME).elf > $(OUTDIRS)/
$(PROJ_NAME).dis
    @echo =================================================
  @echo.
    @echo =================================================
    @echo [Step 5:Make Boot Image]
    @echo Make header information for irom booting ...
     @ $(MK6818) $(OUTDIRS)/$(PROJ_NAME)pak.bin $(NSIH)
$(SECBOOT)
   $(OUTDIRS)/$(PROJ_NAME).bin
    @echo =================================================
    @echo.
    @echo Build complete.
  clean:
    @echo.
    @echo [Clean Build...]
    @echo =================================================
====
    @echo Cleaning Objs...
    rm -rf $(OUTDIRS)/*.o $(OUTDIRS)/*.elf $(OUTDIRS)/*.dis
$(OUTDIRS)/*.bin
    @echo =================================================
    @echo.
    @echo Clean complete.
```

（4）命令执行。

一般情况下将 Makefile 中的第一个目标称为"默认目标"，编译"默认目标"可以直接简单地使用 make，不用跟目标名。

当依赖目标新于目标时，也就是当规则的目标需要被更新时，make 会逐条执行其后的命令。再次强调"命令必须以一个 Tab 键作开头"，如果要让上一条命令的结果应用在下一条命令，应该使用分号分隔这两条命令。比如第一条命令是 cd 命令，希望第二条命令在 cd 的基础上运行，那么就不能把这两条命令写在两行上，而应该把这两条命令写在一行上，用分号分隔。

具体到本例，编译过程如下：

（1）目标是 all 伪目标，首先使用 arm－none－eabi－gcc 将"＊.s"文件编译生成"＊.o"对象文件。

（2）使用 arm－none－eabi－ld 将"＊.o"对象文件按照链接脚本规则链接生成"＊.elf"可执行文件。

（3）使用 arm－none－eabi－objcopy 将"＊.elf"文件进行格式转换生成"＊.bin"文件。

（4）使用 arm－none－eabi－objdump 将"＊.elf"文件反汇编成"＊.dis"文件，主要用来查看编译后目标文件的组成。

（5）到上一步已经完成了可执行程序的生成，由于 S5P6818 启动引导的特殊要求，需要对可执行文件进一步包装，使用"mk6818.exe"将"NISH.txt""2ndboot"和"＊.bin"文件整合生成"＊pak.bin"文件。

（6）最后的 clean 伪目标主要用于自动删除编译生成的中间文件和可执行文件。

9.4　ARM 汇编控制 LED 灯闪烁

1. 实验目的

重点掌握 S5P6818 的 GPIO 相关寄存器的配置和使用方法，以及驱动 LED 灯的方法。

2. 实验原理

1）硬件连接

LED 灯原理图如图 9－38 所示。

通过原理图可知 D11～D14 这 4 个 LED 灯分别通过与其连接的三极管 Q7～Q10 控制，控制引脚 LED_D0～LED_D3 最终分别连接到 CPU 的 GPIOA1/DISD0、GPIOA2/DISD1、GPIOA3/DISD2、GPIOA16/DISD15 引脚。

2）控制原理

实验平台上电后，无须按任何按键，VCC3P3_SYS 会产生 3.3 V 的电压，通过一个 NPN 型 8050 三极管驱动 LED 灯亮/灭。

3）驱动过程

LED 叫作发光二极管，它是一种能将电能转化为光能的半导体电了元件，是半导体二极管的一种。发光二极管与普通二极管一样，由一个 PN 结组成，也具有单向导电性。当给发光二极管加上正向电压后，从 P 区注入 N 区的空穴和由 N 区注入 P 区的电子在 PN 结附近数微米内分别与 N 区的电子和 P 区的空穴复合，产生自发辐射的荧光。

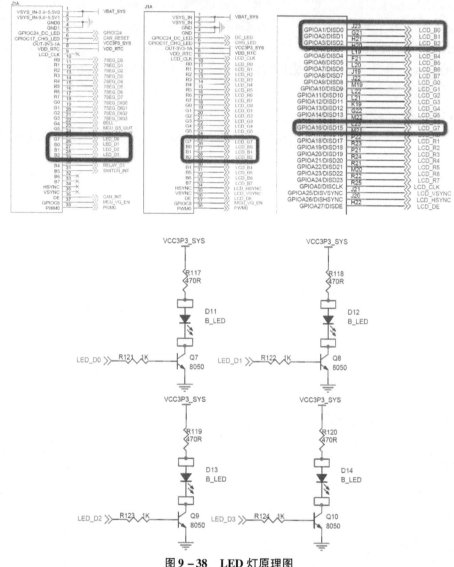

图 9 – 38 LED 灯原理图

由前面的硬件连接及控制原理可知，要驱动 LED，直接控制对应的与其连接的 8050 三极管即可，也就是控制 LED_D0 ~ LED_D3 引脚输出高/低电平。因为 LED_D0 ~ LED_D3 引脚最终连接到 CPU 的 GPIO 端口，所以需要控制 GPIO 端口输出高或低电平。输出高电平时三极管闭合，LED 灯点亮；输出低电平时三极管打开，LED 灯熄灭。

LED 灯 GPIO 工作状态见表 9 – 10。

LED 控制引脚最终连接到 CPU 的 GPIOA1/DISD0、GPIOA2/DISD1、GPIOA3/DISD2 及 GPIOA16/DISD15 引脚，这几个引脚对应的复用功能见表 9 – 11。

表 9 - 10　LED 灯 GPIO 工作状态

电路网络标号	GPIO 端口	GPIO 状态	LED 灯状态
LED_D0	GPIOA16	GPIOA16 = 0（低电平）	D11 灯熄灭
		GPIOA16 = 1（高电平）	D11 灯点亮
LED_D1	GPIOA1	GPIOA1 = 0（低电平）	D12 灯熄灭
		GPIOA1 = 1（高电平）	D12 灯点亮
LED_D2	GPIOA2	GPIOA2 = 0（低电平）	D13 灯熄灭
		GPIOA2 = 1（高电平）	D13 灯点亮
LED_D3	GPIOA3	GPIOA3 = 0（低电平）	D14 灯熄灭
		GPIOA3 = 1（高电平）	D14 灯点亮

表 9 - 11　GPIO 复用功能

Ball	Name	Type	Alternate Function 0	Alternate Function 1	Alternate Function 2	Alternate Function 3
J23	DISD0	S	GPIOA1	DISD0	–	–
G21	DISD1	S	GPIOA2	DISD1	–	–
H21	DISD2	S	GPIOA3	DISD2	–	–
L23	DISD15	S	GPIOA16	DISD15	–	–
M21	DISD16	S	GPIOA17	DISD16	–	–
P22	DISD17	S	GPIOA18	DISD17	–	–

程序控制流程如下：

第 1 步：分别配置 GPIOA1/DISD0、GPIOA2/DISD1、GPIOA3/DISD2 及 GPIOA16/DISD15 引脚功能为 AlternateFunction 0，即普通 GPIO 功能。

第 2 步：分别配置 GPIOA1/DISD0、GPIOA2/DISD1、GPIOA3/DISD2 及 GPIOA16/DISD15 引脚输出使能。

第 3 步：分别配置 GPIOA1/DISD0、GPIOA2/DISD1、GPIOA3/DISD2 及 GPIOA16/DISD15 引脚输出寄存器输出对应值。

3. 实验现象

当实验平台成功运行 TF 卡中的控制程序时，可以看到实验平台上的 4 个 LED 灯间隔约 500 ms 闪烁 1 次。

4. 实验步骤

1）导入工程

导入工程的方法与前面实验类似，不再赘述，所要导入的工程位于资料包中的"ours - s5p6818 - led"目录。

2）编译工程

工程导入完成后，在用鼠标右链单击工程名，选择"Build Project"命令编译工程，编译的过程和结果会在"Console"窗口中显示，最终生成"ours - s5p6818 - ledpak. bin"文件，这是要使用的最终文件，如图 9 - 39 所示。

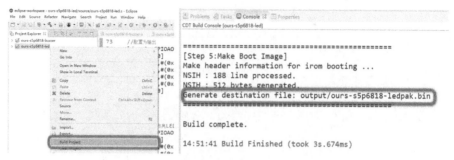

图 9-39 编译工程

3) 烧写 TF 卡

与前面实验中烧写 TF 卡的方法一致，以管理员身份运行烧写软件，选择编译生成的"ours-s5p6818-ledpak.bin"文件烧写 TF 卡，如图 9-40 所示。

图 9-40 烧写 TF 卡

烧写完成后，通过串口线连接实验平台的 Debug 串口（左上角 DB9 接口 J10），打开串口终端软件。将烧有控制程序的 TF 卡插到实验平台下侧的 TF 卡槽中，给实验平台上电，即可执行，同时串口将会打印引导信息，如图 9-41 所示。若不出错误，将看到 4 个 LED 灯闪烁。

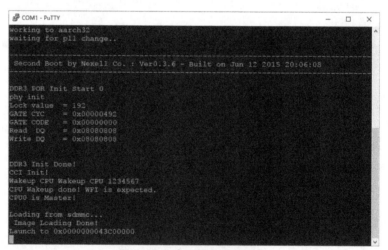

图 9-41 串口打印引导信息

5. 实验分析

此程序与蜂鸣器程序基本相同，首先是配置对应的 4 个引脚为普通的 GPIO 功能，代码如下：

```
@4 个 LED 灯闪烁
@配置　GPIOA1、GPIOA2、GPIOA3、GPIOA16 引脚功能为 GPIO
ldr r0,=GPIOAALTFN0    @将 GPIOA 的备用功能选择寄存器 GPIOAALTFN0 值
加载到 r0
ldr r1,=GPIOAALTFN1    @GPIOA 的备用功能选择寄存器 GPIOAALTFN1
ldr r2,[r0]        @先读出 GPIOAALTFN0 原值到 r2
ldr r3,[r1]        @读出 GPIOAALTFN1 的值到 r3
// 清除 GPIOAALTFN0[3:2][5:4][7:6]位,设置 GPIOA1,GPIOA2,GPIOA3 为
GPIO 功能
bic r2,r2,#(0x3 <<2)
bic r2,r2,#(0x3 <<4)
bic r2,r2,#(0x3 <<6)
bic r3,r3,#(0x3 <<0)        @清除 GPIOAALTFN1[1:0]位,设置 GPIOA16 为
GPIO 功能
str r2,[r0]        @写入 GPIOAALTFN0
str r3,[r1]        @写入 GPIOAALTFN1
```

配置对应的引脚输出使能,代码如下:

```
// 配置为输出
ldr r0,=GPIOAOUTENB
ldr r1,[r0]        @读出原值
orr r1,r1,#(0x1 <<1)        @将 GPIOA1,GPIOA2,GPIOA3,GPIOA16 设置为
输出
orr r1,r1,#(0x1 <<2)
orr r1,r1,#(0x1 <<3)
orr r1,r1,#(0x1 <<16)
str r1,[r0]        @写入 GPIOAOUTENB
```

输出相应电平控制三极管,进而控制 LED 灯,代码如下:

```
                              @输出高电平,点亮 LED 灯
ldr r0,=GPIOAOUT        @GPIOAOUT 加载到 r0
ldr r1,[r0]        @读出原值到 r1
orr r1,r1,#(0x1 <<16)    @置位 1,点亮 LED_D0
orr r1,r1,#(0x1 <<1)    @置位 1,点亮 LED_D1
orr r1,r1,#(0x1 <<2)    @置位 1,点亮 LED_D2
```

```
orr r1,r1,#(0x1<<3)@置位1,点亮 LED_D3
str r1,[r0]      @将 r1 的值保存到 r0
ldr r2,=0x1FFFFFF @加载延时值
bl delay @调用延时函数
```

9.5　ARM 汇编控制 LED 灯交替闪烁

1. 实验原理

1）硬件连接

D1 灯原理图如图 9 - 42 所示。

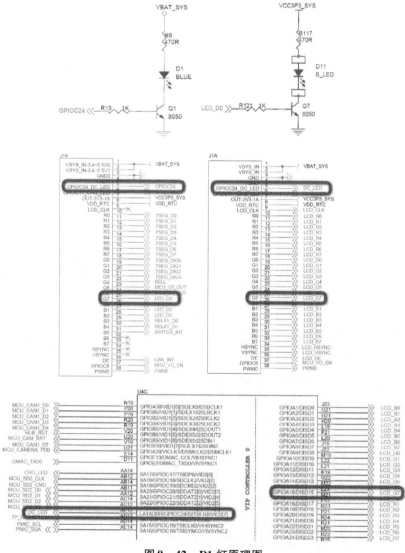

图 9 - 42　D1 灯原理图

通过原理图可知 D1 对应的 LED 灯由与其连接的三极管 Q1 控制，控制引脚 GPIOC24 最终连接到 CPU 的 LATADDR/GPIOC24/SPDIFRX/VID2[7] 引脚；D11 对应的 LED 灯由三极管 Q7 控制，控制引脚 LED_D0 最终连接到 CPU 的 GPIOA16/DISD15 引脚。

2）控制原理

实验平台上电后，无须按任何按键，VCC3P3_SYS 会产生 3.3 V 的电压，VBAT_SYS 会产生 5 V 的电压，通过一个 NPN 型 8050 三极管驱动 LED 灯亮/灭。驱动的原理与前面类似。LED_D1 引脚工作状态见表 9 – 12。

表 9 – 12　LED_D1 引脚工作状态

电路网络标号	GPIO 端口	GPIO 状态	LED 灯状态
LED_D0	GPIOA16	GPIOA16 = 0（低电平）	D11 灯熄灭
		GPIOA16 = 1（高电平）	D11 灯点亮
GPIOC24	GPIOC24	GPIOC24 = 0（低电平）	D1 灯熄灭
		GPIOC24 = 1（高电平）	D1 灯点亮

与前面实验的原理一样，首先需要配置对应引脚复用功能为 GPIO 功能，D1 引脚复用功能见表 9 – 13。

表 9 – 13　D1 引脚复用功能

Ball	Name	Type	Alternate Function 0	Alternate Function 1	Alternate Function 2	Alternate Function 3
AA9	VID0_0	S	GPIOD28	VID0_0	TSIDATA1_0	SA24
AC12	VID2_6	S	SA23	GPIOC23	SDDAT2_3	VID2_6
AE12	VID2_7	S	LATADDR	GPIOC24	SPDIFRX	VID2_7
AD12	VICLK2	S	SA14	GPIOC14	PWM2	VICLK2

LED_D0 引脚复用功能见表 9 – 14。

表 9 – 14　LED_D0 引脚复用功能

Ball	Name	Type	I/O	PU/PD	Alternate Function 0	Alternate Function 1	Alternate Function 2	Alternate Function 3
L20	DISD6	S	IO	N	GPIOA7	DISD6		
L21	DISD11	S	IO	N	GPIOA12	DISD11		
L22	DISD10	S	IO	N	GPIOA11	DISD10		
L23	DISD15	S	IO	N	GPIOA16	DISD15		
L24	USB2.0HOST_DM	S	IO	N	USB2.0HOST_DM			

2. 实验现象

当实验平台成功运行 TF 卡中的控制程序时，可以看到实验平台上的 D1 灯（靠近电源开关）和 LED_D0 灯（SIM 卡槽右侧第一个）间隔约 500 ms 交替闪烁。

3. 实验步骤

1）导入工程

选择"File"→"Import…"选项，导入工程，如图 9 – 43 所示。

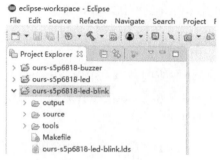

图 9-43 导入工程

2）编译工程

工程导入完成后，用鼠标右键单击工程名，选择"Build Project"命令编译工程，编译的过程和结果会在"Console"窗口中显示，最终生成"ours – s5p6818 – led – blinkpak. bin"文件，这是要使用的最终文件，如图 9 – 44 所示。

图 9-44 编译工程

3）烧写 TF 卡

与前面实验的烧写方法一致，以管理员身份运行烧写软件，选择编译生成的"ours – s5p6818 – led – blinkpak. bin"文件进行烧写，如图 9 – 45 所示。

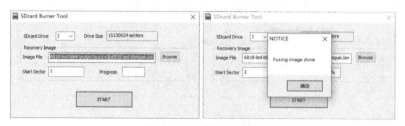

图 9-45 烧写 TF 卡

烧写完成后，通过串口线连接实验平台的 Debug 串口（左上角 DB9 接口 J10），打开串口终端软件。将烧有控制程序的 TF 卡插到实验平台下侧的 TF 卡槽中，给实验平台上电，即可执行，同时串口将会打印引导信息，如图 9 – 46 所示。若不出错误，将看到 D1 灯和 LED_D0 灯交替闪烁。

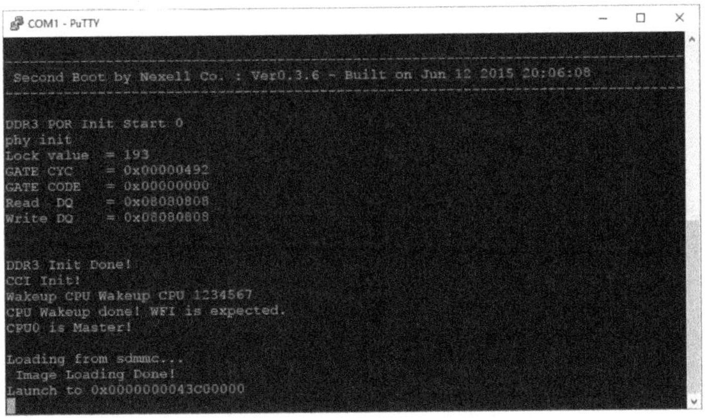

图 9 - 46　串口打印引导信息

4. 实验分析

此部分与前面的实验没有本质区别，主要是 GPIOC24 的复用功能设置不太一样，通过芯片数据手册或者原理图可知其 Alternate Function 1 为 GPIO 功能。代码如下：

```
//将 GPIOA16 配置为 GPIO 功能
    ldr r0,=GPIOAALTFN1    @读取 GPIOA 的备用功能选择寄存器 GPIOAALTFN1
    ldr r1,[r0]    @先读出原值
    bic r1,r1,#(0x3 <<0)    @bit[1:0]清零,r1 = r1&( ~0x3),默认 ALT
FUN 0 即 GPIO 功能,设置 GPIOA16 为 GPIO 功能
    str r1,[r0]    @写入 GPIOAALTFN1
//将 GPIOC24 配置为 GPIO 功能
    ldr r0, = GPIOCALTFN1    @读取 GPIOC24 的备用功能选择寄存器
GPIOCALTFN1
    ldr r1,[r0]    @读原值
    bic r1,r1,#(0x3 <<16)    @清除 GPIOCALTFN1,bit[17:16]清零
    orr r1,r1,#(0x1 <<16)    @引脚复用,设置 ALT FUN 1 为 GPIO 功能,将
GPIOCALTFN1 bit[17:16]设置为 b01
    str r1,[r0]    @回写
```

9.6　ARM 汇编控制跑马灯

1. 实验原理

1）硬件连接

跑马灯原理图如图 9 - 47 所示。通过原理图可知 D11 ~ D14 这 4 个 LED 灯分别由与其连接的三极管 Q7 ~ Q10 控制，控制引脚 LED_D0 ~ LED_D3 最终分别连接到 CPU 的 GPIOA1/DISD0、GPIOA2/DISD1、GPIOA3/DISD2、GPIOA16/DISD15 引脚。

2）控制原理

跑马灯控制原理与 LED 闪烁实验完全一样，只是控制逻辑稍有不同。在本实验中，依次控制单个引脚输出高电平点亮 LED 灯。

2. 实验现象

当实验平台成功运行 TF 卡中的控制程序时，可以看到实验平台上的 LED_D0 ~ LED_D3 灯依次点亮和熄灭，达到跑马灯效果。

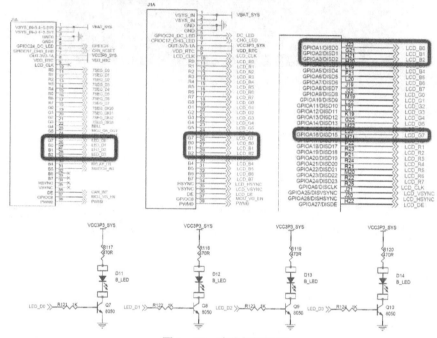

图 9-47　跑马灯原理图

3. 实验步骤

1）导入工程

导入工程的方法与前面实验类似，不再赘述，所要导入的工程位于资料包中的"ours - s5p6818 - leds"目录。

2）编译工程

工程导入完成后，用鼠标右键单击工程名，选择"Build Project"命令编译工程，编译的过程和结果会在"Console"窗口中显示，最终生成"ours - s5p6818 - ledspak. bin"文件，这是要使用的最终文件，如图 9-48 所示。

图 9-48　编译工程

3）烧写 TF 卡

与前面实验的烧写方法一致，以管理员身份运行烧写软件，选择编译生成的 "ours – s5p6818 – ledspak. bin" 文件进行烧写，如图 9 – 49 所示。

图 9 – 49 烧写 TF 卡

烧写完成后，通过串口线连接实验平台的 Debug 串口（左上角 DB9 接口 J10），打开串口终端软件。将烧有控制程序的 TF 卡插到实验平台下侧的 TF 卡槽中，给实验平台上电，即可执行，同时串口将会打印引导信息，如图 9 – 50 所示。若不出错误，将看到 4 个 LED 灯轮流闪烁。

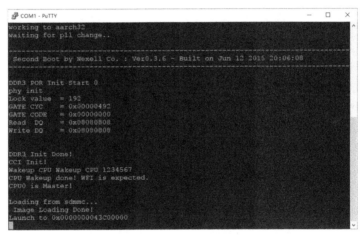

图 9 – 50 串口打印引导信息

9.7 ARM 汇编按键控制蜂鸣器

1. 实验目的

掌握获取 GPIO 端口输入状态的方法，利用轮询方式采集按键状态，利用按键控制蜂鸣器。

2. 实验原理

1）硬件连接

按键控制蜂鸣器原理图如图 9 – 51 所示。

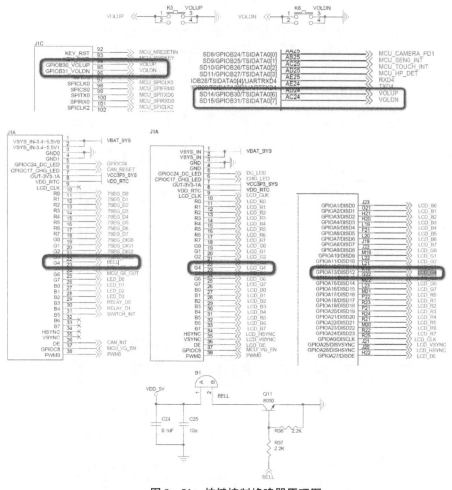

图 9-51　按键控制蜂鸣器原理图

通过原理图可知 K5 按键（VOLUP）连接到 CPU 的 SD14/GPIOB30/TSIDATA0［6］引脚，K6 按键（VOLDN）连接到 CPU 的 SD15/GPIOB31/TSIDATA0［7］引脚。

蜂鸣器的控制引脚 BELL 连接到 CPU 的 GPIOA13/DISD12 引脚。

2）逻辑原理

由于需要通过按键控制蜂鸣器，所以要将蜂鸣器和按键的 GPIO 端口都初始化。蜂鸣器的硬件连接与控制方式前面已经说明，不再赘述。按键的功能类似开关，可实现电路通断控制，进而影响 GPIO 引脚的输入信号，一旦将 GPIO 配置为输入模式，即可从 MCU 内部寄存器读取该引脚的电平为 1 还是 0。

通过原理图可知，一旦将相应引脚设置为输入，当按下按键时相应引脚与"地"导通，该引脚为低电平。因此，只要 CPU 不断读取相连引脚输入寄存器的值，便可采集到按键状态。采集到低电平"0"，说明按键处于按下状态；采集到高电平"1"，说明按键处于松开弹起状态。

3）控制过程

（1）将蜂鸣器所连接引脚配置为 GPIO 功能，并使能为输出，配置输出值为"0"，使蜂鸣器初始状态为关闭。

（2）配置 K5（VOLUP）和 K6（VOLDN）按键所连接引脚为 GPIO 功能，并将其引脚配置为输入。

（3）创建死循环不断检测按键引脚输入对应的输入寄存器的值，一旦 K5（VOLUP）按键被按下，GPIOB30 输入寄存器采集到"0"，控制连接蜂鸣器引脚输出高电平，打开蜂鸣器，一旦 K6（VOLDN）按键被按下，GPIOB31 输入寄存器采集到"0"，关闭蜂鸣器。

蜂鸣器与按键 GPIO 工作状态见表 9 - 15。

表 9 - 15　蜂鸣器与按键 GPIO 工作状态

丝印	网络标号	GPIO 端口	GPIO 状态	状态
BUZZER	BELL	GPIOA13	GPIOA13 = 0（低电平）	关闭蜂鸣器
			GPIOA13 = 1（高电平）	蜂鸣器鸣响
VOL +	VOLUP	GPIOB30	GPIOB30 输入"0"（低电平）	按键按下
			GPIOB30 输入"1"（高电平）	按键释放
VOL -	VOLDN	GPIOB31	GPIOB31 输入"0"（低电平）	按键按下
			GPIOB31 输入"1"（高电平）	按键释放

K5、K6 按键对应引脚的复用功能见表 9 - 16。

表 9 - 16　按键 GPIO 功能复用

Ball	Name	Type	Alternate Function 0	Alternate Function 1	Alternate Function 2	Alternate Function 3
Y23	SD0	S	SD0	GPIOB13	–	–
AE24	SD13	S	SD13	GPIOB29	TSIDATA0_5	UARTTXD4
AD24	SD14	S	SD14	GPIOB30	TSIDATA0_6	UARTRXD5
AC24	SD15	S	SD15	GPIOB31	TSIDATA0_7	UARTTXD5
N19	SDEX0	S	GPIOA30	VID1_0	SDEX0	I2SBCLK1

蜂鸣器对应引脚的复用功能见表 9 - 17。

表 9 - 17　蜂鸣器 GPIO 功能复用

Ball	Name	Type	Alternate Function 0	Alternate Function 1	Alternate Function 2	Alternate Function 3
J23	DISD0	S	GPIOA1	DISD0	–	–
K19	DISD12	S	GPIOA13	DISD12	–	–
G22	DISD13	S	GPIOA14	DISD13	–	–
M22	DISD14	S	GPIOA15	DISD14	–	–

3. 实验现象

当实验平台成功运行 TF 卡中的控制程序时，按下"VOL +"键蜂鸣器一直鸣响，按下"VOL -"键蜂鸣器关闭。

4. 实验步骤

1）导入工程

导入工程的方法与前面实验类似，不再赘述，所要导入的工程位于资料包中的"ours -

s5p6818 – key – beep"目录。

2）编译工程

工程导入完成后，用鼠标右键单击工程名，选择"Build Project"命令编译工程，编译的过程和结果会在"Console"窗口中显示，最终生成"ours – s5p6818 – key – beeppak. bin"文件，这是要使用的最终文件，如图 9 – 52 所示。

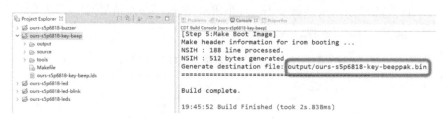

图 9 – 52　编译工程

3）烧写 TF 卡

与前面实验的烧写方法一致，以管理员身份运行烧写软件，选择编译生成的"ours – s5p6818 – key – beeppak. bin"文件进行烧写，如图 9 – 53 所示。

图 9 – 53　烧写 TF 卡

烧写完成后，通过串口线连接实验平台的 Debug 串口（左上角 DB9 接口 J10），打开串口终端软件，将烧有控制程序的 TF 卡插到实验平台下侧的 TF 卡槽中，给实验平台上电，即可执行，同时串口将会打印引导信息，如图 9 – 54 所示。若不出错误，按下"VOL ＋"按键蜂鸣器响，按下"VOL －"按键蜂鸣器关闭。

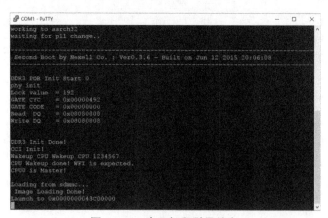

图 9 – 54　串口打印引导信息

5. 实验分析

首先需要掌握如何将 GPIO 引脚设置为输入和输出，下面对 S5P6818 引脚设置作简要说明。

1）GPIO 输出操作

要使用 S5P6818 的 GPIO 端口进行输出，应通过设置 GPIOx 相关寄存器来选择 GPIO 功能。要将复用功能选择寄存器 GPIOxALTFN 相关位设置为 b'00，以选择 GPIO 功能。

另外，通过将 GPIOx 输出使能寄存器（GPIOxOUTENB）相关位设置为"1"以使能 GPIOx 输出模式。如果使用 GPIOx 输出寄存器（GPIOxOUT）设置所需的输出值（低电平："0"，高电平："1"），则该值反映到相应的位。

仅当 GPIOx 输出寄存器（GPIOxOUT）设置为"0"时，开漏引脚（GPIOB［7：4］和 GPIOC［8］）才会在输出模式下工作。即使将 GPIOx 输出使能寄存器（GPIOxOUTENB）设置为输入模式，GPIOx 输出寄存器（GPIOxOUT）也可以使能开漏引脚。

2）GPIO 输入操作

要使用 GPIO 端口进行输入，应通过将 GPIO 复用功能选择寄存器的相关位设置为 b'00，以选择 GPIO 功能。此外，也应将 GPIOx 输出使能寄存器（GPIOxOUTENB）设置为"0"，以选择 GPIO 输入模式。

通过使用 GPIOx 事件检测模式寄存器选择所需的检测类型来检测输入信号。可以检测 4 种类型的输入信号：低电平、高电平、下降沿和上升沿。GPIOx 事件检测模式寄存器由 GPIOx 事件检测模块 0（GPIOxDETMODE0）和 GPIOx 事件检测模块 1（GPIOxDETMODE1）组成。

如果要使用中断，需要将 GPIOx 中断使能寄存器（GPIOxINTENB）设置为"1"。

GPIOx 事件检测寄存器（GPIOxDET）允许通过 GPIO 检查事件的生成，并可以在发生中断时产生挂起清除功能。当 GPIOxPAD 状态寄存器（GPIOxPAD）设置为 GPIO 输入模式时，可以检查相关 GPIOxPAD 的电平。

仅当 GPIOx 输出寄存器（GPIOxOUT）设置为"1"时，开漏引脚（GPIOB［7：4］和 GPIOC［8］）才在输入模式下工作。即使将 GPIOx 输出使能寄存器（GPIOxOUTENB）设置为输入模式，GPIOx 输出寄存器（GPIOxOUT）也可以使能开漏引脚。

3）程序分析

采用轮询的方式处理，通过按键控制蜂鸣器：VOLUP 按键控制蜂鸣器鸣响，VOLDN 按键控制蜂鸣器关闭。

4）初始化蜂鸣器

此段代码与先前相同，请参考前面内容。

5）初始化按键

代码如下：

```
@初始化按键
//将GPIOB30,31功能配置为GPIO
```

```
ldr r0,=GPIOBALTFN1
ldr r1,[r0]
bic r1,r1,#(0xF <<28)    @清0,GPIOBALTFN1 [31:30][29:28]
orr r1,r1,#(0x5 <<28)    @置1,GPIOBALTFN1 [31:30][29:28]=01 01
str r1,[r0]
ldr r0,=GPIOBOUTENB       //配置GPIO30,31为输入
ldr r1,[r0]
bic r1,r1,#(0x3 <<30)    @清零GPIOBOUTENB相关寄存器,设置作为输入
str r1,[r0]
ldr r0,=GPIOB_PULLSEL //配置内部上拉
ldr r1,[r0]
orr r1,r1,#(0x3 <<30)
str r1,[r0]
ldr r0,=GPIOB_PULLSEL_DISABLE_DEFAULT //禁用默认使能值,默认未使能
ldr r1,[r0]
orr r1,r1,#(0x3 <<30)
str r1,[r0]
ENB_DISABLE_DEFAULT    //禁用默认使能值,默认未使能
ldr r1,[r0]
orr r1,r1,#(0x3 <<30)
str r1,[r0]
ldr r0,=GPIOB_PULLENB //使能上拉
ldr r1,[r0]
orr r1,r1,#(0x3 <<30)
str r1,[r0]
ldr r0,=GPIOB_PULL
```

6）按键检测

代码如下：

```
LOOP:
    //按键按下
    ldr r0,=GPIOBPAD        @读取输入值
    ldr r1,=GPIOAOUT
    ldr r2,[r0]
    ldr r3,[r1]
    @测试GPIOB30是否变0(VOLUP按下),若按下,EQ置1,否则NE置1
```

```
    tst r2,#(0x1 <<30)
    orreq r3,r3,#(0x1 <<13)        @若 EQ 为 1,将 GPIOA13 置 1(打开蜂鸣器),其
他不变
    str r3,[r1]
    ldr r0,=GPIOBPAD
    ldr r1,=GPIOAOUT
    ldr r2,[r0]
    ldr r3,[r1]
    tst r2,#(0x1 <<31)             @测试 GPIOB30 是否变 0(VOLDN 按下),若是按
下,EQ 置 1,否则 NE 置 1
    biceq r3,r3,#(0x1 <<13)        @若 EQ 为 1,将 GPIOA13 置 0(关闭蜂鸣器),其
他不变
    str r3,[r1]
    b LOOP
```

GPIOBPAD 寄存器的值反映了按键的状态，通过读取此寄存器的值以获取按键状态，根据不同的状态控制蜂鸣器。

9.8　ARM 汇编按键控制 LED 灯

1. 实验原理

1）硬件连接

按键控制 LED 灯原理图如图 9 – 55 所示。

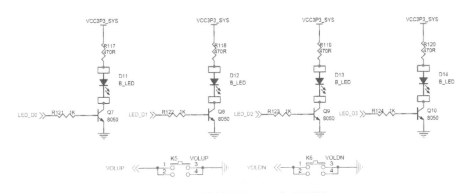

图 9 – 55　按键控制 LED 灯原理图

通过原理图可知 K5 按键（VOLUP）连接到 CPU 的 SD14/GPIOB30/TSIDATA0[6] 引脚，K6 按键（VOLDN）连接到 CPU 的 SD15/GPIOB31/TSIDATA0[7] 引脚。

D11 对应 LED 的引脚 LED_D0 连接到 CPU 的 GPIOA1/DISD0 引脚，D12 对应 LED 的引脚 LED_D1 连接到 CPU 的 GPIOA2/DISD1 引脚，D13 对应 LED 的引脚 LED_D2 连接到

CPU 的 GPIOA3/DISD2 引脚，D14 对应 LED 的引脚 LED_D3 连接到 CPU 的 GPIOA16/DISD15 引脚。

2）控制原理

控制原理与按键控制蜂鸣器实验完全一样，只是控制对象稍有不同。

K5、K6 按键复用功能见表 9 – 18。

表 9 – 18　按键 GPIO 功能复用

Ball	Name	Type	Alternate Function 0	Alternate Function 1	Alternate Function 2	Alternate Function 3
Y23	SD0	S	SD0	GPIOB13		
AE24	SD13	S	SD13	GPIOB29	TSIDATA0_5	UARTTXD4
AD24	SD14	S	SD14	GPIOB30	TSIDATA0_6	UARTRXD5
AC24	SD15	S	SD15	GPIOB31	TSIDATA0_7	UARTTXD5
N19	SDEX0	S	GPIOA30	VID1_0	SDEX0	I2SBCLK1

LED_D0 ~ LED_D3 对应的引脚复用功能见表 9 – 19。

表 9 – 19　LED 灯 GPIO 功能复用

Ball	Name	Type	Alternate Function 0	Alternate Function 1	Alternate Function 2	Alternate Function 3
J23	DISD0	S	GPIOA1	DISD0	–	–
G21	DISD1	S	GPIOA2	DISD1	–	–
H21	DISD2	S	GPIOA3	DISD2	–	–
L23	DISD15	S	GPIOA16	DISD15	–	–
M21	DISD16	S	GPIOA17	DISD16	–	–
P22	DISD17	S	GPIOA18	DISD17	–	–

3）控制过程

（1）将 LED 灯所连接引脚配置为 GPIO 功能，并使能为输出，配置输出值为"0"，使 LED 灯初始状态为关闭。

（2）配置"VOL +"和"VOL –"按键所连接管脚为 GPIO 功能，并将其管脚配置为输入。

（3）创建死循环不断判断按键引脚输入寄存器的值，一旦采集到"VOL +"按键"按下"信息，即输入寄存器的值为"0"时，控制连接 LED 灯引脚输出高电平点亮 LED 灯，一旦采集到"VOL –"按键"按下"信息，即输入寄存器的值为"0"时，关闭 LED 灯。

按键与 LED 灯引脚工作状态见表 9 – 20。

表 9 – 20　按键与 LED 灯引脚工作状态

丝印	网络标号	GPIO 端口	GPIO 状态	状态
VOL +	VOLUP	GPIOB30	GPIOB30 输入"0"（低电平）	按键按下
			GPIOB30 输入"1"（高电平）	按键释放
VOL –	VOLDN	GPIOB31	GPIOB31 输入"0"（低电平）	按键按下
			GPIOB31 输入"1"（高电平）	按键释放
LED1（D11）	LED_D0	GPIOA16	GPIOA16 = 0（低电平）	D11 灯熄灭
			GPIOA16 = 1（高电平）	D11 灯点亮

续表

丝印	网络标号	GPIO 端口	GPIO 状态	状态
LED2（D12）	LED_D1	GPIOA1	GPIOA1 = 0（低电平）	D12 灯熄灭
			GPIOA1 = 1（高电平）	D12 灯点亮
LED3（D13）	LED_D2	GPIOA2	GPIOA2 = 0（低电平）	D13 灯熄灭
			GPIOA2 = 1（高电平）	D13 灯点亮
LED4（D14）	LED_D3	GPIOA3	GPIOA3 = 0（低电平）	D14 灯熄灭
			GPIOA3 = 1（高电平）	D14 灯点亮

2. 实验现象

当实验平台成功运行 TF 卡中的控制程序时，按下"VOL +"按键，4 个 LED 灯被点亮，按下"VOL –"按键，4 个 LED 灯被关闭。

3. 实验步骤

1）导入工程

导入工程的方法与前面实验类似，不再赘述，所要导入的工程位于资料包中的"ours – s5p6818 – key – led"目录。

2）编译工程

工程导入完成后，用鼠标右键单击工程名，选择"Build Project"命令编译工程，编译的过程和结果会在"Console"窗口中显示，最终生成"ours – s5p6818 – key – ledpak. bin"文件，这是要使用的最终文件，如图 9 – 56 所示。

图 9 – 56　编译工程

3）烧写 TF 卡

与前面实验的烧写方法一致，以管理员身份运行烧写软件，选择编译生成的"ours – s5p6818 – key – ledpak. bin"文件进行烧写，如图 9 – 57 所示。

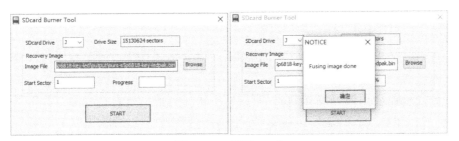

图 9 – 57　烧写 TF 卡

烧写完成后，通过串口线连接实验平台的 Debug 串口（左上角 DB9 接口 J10），打开串口终端软件。将烧有控制程序的 TF 卡插到实验平台下侧的 TF 卡槽中，给实验平台上电，即可执行，同时串口将会打印引导信息，如图 9 - 58 所示。若不出错误，按下"VOL +"按键 LED 灯点亮，按下"VOL -"按键，LED 灯关闭。

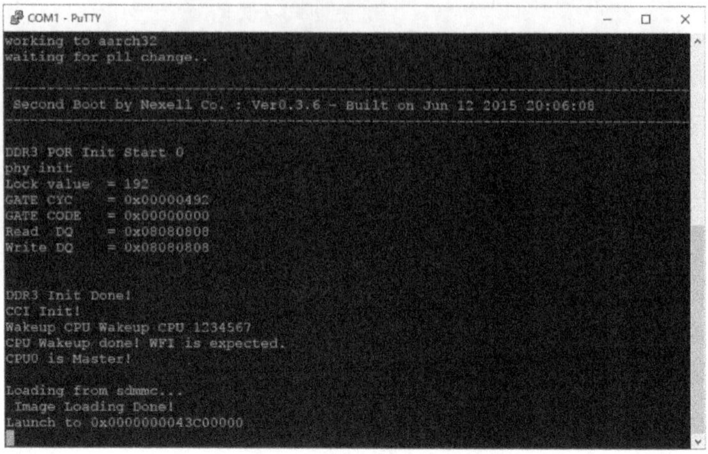

图 9 - 58　串口打印引导信息

9.9　ARM 汇编按键控制继电器

1. 实验原理

1）硬件连接

按键控制继电器原理图如图 9 - 59 所示。通过原理图可知 K5 按键（VOLUP）连接到 CPU 的 SD14/GPIOB30/TSIDATA0［6］引脚，K6 按键（VOLDN）连接到 CPU 的 SD15/GPIOB31/TSIDATA0［7］引脚。

继电器 LS1 对应的引脚 RELAY_D0 最终连接到 CPU 的 GPIOA4/DISD3 引脚，继电器 LS2 对应的引脚 RELAY_D1 最终连接到 CPU 的 GPIOA5/DISD4 引脚。

2）控制原理

控制原理与按键控制蜂鸣器实验完全一样，只是控制的 I/O 端口和控制对象稍有不同。一旦在 J25 端子外接控制对象，便可以结合 J23、J24 跳线状态控制外设。

3）控制过程

（1）将继电器所连接引脚配置为 GPIO 功能，并使能为输出，配置输出值为"0"，使继电器初始状态为释放。

（2）配置"VOL +"和"VOL -"按键所连接引脚为 GPIO 功能，并将其引脚配置为输入。

（3）创建死循环不断判断按键引脚输入寄存器的值，一旦采集到"VOL +"按键"按下"信息，即输入寄存器的值为"0"，控制连接继电器引脚输出高电平吸合蜂鸣器，一旦采集到"VOL -"按键"按下"信息，即输入寄存器的值为"0"时，释放蜂鸣器。

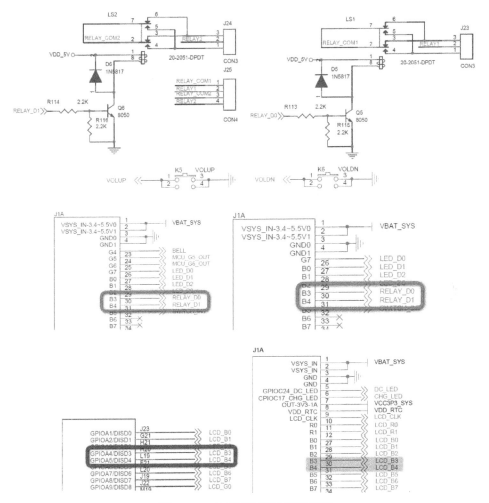

图 9 - 59 按键控制继电器原理图

按键与继电器引脚工作状态见表 9 - 21。

表 9 - 21 按键与继电器引脚工作状态

丝印	网络标号	GPIO 端口	GPIO 状态	状态
VOL +	VOLUP	GPIOB30	GPIOB30 输入 0（低电平）	按键按下
			GPIOB30 输入 1（高电平）	按键释放
VOL -	VOLDN	GPIOB31	GPIOB31 输入 0（低电平）	按键按下
			GPIOB31 输入 1（高电平）	按键释放
LS1	RELAY_D0	GPIOA4	GPIOA4 = 0（低电平）	LS1 继电器释放
			GPIOA4 = 1（高电平）	LS1 继电器吸合
LS2	RELAY_D1	GPIOA5	GPIOA5 = 0（低电平）	LS2 继电器释放
			GPIOA5 = 1（高电平）	LS2 继电器吸合

按键对应引脚的复用功能见表 9 - 22。

表 9 – 22　按键对引脚的复用功能

Ball	Name	Type	Alternate Function 0	Alternate Function 1	Alternate Function 2	Alternate Function 3
Y23	SD0	S	SD0	GPIOB13	–	–
AE24	SD13	S	SD13	GPIOB29	TSIDATA0_5	UARTTXD4
AD24	SD14	S	SD14	GPIOB30	TSIDATA0_6	UARTRXD5
AC24	SD15	S	SD15	GPIOB31	TSIDATA0_7	UARTTXD5
N19	SDEX0	S	GPIOA30	VID1_0	SDEX0	I2SBCLK1

继电器对应引脚的复用功能见表 9 – 23。

表 9 – 23　继电器对应引脚的复用功能

Ball	Name	Type	Alternate Function 0	Alternate Function 1	Alternate Function 2	Alternate Function 3
J23	DISD0	S	GPIOA1	DISD0	–	–
H20	DISD3	S	GPIOA4	DISD3	–	–
L19	DISD4	S	GPIOA5	DISD4	–	–
F21	DISD5	S	GPIOA6	DISD5	–	–

2. 实验现象

当实验平台成功运行 TF 卡中的控制程序时,按下 "VOL +" 按键,两个继电器均吸合,按下 "VOL –" 按键,两个继电器均释放。

3. 实验步骤

1) 导入工程

导入工程的方法与前面实验类似,不再赘述,所要导入的工程位于资料包中的 "ours – s5p6818 – relay" 目录。

2) 编译工程

工程导入完成后,用鼠标右键单击工程名,选择 "Build Project" 命令编译工程,编译的过程和结果会在 "Console" 窗口中显示,最终生成 "ours – s5p6818 – relaypak. bin" 文件,这是要使用的最终文件,如图 9 – 60 所示。

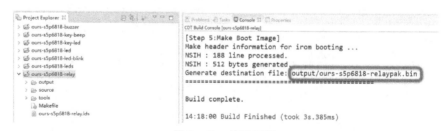

图 9 – 60　编译工程

3) 烧写 TF 卡

与前面实验的烧写方法一致,以管理员身份运行烧写软件,选择编译生成的 "ours – s5p6818 – relaypak. bin" 文件进行烧写,如图 9 – 61 所示。

图 9 – 61　烧写 TF 卡

烧写完成后，通过串口线连接实验平台的 Debug 串口（左上角 DB9 接口 J10），打开串口终端软件。将烧有控制程序的 TF 卡插到实验平台下侧的 TF 卡槽中，给实验平台上电，即可执行，同时串口将会打印引导信息，如图 9 – 62 所示。若不出错误，按下"VOL +"按键，继电器吸合，按下"VOL –"按键，继电器释放。

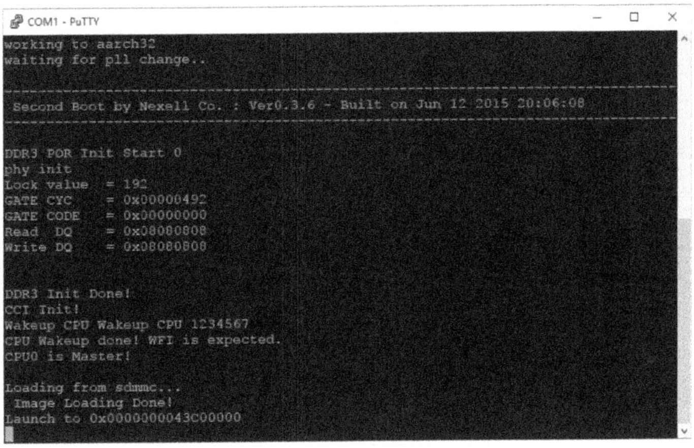

图 9 – 62　串口打印引导信息

9.10　ARM 汇编控制系统复位

1. 实验目的

重点掌握 S5P6818 的软件复位相关操作方法以及所涉及的寄存器配置使用方法。

2. 实验原理

S5P6818 支持软件复位，CPU 可以通过软件自行复位。要产生软件复位，在设置 PWRMODE. SWRST 位之前，必须将 PWRCONT. SWRSTENB 位设置为"1"。软件复位模式不需要时间来稳定时钟，因为软件复位请求处于稳定状态，与上电复位不同。

软件复位时直接操作 CPU 的相关寄存器，不涉及相关外设，所以不需要关心相关引脚（注意与系统复位按键的区别，系统复位按键是通过连接到 CPU 的复位引脚控制系统复位）。

PWR CONT 寄存器见表 9 – 24。PWRMODE 寄存器见表 9 – 25。

表 9 – 24　PWRCONT 寄存器

PWRCONT

- Base Address: 0xC001_0000
- Address = Base Address + 0224h, Reset Value = 0x0000_FF00

Name	bit	Type	Description	Reset Value
RSVD	[31:16]	R	Reserved	16'h0
USE_WFI	[15:12]	RW	Use STANDBYWFI[n] signal as indicating signal to go into STOP mode.	4'hF
USE_WFE	[11:8]	RW	Use STANDBYWFE[n] signal as indicating signal to go into STOP mode.	4'hF
RSVD	[7:5]	R	Reserved	3'b000
XTAL_PWRDN	[4]	RW	X-tal power down mode selection This controls the power down of X-tal-PAD in stop-mode. 0 = XTAL is powered down in STOP mode 1 = XTAL is not powered down in STOP mode	1'b0
SWRSTENB	[3]	RW	Software Reset Enable. 0 = Disable 1 = Enable	1'b0
RSVD	[2]	RW	Reserved (This bit always should be "0")	1'b0
RTCWKENB	[1]	RW	RTC Wake-up enable 0 = Disable 1 = Enable	1'b0
RSVD	[0]	RW	Reserved (This bit always should be "0")	1'b0

表 9 – 25　PWRMODE 寄存器

PWRMODE

- Base Address: 0xC001_0000
- Address = Base Address + 0228h, Reset Value = 0x0000_0000

Name	bit	Type	Description	Reset Value
RSVD	[31:16]	RW	Reserved	16'h0
CHGPLL	[15]	RW	Change PLL Value with new value defined in PLL Setting Register (PLL0set, PLL1set) in clock Controller. Read 0 = Stable 1 = PLL is Unstable Write 0 = None 1 = PLL Value Change	1'b0
RSVD	[14:13]	–	Reserved	2'b00
SWRST	[12]	W	This bit is cleared after Software Reset 0 = Do Not Reset 1 = Go to Reset	1'b0
RSVD	[11:6]	R	Reserved	6'h0
LASTPWRSTOP	[5]	R	Indicates that the chip has been in STOP Mode before in Normal state.(This bit is cleared in case of Reset in Normal state) 0 = None 1 = Stop mode	1'b0
LASTPWRIDLE	[4]	R	Indicates that the chip has been in STOP Mode before in Normal state.(This bit is cleared in case of Reset in Normal state) 0 = None 1 = IDLE mode	1'b0
RSVD	[3]	RW	Reserved	1'b0
RSVD	[2]	RW	Reserved (This bit always should be '0')	1'b0
STOP	[1]	RW	Set New Power Mode STOP. The chip wakes up to be in Normal mode when RTC, GPIO occurs in STOP mode, and this bit is cleared. Read 0 = Normal 1 = Stop mode Write 0 = None 1 = Go to stop mode	1'b0
IDLE	[0]	RW	Set New Power Mode IDLE. The chip wakes up to be in Normal mode when RTC, GPIO, Watchdog reset, and CPU interrupt occurs in STOP mode, and this bit is cleared. Read 0 = Normal 1 = IDLE mode Write 0 = None 1 = Go to Idle mode	1'b0

由芯片数据手册可知，先将 PWRCONT. SWRSTENB 位设置为"1"，使能软件复位，之后将 PWRMODE. SWRST 位设置为"1"，使 CPU 进入软件复位状态。

3. 实验现象

由于目前程序中没有输出信息的代码，所以用户无法直观地判断系统是否正常复位，因此，程序中会控制 LED 灯等和蜂鸣器作为表象。

当实验平台成功运行 TF 卡中的控制程序时，首先 4 个 LED 灯依次点亮后熄灭，同时蜂鸣器鸣响，当第 4 个 LED 灯熄灭后控制系统复位，从头开始执行。

4. 实验步骤

1）导入工程

导入工程的方法与前面实验类似，不再赘述，所要导入的工程位于资料包中的"ours – s5p6818 – reset"目录。

2）编译工程

工程导入完成后，用鼠标右键单击工程名，选择"Build Project"命令编译工程，编译的过程和结果会在"Console"窗口中显示，最终生成"ours – s5p6818 – resetpak. bin"文件，这是要使用的最终文件，如图 9 – 63 所示。

图 9 – 63　编译工程

3）烧写 TF 卡

以管理员身份运行烧写软件，选择编译生成的"ours – s5p6818 – resetpak. bin"文件进行烧写，如图 9 – 64 所示。

图 9 – 64　烧写 TF 卡

烧写完成后，通过串口线连接实验平台的 Debug 串口（左上角 DB9 接口 J10），打开串口终端软件。将烧有控制程序的 TF 卡插到实验平台下侧的 TF 卡槽中，给实验平台上电，将会看到 4 个 LED 灯依次点亮、熄灭，同时蜂鸣器鸣响，执行完后系统重新运行，串口会打印重新运行信息，如图 9 – 65 所示。

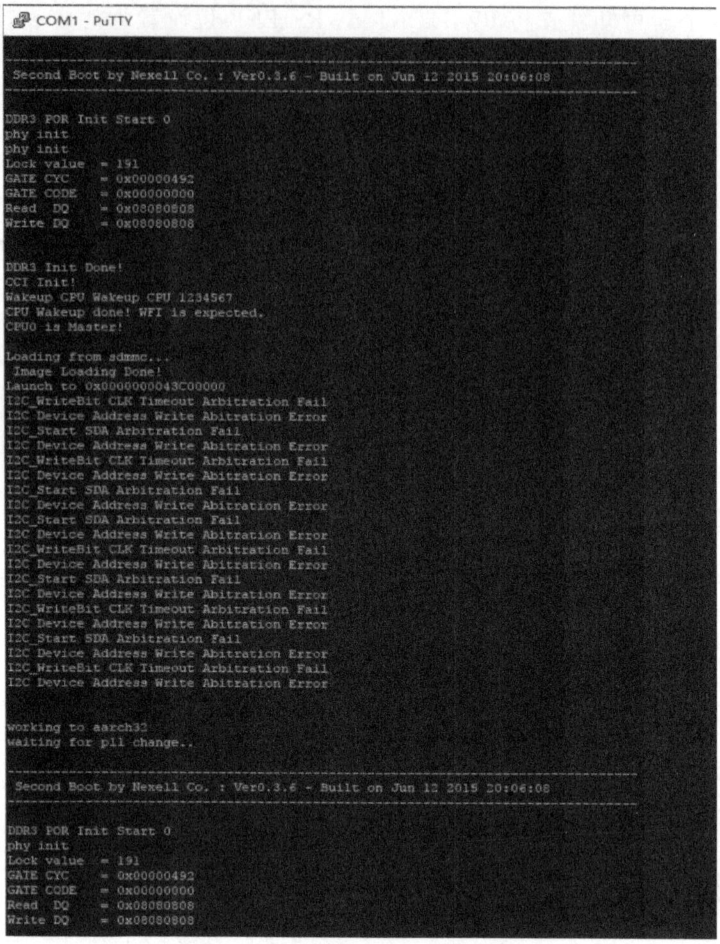

图 9 –65　串口打印重新运行信息

5. 实验分析

LED 灯和蜂鸣器的控制在前面已经介绍，本部分只增加了对软件复位寄存器的操作。代码如下：

```
//Enable Software reset
ldr R0, = PWRCONT
ldr r1,[r0]
orr r1,r1,#(0x1 <<3)
str r1,[r0]
//goto reset
ldr r0, = PWRMODE
ldr r1,[r0]
orr r1,r1,#(0x1 <<12)
str r1,[r0]
```

首先将 PWRCONT 寄存器的第 3 位，即 PWRCONT. SWRSTENB 位置 "1"，使能软件复位；接着将 PWRMODE 寄存器的第 12 位，即 PWRMODE. SWRST 位置 "1"，成功执行，系统将复位。

9.11　ARM 汇编串口输出实验

1. 实验目的

掌握串口配置方法，熟悉串口相关寄存器的配置，能够充分掌握串口初始化及输出过程。

2. 实验原理

1）硬件连接

串口原理图如图 9 – 66 所示。

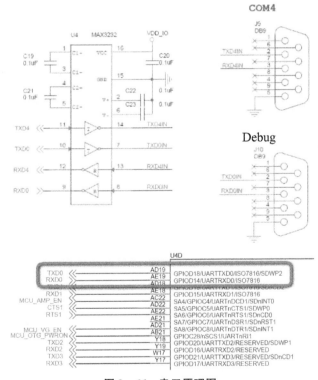

图 9 – 66　串口原理图

2）控制原理

S5P6818 的 UART 控制器具有 6 个独立通道的异步串行输入/输出端口，UART 0 和 UART1 不带调制解调器，但具备 DMA；UART 2 不仅带调制解调器，同时具备 DMA；UART3、UART4、UART5 不带调制解调器和 DMA。

所有端口均以基于中断或 DMA 的模式运行。UART 产生一个中断或一个 DMA 请求来传输数据进/出 CPU 和 UART。UART 支持高达 4 Mbit/s 的比特率。每个 UART 通道包含两个 64 字节的 FIFO 来接收和发送数据。UART 包括可编程波特率，红外（IR）收发器，一个或两个停止位，5 位、6 位、7 位或 8 位数据宽度和奇偶校验。

每个 UART 包含一个波特率发生器、一个发送器、一个接收器和一个控制单元。波特率发生器使用 EXT_UCLK。发送器和接收器包含 FIFO 和移位器。发送的数据被写入 Tx FIFO，并被复制到移位器。数据由发送数据引脚（TXD）移出。接收到的数据从接收数据引脚（RXD）移位，并从移位器复制到 Rx FIFO。

UART0 的引脚复用功能见表 9 - 26。

表 9 - 26　UART0 的引脚复用功能

Ball	Name	Type	Alternate Function 0	Alternate Function 1	Alternate Function 2	Alternate Function 3
AD19	UARTTXD0	S	GPIOD18	UARTTXD0	ISO7816	SDWP2
AE19	UARTRXD0	S	GPIOD14	UARTRXD0	ISO7816	–
AD18	UARTTXD1	S	GPIOD19	UARTTXD1	ISO7816	SDnCD2
AE18	UARTRXD1	S	GPIOD15	UARTRXD1	ISO7816	–

（1）数据发送。

S5P6818 UART 发送的数据帧是可编程的。它由 1 个起始位、5 ~ 8 个数据位、1 个可选的奇偶校验位和 1 ~ 2 个停止位组成，由行控制寄存器（ULCONn）指定。发送器还可以产生一个中断条件，强制串行输出为逻辑"0"状态，保持/帧传输时间。该块在当前发送字完全发送之后发送中断信号。发送中断信号后，发送器将数据连续发送到 Tx FIFO（Tx 保持寄存器，在非 FIFO 模式下）。

（2）数据接收。

与数据发送类似，用于接收的数据帧也是可编程的。它由控制寄存器（ULCONn）中的 1 个起始位、5 ~ 8 个数据位、1 个可选奇偶校验位和 1 ~ 2 个停止位组成。接收器检测溢出错误、奇偶校验错误、帧错误和中断条件。每个此错误都会设置一个错误标志。

溢出错误表示新数据在读取之前已覆盖旧数据；奇偶校验错误表示接收器检测到意外的奇偶校验条件；帧错误指示接收到的数据没有有效的停止位；中断条件表示 RxDn 输入保持逻辑"0"状态超过 1 帧传输时间；当 FIFO 模式中 Rx FIFO 不为空且在 UCON 中指定的帧时间内没有收到更多数据时，会发生接收超时情况。

（3）自动流控。

S5P6818 中的 UART2 和 UART 调制解调器支持使用 nRTS 和 nCTS 信号的自动流控（AFC）。在这种情况下，它可以连接到外部 UART。要将 UART 连接到调制解调器，应禁用 UMCONn 中的 AFC 位，并使用软件控制 nRTS 的信号。

在 AFC 中，nRTS 信号取决于接收器的状态，而 nCTS 信号控制发送器的操作。当 nCTS 信号被激活时，UART 的发送器将数据传送到 FIFO（在 AFC 中，nCTS 信号表示其他 UART 的 FIFO 已准备好接收数据）。在 UART 接收数据之前，当 RxFIFO 的余量超过 2 个字节时，必须激活 nRTS 信号。当 RxFIFO 少于 1 个字节作为备用（在 AFC 中，nRTS 信号指示其 RxFIFO 准备好接收数据）时，nRTS 信号必须被禁用。

（4）非自动流控（通过软件控制 nRTS 和 nCTS）。

①带 FIFO 的 Rx 操作：

a. 选择发送模式（中断或 DMA 模式）。

b. 检查 UFSTATn 中 Rx FIFO 的计数值。当该值小于 16 时，必须将 UMCONn［0］的值设置为"1"（激活 nRTS）。但是，当值等于或大于 16 时，必须将该值设置为"0"（禁用 nRTS）。

c. 重复步骤 b。

②带 FIFO 的 Tx 操作：

a. 选择发送模式（中断或 DMA 模式）。

b. 检查 UMSTATn［0］的值。当值为"1"（激活 nCTS）时，必须将数据写入 Tx FIFO。

c. 重复步骤 b。

（5）中断/ DMA 请求。

S5P6818 中的每个 UART 包含 7 种状态信号（发送/接收/错误）：溢出错误、奇偶校验错误、帧错误、中断条件、接收缓冲区数据就绪、发送缓冲区空闲以及发送移出空闲。这些条件由相应的 UART 状态寄存器（UTRSTATn/UERSTATn）指示。

溢出错误、奇偶校验错误、帧错误和中断条件指定接收错误状态。当控制寄存器（UCONn）中的接收错误状态中断使能位被设置为"1"时，会产生接收错误状态中断。当检测到接收错误状态中断请求时，可以通过读取 UERSTATn 的值来识别中断源。

当接收器在 FIFO 模式下将接收移位器的数据传送到 RxFIFO 并且接收数据量大于或等于 Rx FIFO 触发电平时，如果控制寄存器（UCONn）中的接收模式设置为"1"（中断请求或轮询模式），在非 FIFO 模式下，将接收移位器的数据传送到接收保持寄存器会导致中断请求和轮询模式中的 Rx 中断。

当发送器将数据从其 TxFIFO 传送到发送移位器，并且 TxFIFO 中剩余的数据量小于或等于 Tx FIFO 触发电平时，将产生 Tx 中断（提供控制寄存器中的发送模式为中断请求或轮询模式）。在非 FIFO 模式下，将数据从发送保持寄存器传送到发送移位器，在中断请求和轮询模式下产生 Tx 中断。

当 TxFIFO 中的数据量小于触发电平时，始终请求发送中断。这表示在启用 Tx 中断时请求中断，除非填充 Tx 缓冲区。因此，建议首先填充 Tx 缓冲区，然后启用 Tx 中断。

S5P6818 的中断控制器为电平触发型。当编程 UART 控制寄存器时，必须将中断类型设置为"Level"。在这种情况下，当控制寄存器中的接收和发送模式被选择为 DMA 请求模式时，发生 DMA 请求而不是 Rx 或 Tx 中断。

（6）UART 波特率。

①UART 波特率配置。

存储在波特率除数（UBRDIVn）和除数小数值（UFRACVALn）中的值用于确定串行 Tx/Rx 时钟速率（波特率）：

DIV_VAL = UBRDIVn + UFRACVALn/16

或者

$$DIV\_VAL = [SCLK\_UART/ (波特率 \times 16)] - 1$$

其中，除数应该为 $1 \sim (2^{16} - 1)$。

使用 UFRACVALn 可以更精确地生成波特率。

例如，当波特率为 115 200 bit/s 且 SCLK_UART 为 40 MHz 时，UBRDIVn 和 UFRACVALn 为：

$$DIV\_VAL = [40\ 000\ 000/ (115\ 200 \times 16)] - 1$$

$$\approx 21.7 - 1$$

$$= 20.7$$

$$UBRDIVn = 20(DIV\_VAL \text{ 的整数部分})$$

$$UFRACVALn/16 = 0.7$$

所以，$UFRACVALn \approx 11$。

②波特率容错。

UART 帧错误应小于 1.87% （3/160），1 帧 = 开始位 + 数据位 + 校验位 + 停止位。

$$tUPCLK = (UBRDIVn + 1 + UFRACVAL/ 16) \times 16 \times 1 \text{ 帧}/ SCLK\_UART$$

tUPCLK：真正的 UART 时钟

$$tEXTUARTCLK = 1 \text{ 帧}/波特率$$

tEXTUARTCLK：理想的 UART 时钟

$$UART \text{ 错误} = (tUPCLK - tEXTUARTCLK) / tEXTUARTCLK \times 100\%$$

③UARTCLK 和 PCLK 的关系。

PCLK 和 UARTCLK 的频率比有一定的限制。

UARTCLK 频率不得超过 PCLK 频率的 5.5/ 3 倍：

$$FUARTCLK \leqslant 5.5/ 3 \times PCLK$$

$$FUARTCLK = 波特率 \times 16$$

3）驱动过程

本例以轮训的方式操作 UART0 端口，整个过程如下：

（1）复位 UART0 控制器，保证其处于初始状态。

（2）选择时钟源：先禁用时钟，再选择所要使用的时钟源，选择 PPL1 时钟（800MHz）。

（3）设置分频系数，分频系数为 CLKDIV0 +1。

（4）配置硬件引脚，引脚复用功能设置为 UART 功能。

（5）配置 UART 帧格式：8 位数据位、1 位停止位，禁止奇偶检验，正常操作模式。

（6）将 UART0 工作模式设置为轮询模式。

（7）由时钟和分频系数计算获得 UARTCLK 为 50 MHz，波特率采用 115 200，由此设置 UBRDIVn 为 26，UFRACVALn 为 2。

（8）使能 UART0 时钟，使能 UART0 时钟后，UART0 控制器便可开始工作。

3. 实验现象

当实验平台成功运行 TF 卡中的控制程序时，将会通过串口不断输出 ASCII 格式字符

"北京奥尔斯"（若显示乱码，则修改串口工具字符集）。

4. 实验步骤

1）导入工程

导入工程的方法与前面实验相似。

2）编译工程

工程导入完成后，用鼠标右键单击工程名，选择"Build Project"命令编译工程，编译的过程和结果会在"Console"窗口中显示，最终生成"ours－s5p6818－serial－outpak.bin"文件，这是要使用的最终文件，如图 9－67 所示。

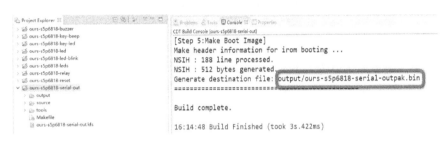

图 9－67 编译工程

3）烧写 TF 卡

以管理员身份运行烧写软件，选择编译生成的"ours－s5p6818－serial－outpak.bin"文件进行烧写，如图 9－68 所示。

图 9－68 烧写 TF 卡

烧写完成后，通过串口线连接实验平台的 Debug 串口（左上角 DB9 接口 J10），打开串口终端软件。将烧有程序的 TF 卡插到实验平台下侧的 TF 卡槽中，给实验平台上电，即可执行，同时串口将会打印引导信息，如图 9－69 所示。在引导信息之后将会打印字符信息，如果出现乱码，则修改串口软件字符集，如图 9－70 所示。

5. 程序分析

通过代码实现实验原理中的驱动过程：

（1）复位 UART0 控制器，代码如下：

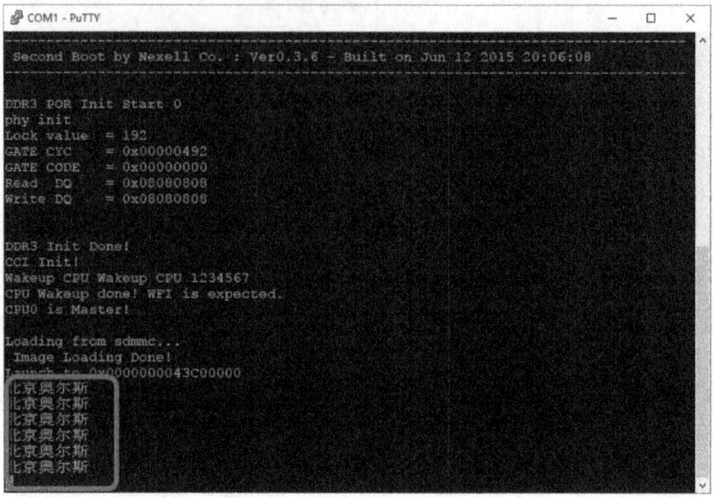

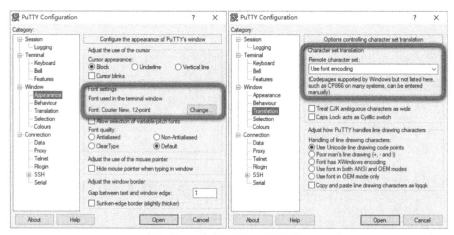

图 9-69　串口打印引导信息

图 9-70　串口工具参数配置

```
//UART0 Reset
ldr r0, = IP_RESET_REGISTER1
ldr r1,[r0]
bic r1,r1,#(0x1 << 17)
str r1,[r0]
```

（2）禁止 UART0 时钟使能，确保状态为程序可知状态，代码如下：

```
//先禁止时钟
ldr r0, = UART0 CLKENB
ldr r1,[r0]
bic r1,r1,#(0x1 << 2)
```

```
str r1,[r0]
```

（3）配置 UART0 时钟源为 PLL1，频率为 800 MHz，代码如下：

```
//选择时钟源,UART0CLKGEN0L 寄存器[4:2]位为 CLKSRCSEL0,为 PLL 选择,
PPL1 =800MHz
//[4:2]=001 先清零
ldr r2, =UART0CLKGEN0L
ldr r3,[r2]
bic r3,r3,#(0x7 <<2)
orr r3,r3,#(0x1 <<2)
str r3,[r2]
```

（4）设置时钟分频系数为（0xF + 1），得到 UART0 时钟。在完整程序中，设置完时钟后，加了几个 nop 指令等待始时钟稳定，代码如下：

```
//设置分频系数,UART0CLKGEN0L 寄存器[12:5]位为 CLKDIV0,分频系数为
(CLKDIV0 +1)
//[12:5]=0000 1111,先清零
ldr r4, =UART0CLKGEN0L
ldr r5,[r4]
bic r5,r5,#(0xf <<5)
bic r5,r5,#(0xf <<9)
orr r5,r5,#(0x0f <<5)   //800 /(0x0f +1) =50MHz
str r5,[r4]
```

（5）配置硬件连接引脚，设置对应引脚复用功能为 UART，代码如下：

```
//配置连接引脚的功能,功能1,将 GPIOD14 设置为 UART 功能,作为 RX0
ldr r0, =GPIODALTFN0
ldr r1,[r0]
bic r1,r1,#(0x3 <<28)
orr r1,r1,#(0x1 <<28)
str r1,[r0]
//配置连接引脚的功能,功能1,将 GPIOD18 设置为 UART 功能,作为 TX0
ldr r0, =GPIODALTFN1
ldr r1,[r0]
bic r1,r1,#(0x3 <<4)
```

```
orr r1,r1,#(0x1 <<4)
str r1,[r0]
```

（6）配置 UART0 数据帧格式为 8 位数据位、1 位停止位，禁止奇偶校验，正常操作模式，代码如下：

```
//UART0 控制器数据位的配置:8 位数据位、1 位停止位,禁止奇偶校验,正常操作模式
ldr r0,=ULCON0
ldr r1,[r0]
orr r1,r1,#(0x3 <<0)
bic r1,r1,#(0x1 <<2)
bic r1,r1,#(0x7 <<3)
bic r1,r1,#(0x1 <<6)
//[2:0]=011:8bit 数据,1bit 停止位,无奇偶校验,正常操作模式
str r1,[r0]
```

（7）配置 UART0 工作模式为轮询模式，代码如下：

```
//UART0 的工作模式
ldr r2,=UCON0
ldr r3,[r2]
orr r3,r3,#(0x1 <<0)
orr r3,r3,#(0x1 <<2)
//[3:0]=0101:中断请求或轮询模式可从发送/接收缓冲区读取数据
str r3,[r2]
```

（8）配置 UART0 波特率为 115 200，代码如下：

```
//UART0 50MHz;波特率115200
//DIV_VAL=(50 000 000/(115200x16))-1
//    =27.1-1
//      =26.1
//UBRDIVn=26(integer part of DIV_VAL)
//UFRACVALn/16=0.1
//So, UFRACVALn=2
ldr r0,=UBRDIV0
ldr r1,[r0]
```

```
    mov r1,#26
    str r1,[r0]
    ldr r2,=UFRACVAL0
    ldr r3,[r2]
    mov r3,#2
    str r3,[r2]
```

（9）使能 UART0 时钟，代码如下：

```
// 使能 UART0 时钟
ldr r0,=UART0CLKENB
ldr r1,[r0]
orr r1,r1,#(0x1<<2)
str r1,[r0]
```

（10）将数据加载到数据发送缓冲区，代码如下：

```
ldr r0,=UTXH0     @将数据加载到数据发送缓冲区
    ldr r1,[r0]
    ldr r1,=0xB1
    str r1,[r0]
    ldr r0,=UTXH0
    ldr r1,[r0]
    ldr r1,=0xB1
    str r1,[r0]
```

UTXH0 是 UART0 的数据发送缓冲区，"0xB1，0xB1"是 ASCII 字符"北"的十六进制。

通过以上步骤，便完成了 UART 串口的初始化及数据发送，这里采用的是轮询方式，即只要 CPU 轮询到数据发送缓冲区中有数据便将其通过 TXD 发送出去。示例中将 ACSII 字符"北京奥尔斯"的十六进制直接赋值给数据发送寄存器实现串口打印。

第 10 章
ARM 裸机系统 C 语言实验

10.1　C 语言程序 LED 流水灯

1. 实验目的

了解 C 语言工程的基本结构，掌握 C 语言控制 LED 灯的方法。

2. 实验原理

本实验工程为 ours – a53 – led 。C 语言程序与汇编程序所实现功能类似，只是编程语言更高级，其他启动引导等都一致，所以 C 语言程序烧写 TF 卡时，也需要按照先前的方法格式化 TF 卡（如果先前已经按要求成功格式化 TF 卡，没有对 TF 卡作其他格式化处理，可跳过格式化步骤）。

本实验主要操作 GPIO 端口，故在程序中将 GPIO 端口常用的操作封装为功能函数，以便于使用，主要包含 gpio_set_cfg( )、gpio_set_pull( )、gpio_direction_output( )、gpio_set_value( )函数，其底层也是通过操作寄存器实现。

1）控制原理

硬件连接如图 10 – 1 所示。

D[11:14] 与 GPIO 端口的对应关系见表 10 – 1。

表 10 – 1　LED 指示灯引脚与 GPIO 端口的对应关系对应

LED 指示灯	GPIO 端口
D11	GPIO_A16
D12	GPIO_A1
D13	GPIOA_2
D14	GPIOA_3

当对应的 GPIO 端口为高电平时，相应的 LED 灯点亮，反之熄灭。

2）工程组织

所有的裸机 C 语言实例工程均按图 10 – 2 所示规则组织。

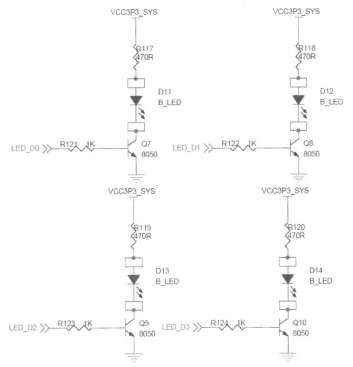

图 10 – 1　硬件连接

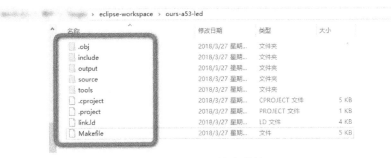

图 10 – 2　项目文件夹结构

（1）". obj"目录是在编译过程中生成的，用于存放编译生成的"＊. o"中间文件；

（2）"include"目录用于存放库以及用户头文件；

（3）"output"目录是在编译过程中生成的，用于存放编译生成的输出文件；

（4）"source"目录用于存放库程序源码及用户程序源码；

（5）"tools"目录用于存放编译过程中需要用到的文件打包工具及 NSIH、2ndboot 引导文件镜像；

（6）". cproject"文件是 Eclipse 工具生成的 C 工程配置文件；

（7）". project"文件是 Eclipse 工具生成的工程配置文件；

（8）"link. ld"文件为链接脚本；

（9）Makefile 文件为执行 make 命令时需要用到的脚本文件，其中主要包含编译和链接程序的规则说明。

工程文件结构如图 10 – 3 所示。

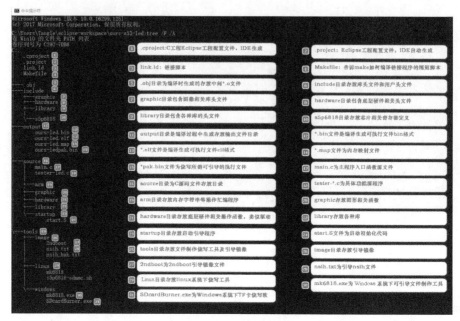

图 10 – 3　工程文件结构

3. 实验现象

将 TF 卡插到 OURS – S5P6818 实验平台下侧的 TF 卡槽中，给实验平台上电，可以看到 4 个 LED 灯开始循环显示。可以通过设置 mdelay( ) 函数的传入参数来调节流水时间间隔。

4. 实验步骤

1）导入工程

可以使用提供的工程导入，也可以自行建立，若自行建立应注意目录结构。导入工程的方法与先前类似，不再赘述，所要导入的工程位于资料包中的"ours – a53 – led"目录。

2）编译工程

工程导入完成后，用鼠标右键单击工程名，选择"Build Project"命令编译工程，编译的过程和结果会在"Console"窗口中显示，最终生成"ours – ledpak. bin"文件，这是要使用的最终文件，如图 10 – 4 所示。

图 10 – 4　编译工程

3）烧写 TF 卡

以管理员身运行工程目录下的 "tools/windows/SDcardBurner. exe" 烧写软件，选择编译生成的 "ours – ledpak. bin" 文件进行烧写，如图 10 – 5 所示。

图 10 – 5　烧写 TF 卡

烧写完成后，通过串口线连接实验平台的 Debug 串口（左上角 DB9 接口 J10），打开串口终端软件。将烧有程序的 TF 卡插到实验平台下侧的 TF 卡槽中，给实验平台上电，即可执行，同时串口将会打印引导信息如图 10 – 6 所示，正确运行后将看到 4 个 LED 灯循环显示。

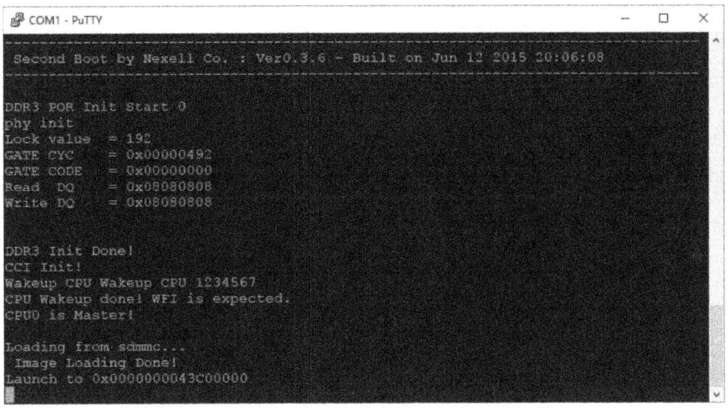

图 10 – 6　串口打印引导信息

5. 程序分析

在 main（）主函数中，do_system_initial（）函数首先会调用 led_initial（）函数初始化 LED，再通过 tester_led（）函数控制相应 LED 灯的点亮与熄灭。在整个 main（）函数中，关键在于 tester_led（）函数中的 while（1）这个死循环，每隔 300ms 设置一次 LED 灯状态，时间间隔通过延时函数 mdelay（）实现，LED 灯的状态通过变量 index 实现。

1）源码解读

LED 初始化函数如下：

```
void led_initial(void)
{
    /* LED1 */
    gpio_set_cfg(S5P6818_GPIOA(16),0);
```

```
gpio_set_pull(S5P6818_GPIOA(16), GPIO_PULL_UP);
gpio_direction_output(S5P6818_GPIOA(16), 0);
gpio_set_value(S5P6818_GPIOA(16), 0);
/* LED2 */
gpio_set_cfg(S5P6818_GPIOA(1), 0);
gpio_set_pull(S5P6818_GPIOA(1), GPIO_PULL_UP);
gpio_direction_output(S5P6818_GPIOA(1), 0);
gpio_set_value(S5P6818_GPIOA(1), 0);
/* LED3 */
gpio_set_cfg(S5P6818_GPIOA(2), 0);
gpio_set_pull(S5P6818_GPIOA(2), GPIO_PULL_UP);
gpio_direction_output(S5P6818_GPIOA(2), 0);
gpio_set_value(S5P6818_GPIOA(2), 0);
/* LED4 */
gpio_set_cfg(S5P6818_GPIOA(3), 0);
gpio_set_pull(S5P6818_GPIOA(3), GPIO_PULL_UP);
gpio_direction_output(S5P6818_GPIOA(3), 0);
gpio_set_value(S5P6818_GPIOA(3), 0);
}
```

这里针对每一个 GPIO 端口都设置了几个寄存器，以 LED1（D11）为例讲解，其他类似。gpio_set_cfg( ) 函数用于将 GPIO_A16 设置为 GPIO 功能，gpio_set_pull( ) 函数用于将 GPIO_A16 设置为上拉，gpio_direction_output( ) 函数用于将 GPIO_A16 设置为输出，且默认输出低电平为 "0"，gpio_set_value( ) 函数用于将 GPIO_A16 设置为低电平。

上述 LED 初始化函数将 4 组 GPIO 设置为输出，同时都设置为低电平，使能上拉。根据硬件电路分析，初始化之后，4 个 LED 灯都会熄灭，然后通过 LED 设置函数 led_set_status( )控制 LED 灯的点亮与熄灭，对应代码如下：

```
void led_set_status(enum led_name name, enum led_status status)
{
  switch(name)
  {
  case LED_NAME_LED1:
      if(status == LED_STATUS_ON)
         gpio_direction_output(S5P6818_GPIOA(16), 1);
      else if(status == LED_STATUS_OFF)
```

```
        gpio_direction_output(S5P6818_GPIOA(16),0);
        break;
    case LED_NAME_LED2:
        if(status ==LED_STATUS_ON)
            gpio_direction_output(S5P6818_GPIOA(1),1);
        else if(status ==LED_STATUS_OFF)
            gpio_direction_output(S5P6818_GPIOA(1),0);
        break;
    case LED_NAME_LED3:
        if(status ==LED_STATUS_ON)
            gpio_direction_output(S5P6818_GPIOA(2),1);
        else if(status ==LED_STATUS_OFF)
            gpio_direction_output(S5P6818_GPIOA(2),0);
        break;
    case LED_NAME_LED4:
        if(status ==LED_STATUS_ON)
            gpio_direction_output(S5P6818_GPIOA(3),1);
        else if(status ==LED_STATUS_OFF)
            gpio_direction_output(S5P6818_GPIOA(3),0);
        break;
    default:
        break;
    }
}
```

该函数有两个传入参数 name 和 status，name 对应第几个 IED 灯，status 表示 LED 灯的点亮与熄灭。点亮时将相应 GPIO 置高，熄灭时置低。本程序巧妙地运用了变量 index，通过它来实现 4 个 LED 灯依次点亮。详细机理读者可仔细琢磨源码中的 while(1) 死循环程序。到此，整个 main( ) 函数结束。

通过 IDE 的代码跟踪功能可以查找到 gpio_set_cfg( ) 等几个函数是调用 "s5p6818 - gpio. c" 中的 s5p6818_gpiochip_set_cfg( ) 等函数，而继续跟踪会发现最终是调用 _ _read32( )、_ _write32( ) 内联函数直接操作寄存器，与汇编程序类似。

在前面的源码路径中，列出了很多源文件，而真正执行的只有 "main. c" 一个文件，那么其他文件是否可以删掉不用？ 答案是否定的。在嵌入式平台上，并不像单片机那样简单地写一个 main( ) 函数就可以，还需要实现内存、看门狗、中断等的初始化，实现源码的自拷贝等。在使用 Eclipse 编译时，还需要相应的链接文件，Makefile 指定源码的编译和目标的生成。

2）链接脚本

链接脚本与汇编程序中的链接脚本类似，稍有区别。

```
OUTPUT_FORMAT("elf32 - littlearm", "elf32 - bigarm", "elf32 -
littlearm")
```

其一般格式为"OUTPUT_FORMAT(default, big, little)"，本例中指定输出可执行文件是 elf 格式、32 位 ARM 指令、小端格式；使用 3 个的 OUTPUT_FORMAT 命令，可以通过 - EB 和 - EL 命令选项确定输出文件的不同格式。如果两个命令选项均没有使用，则输出的目标文件使用 default 确定的格式，本例中即使用 elf32 - littlearm 格式，如果使用了 - EB 命令选项，则使用 big 对应的格式进行输出，如果使用了 - EL 选项则使用 little 确定的格式进行输出。

```
OUTPUT_ARCH(arm)
```

其用于指定一个特定的输出文件的体系结构，本例中指定输出可执行文件的平台为 ARM。

```
ENTRY(_start)
```

该命令用于设定入口点，指定用户程序执行的第一条指令，本例中指定输出可执行文件的起始代码段为_start，_start 标号在启动文件"start. s"中，在"start. s"文件的最后有如下代码段：

```
    /* Call _main */
    ldr r1, =_main
    mov pc, r1
_main:
    mov r0, #1;
    mov r1, #0;
    bl main
    b _main
```

在引导程序最后跳转到 C 语言程序的入口点 main () 函数。

```
.rodata ALIGN(8) :
{
    PROVIDE(__rodata_start = .);
    *(SORT_BY_ALIGNMENT(SORT_BY_NAME(.rodata *)))
    PROVIDE(__rodata_end = .);
} > rom
```

```
MEMORY
{
    rom(rx) : org = 0x43c00000, len = 0x02000000        /* 32 MB */
    ram(rwx): org = 0x45100000, len = 0x0a000000        /* 160 MB */
}
SECTIONS
{
    .text:
        PROVIDE(__image_start = .);
        PROVIDE(__text_start = .);
        .obj/source/startup/start.o (.text)
        *(.text *)
        *(.glue *);
        *(.init.text)
        *(.exit.text)
        PROVIDE(__text_end = .);
    } > rom
```

SECTIONS 字段的地址划分与之前汇编程序的链接脚本类似，只是写法稍有不同。在划分地址之前使用 MEMORY 内存区域命令定义了 ROM 和 RAM 存储区及其属性，将 SECTIONS 中的不同区段存储到 MEMORY 定义的存储区中。

3）Makefile 文件

Makefile 文件与先前无二，只是使用了更多的变量定义，依赖规则展开稍微复杂，编译过程基本一致。首先通过"∗.h""∗.c""∗.s"文件编译生成"∗.o"文件，再将"∗.o"文件根据链接文件规则链接成"∗.elf"文件，接着使用 objcopy 将"∗.elf"文件转换成"∗.bin"文件，最后使用 mk6818 工具将"∗.bin"文件与 NSIH、2ndboot 引导镜像组合成"∗pak.bin"文件。

10.2　C 语言程序控制蜂鸣器

1. 实验目的

掌握用 C 语言程序控制蜂鸣器的方法。

2. 实验原理

控制蜂鸣器原理图如图 10 – 7 所示。

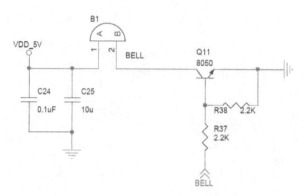

图 10 – 7 控制蜂鸣器原理图

电路通过一个 NPN 型三极管控制蜂鸣器的鸣响与停止。

蜂鸣器引脚状态见表 10 – 2。

表 10 – 2 蜂鸣器引脚状态

GPIO 状态	蜂鸣器状态
GPIOA13 = 0（低电平）	停止鸣响
GPIOA13 = 1（高电平）	鸣响

本实验工程为 ours – a53 – beep。程序主要源代码位于

```
\ours – a53 – beep\source\main.c
\ours – a53 – beep\source\tester – beep.c
```

在 main( ) 函数中，调用 beep_initial( )函数初始化控制蜂鸣器的 GPIO 端口，配置方法与上节一致，然后进入 while(1) 死循环，每隔约 1 000 ms，蜂鸣器状态改变一次，实现反复鸣叫和停止的功能。

在"hw_beep. c"文件中使用 beep_initial( )函数初始化蜂鸣器，使用 gpio_set_cfg( )函数设置引脚复用作为 GPIO，调用 gpio_set_pull( )函数设置引脚为内部上拉，调用 gpio_direction_output( ) 函数设置对应引脚为输出，调用 gpio_set_value( )函数设置输出值。

```
void beep_initial(void)
{
    gpio_set_cfg(S5P6818_GPIOA(13),0);
    gpio_set_pull(S5P6818_GPIOA(13),GPIO_PULL_UP);
    gpio_direction_output(S5P6818_GPIOA(13),0);
    gpio_set_value(S5P6818_GPIOA(13),0);
}
```

蜂鸣器控制函数如下：

```
void beep_set_status(enum beep_status status)
{
    if(status == BEEP_STATUS_ON)
    {
        gpio_direction_output(S5P6818_GPIOA(13), 1);
        gpio_set_value(S5P6818_GPIOA(13), 1);
    }
    else if(status == BEEP_STATUS_OFF)
    {
        gpio_direction_output(S5P6818_GPIOA(13), 0);
        gpio_set_value(S5P6818_GPIOA(13), 0);
    }
}
```

控制蜂鸣器鸣叫的代码如下：

```
int tester_beep(int argc, char * argv[])
{
    while(1)
    {
        beep_set_status(BEEP_STATUS_ON);
        mdelay(1000);
        beep_set_status(BEEP_STATUS_OFF);
        mdelay(1000);
    }
    return 0;
}
```

3. 实验现象

将烧有控制程序的 TF 卡插到实验平台下侧的 TF 卡槽中，上电开机，可以听到每隔约 1 000 ms 蜂鸣器会鸣响一次。

4. 实验步骤

1）导入工程

导入工程的方法与先前类似，不再赘述，所要导入的工程位于资料包中的 "ours – a53 – beep" 目录。

2）编译工程

工程导入完成后，用鼠标右键单击工程名，选择 "Build Project" 命令编译工程，编译的过程和结果会在 "Console" 窗口中显示,最终生成 "ours – beeppak. bin" 文件,这是要使用的最终文件,如图 10 – 8 所示。

图 10 – 8   编译工程

3) 烧写 TF 卡

以管理员身份运行工程目录下的 "tools/windows/SDcardBurner. exe" 烧写软件,选择编译生成的 "ours – beeppak. bin" 文件进行烧写。

烧写完成后,通过串口线连接实验平台的 Debug 串口 (左上角 DB9 接口 J10),打开串口终端软件。将烧有控制程序的 TF 卡插到实验平台下侧的 TF 卡槽中,给实验平台上电,即可执行,同时串口将会打印引导信息,正确运行时将听到蜂鸣器鸣响。

10.3   C 语言程序复位控制

1. 实验原理

本实验工程为 ours – a53 – reset。系统中具有一个 RESET 复位按键,可以通过此按键复位 CPU,普通复位均需一段时间等待时钟稳定。S5P6818 同时支持软件复位模式,其好处是可直接在程序中控制芯片复位,不需要时间来稳定时钟,因为软件复位请求处于稳定状态,与上电复位不同。

CPU 可以通过软件自行复位。要产生软件复位,在设置 PWRMODE. SWRST 位之前,必须将 PWRCONT. SWRSTENB 位设置为 "1"。先将 PWRCONT. SWRSTENB 位设置为 "1",使能软件复位,之后将 PWRMODE. SWRST 位设置为 "1",使 CPU 进入软件复位状态。

程序代码中直接操作电源控制寄存器和电源模式控制寄存器实现软件复位,通过调用 __write32() 内联函数直接对寄存器赋值,代码如下:

```
__write32(phys_to_virt(S5P6818_SYS_PWRCONT),(read32(phys_to_virt
(S5P6818_SYS_PWRCONT))&~(0x1<<3))|(0x1<<3));
__write32(phys_to_virt(S5P6818_SYS_PWRMODE),(read32(phys_to_virt
(S5P6818_SYS_PWRMODE))&~(0x1<<12))|(0x1<<12));
```

2. 实验现象

将烧有控制程序的 TF 卡插到实验平台下侧的 TF 卡槽中,上电开机,可以看到串口打印倒计时信息,倒计时完毕,系统将重启。

__write32() 内联函数的原型如下:

```
static inline void __write32(physical_addr_t addr, u32_t value)
{
    *((volatile u32_t *)(addr)) = value;
}
```

3. 实验步骤

1）导入工程

导入工程的方法与先前类似，不再赘述，所要导入的工程位于资料包中的"ours‑a53‑reset"目录。

2）编译工程

工程导入完成后，用鼠标右键单击工程名，选择"Build Project"命令编译工程，编译的过程和结果会在"Console"窗口中显示，最终生成"ours‑resetpak. bin"文件，这是要使用的最终文件。

3）烧写 TF 卡

以管理员身份运行工程目录下的"tools/windows/SDcardBurner. exe"烧写软件，选择编译生成的"ours‑resetpak. bin"文件进行烧写。

烧写完成后，通过串口线连接实验平台的 Debug 串口（左上角 DB9 接口 J10），打开串口终端软件。将烧有控制程序的 TF 卡插到实验平台下侧的 TF 卡槽中，给实验平台上电，即可执行，同时串口将会打印倒计时信息，倒计时完毕后系统自动重启，如图 10‑9 所示。

图 10 ‑9　串口打印倒计时信息

10. 4　C 语言程序按键控制 LED 灯

1. 实验原理

本实验工程为 ours‑a53‑key‑with‑led。按键及 LED 灯的驱动控制原理在前面的章节已说明，不再赘述。按键及 LED 灯引脚工作状态见表 10 – 3。

表 10 – 3 按键及 LED 灯引脚工作状态

GPIO 端口	GPIO 状态	工作状态
GPIOB30	GPIOB30 输入 "0"（低电平）	按键按下
	GPIOB30 输入 "1"（高电平）	按键释放
GPIOB31	GPIOB31 输入 "0"（低电平）	按键按下
	GPIOB31 输入 "1"（高电平）	按键释放
GPIOA16	GPIOA16 = 0（低电平）	D11 灯熄灭
	GPIOA16 = 1（高电平）	D11 灯点亮
GPIOA1	GPIOA1 = 0（低电平）	D12 灯熄灭
	GPIOA1 = 1（高电平）	D12 灯点亮
GPIOA2	GPIOA2 = 0（低电平）	D13 灯熄灭
	GPIOA2 = 1（高电平）	D13 灯点亮
GPIOA3	GPIOA3 = 0（低电平）	D14 灯熄灭
	GPIOA3 = 1（高电平）	D14 灯点亮

主要的控制逻辑见如下代码：

```
ours – a53 – key – with – led\source\main.c
ours – a53 – key – with – led\source\tester – key – with – led.c
```

由于需要通过按键控制 LED 灯，所以要将 LED 灯和按键的 GPIO 端口都初始化。这里保留了上一章控制 LED 灯的程序，因此，在 main（）函数中通过 led_init（）、key_init（）函数初始化对应的 I/O 端口。

按键的初始化函数如下：

```
void key_initial(void){
    /* VOL_UP */
    gpio_set_cfg(S5P6818_GPIOB(30),1);
    gpio_set_pull(S5P6818_GPIOB(30),GPIO_PULL_UP);
    gpio_direction_input(S5P6818_GPIOB(30));
    /* VOL_DOWN */
    gpio_set_cfg(S5P6818_GPIOB(31),1);
    gpio_set_pull(S5P6818_GPIOB(31),GPIO_PULL_UP);
    gpio_direction_input(S5P6818_GPIOB(31));
}
```

获取按键事件的函数如下：

```
bool_t get_key_event(u32_t * keyup, u32_t * keydown)
{
    static u32_t key_old = 0x0;
    u32_t key;
    if(!get_key_status(&key))
        return FALSE;
    if(key != key_old)
    {
        * keyup = (key ^ key_old) & key_old;
        * keydown = (key ^ key_old) & key;
        key_old = key;
        return TRUE;
    }
    return FALSE;
}
```

获取按键状态的函数如下：

```
bool_t get_key_status(u32_t * key)
{
    static u32_t a = 0, b = 0, c = 0;
    a = __get_key_status();
    b = __get_key_status();
    c = __get_key_status();
    if((a == b) && (a == c))
    {
        * key = a;
        return TRUE;
    }
    return FALSE;
}
static u32_t __get_key_status(void)
{
    u32_t key = 0;
    if(gpio_get_value(S5P6818_GPIOB(30)) == 0)
        key |= KEY_NAME_VOL_UP;
    if(gpio_get_value(S5P6818_GPIOB(31)) == 0)
```

```
            key | = KEY_NAME_VOL_DOWN;
    return key;
}
```

然后在测试程序中函数进入 while（1）死循环，不断地轮询判断"VOL +""VOL -"两个按键。默认情况下两个按键没有按下，两个 LED 灯控制引脚均为低电平。一旦有按键按下，点亮相应 LED 灯，从而达到按键控制 LED 灯的目的。

2. 实验现象

将烧有控制程序的 TF 卡插到实验平台下侧的 TF 卡槽中，上电开机，默认情况下，4个 LED 灯都为熄灭的状态。按下"VOL +"按键，对应的 LED0、LED1 灯点亮，按下"VOL -"按键，LED2、LED3 灯点亮，松开按键即熄灭。

3. 实验步骤

1）导入编译工程

通过 Eclipse 导入"ours - a53 - key - with - led"工程。工程导入完成后，用鼠标右键单击工程名，选择"Build Project"命令编译工程，编译的过程和结果会在"Console"窗口中显示，最终生成"ours - a53 - key - with - ledpak. bin"文件，这是要使用的镜像文件。

2）烧写 TF 卡

以管理员身份运行工程目录下的"tools/windows/SDcardBurner. exe"烧写软件，选择编译生成的"ours - a53 - key - with - ledpak. binn"文件进行烧写。

烧写完成后，通过串口线连接实验平台的 Debug 串口（左上角 DB9 接口 J10），打开串口终端软件。将烧有控制程序的 TF 卡插到实验平台下侧的 TF 卡槽中，给实验平台上电，即可执行，按下按键观察现象。

10.5 C 语言程序按键控制 LED 灯和蜂鸣器

1. 实验原理

本实验工程为 ours - a53 - key - with - led - beep。这里只是在控制 LED 灯的同时控制蜂鸣器，原理大同小异。

按键、LED 灯及蜂鸣器引脚工作状态见表 10 - 4。

表 10 - 4　按键、LED 灯及蜂鸣器引脚工作状态

GPIO 端口	GPIO 状态	工作状态
GPIOB30	GPIOB30 输入"0"（低电平）	按键按下
	GPIOB30 输入"1"（高电平）	按键释放
GPIOB31	GPIOB31 输入"0"（低电平）	按键按下
	GPIOB31 输入"1"（高电平）	按键释放

GPIO 端口	GPIO 状态	工作状态
GPIOA16	GPIOA16 = 0（低电平）	D11 灯熄灭
	GPIOA16 = 1（高电平）	D11 灯点亮
GPIOA1	GPIOA1 = 0（低电平）	D12 灯熄灭
	GPIOA1 = 1（高电平）	D12 灯点亮
GPIOA2	GPIOA2 = 0（低电平）	D13 灯熄灭
	GPIOA2 = 1（高电平）	D13 灯点亮
GPIOA3	GPIOA3 = 0（低电平）	D14 灯熄灭
	GPIOA3 = 1（高电平）	D14 灯点亮
GPIOA13	GPIOA13 = 0（低电平）	停止鸣响
	GPIOA13 = 1（高电平）	鸣响

主要的控制逻辑见如下代码：

```
ours-a53-key-with-led-beep\source\main.c
ours-a53-key-with-led-beep\source\tester-key-with-led-beep.c
```

分别调用 led_initial( )、beep_initial( )、key_initial( ) 函数初始化 LED 灯、蜂鸣器和按键，通过 get_key_event( ) 函数轮询按键状态，进而控制 LED 灯和蜂鸣器。

2. 实验现象

将烧有控制程序的 TF 卡插到实验平台下侧的 TF 卡槽中，上电开机，默认情况下，4 个 LED 都为熄灭状态。按下"VOL +"按键，对应的 LED0、LED1 灯点亮，蜂鸣器鸣响；按下"VOL –"按键，LED2、LED3 灯点亮，蜂鸣器鸣响，松开即熄灭。

3. 实验步骤

1）导入工程

通过 Eclipse 导入"ours-a53-key-with-led-beep"工程。工程导入完成后，用鼠标右键单击工程名，选择"Build Project"命令编译工程，编译的过程和结果会在"Console"窗口中显示，最终生成"ours-a53-key-with-led-beeppak.bin"文件，这是要使用的镜像文件。

2）烧写 TF 卡

以管理员身份运行工程目录下的"tools/windows/SDcardBurner.exe"烧写软件，选择编译生成的"ours-a53-key-with-led-beeppak.bin"文件进行烧写。

烧写完成后，通过串口线连接实验平台的 Debug 串口（左上角 DB9 接口 J10），打开串口终端软件。将烧有控制程序的 TF 卡插到实验平台下侧的 TF 卡槽中，给实验平台上电，即可执行，按下按键观察现象。

10. 6 C 语言程序 LED 灯模拟心脏跳动

1. 实验原理

本实验工程为 ours – a53 – timer – led – heartbeat。这里只是在控制 LED 灯的同时控制蜂鸣器，原理大同小异。

心跳灯引脚工作状态见表 10 – 5。

表 10 – 5   心跳灯引脚工作状态

GPIO 端口	GPIO 状态	状态
GPIOA16	GPIOA16 = 0（低电平）	D11 灯熄灭
	GPIOA16 = 1（高电平）	D11 灯点亮

主要的控制逻辑见如下代码：

```
ours – a53 – timer – led – heartbeat \source \main.c
ours – a53 – timer – led – heartbeat \ source \ tester – timer – led –
heartbeat.c
ours – a53 – timer – led – heartbeat \source \hardware \ s5p4418 – tick.c
```

在主函数 main( ) 中，首先调用 do_system_initial( ) 函数初始化一系列硬件相关寄存器，调用 s5p6818_tick_initial(void) 函数初始化定时器，代码如下：

```
void s5p6818_tick_initial(void)
{
    u64_t rate;
    s5p6818_timer_reset();
    request_irq("TIMER0", timer_interrupt, IRQ_TYPE_NONE, NULL);
    /* 40ns ~ 25MHZ */
    rate = s5p6818_timer_calc_tin(TICK_TIMER_CHANNEL, 40);
    s5p6818_timer_stop(TICK_TIMER_CHANNEL, 1);
    s5p6818_timer_count(TICK_TIMER_CHANNEL, rate/100);
    s5p6818_timer_start(TICK_TIMER_CHANNEL, 1);
    /* initial system tick */
    tick_hz = 100;
    jiffies = 0;
}
```

然后通过 tester_timer_led_heartbeat( ) 函数进入死循环。值得注意的是，在 tester_timer_led_heartbeat( ) 函数中，没有做任何事情，直接进入死循环。那么真正的程序在哪里执行呢？

事实上，这里利用了定时器功能。在 "s5p6818 – tick. c" 中，s5p6818_tick_initial( ) 函数申请了一个定时器中断，中断服务线程为 timer_interrupt，在 timer_interrupt( ) 函数中调用 led_heartbeat_task( ) 函数，进而控制 LED 灯。在定时器中断服务函数中先调用 led_heartbeat_task( ) 函数修改定时器时间，然后清除中断标志。

定时器中断服务函数如下：

```
static void timer_interrupt(void * data)
{
    jiffies ++;
    led_heartbeat_task();
    s5p6818_timer_irq_clear(TICK_TIMER_CHANNEL);
}
```

心跳灯程序主要是设置定时器的计数值，从而改变控制 LED 灯点亮/熄灭的时间，代码如下：

```
void led_heartbeat_task(void) {
    static u32_t phase = 0;
    static u32_t period = 0;
    static u32_t delay = 0;
    static u32_t jiffies_old = 0;
    enum led_status status;
    u32_t timeout;
    timeout = jiffies_old + delay;
    if(time_before(jiffies, timeout))return;
    switch(phase){
    ......
    }
    led_set_status(LED_NAME_LED1, status);
    jiffies_old = jiffies;
}
```

2. 实验现象

将烧写了镜像的 TF 卡插到实验平台下侧的 TF 卡槽中，上电开机，可以看到第一盏灯就像心脏一样不断跳动。读者可以自行分析其机理。

3. 实验步骤

1）导入并编译工程

通过 Eclipse 导入"ours – a53 – timer – led – heartbeat"工程。工程导入完成后，用鼠标右键单击工程名，选择"Build Project"命令编译工程，编译的过程和结果会在"Console"窗口中显示，最终生成"ours – a53 – timer – led – heartbeatpak. bin"文件，这是要使用的镜像文件。

2）烧写 TF 卡

以管理员身份运行工程目录下的"tools/windows/SDcardBurner. exe"烧写软件，选择编译生成的"ours – a53 – timer – led – heartbeatpak. binn"文件进行烧写。

烧写完成后，通过串口线连接实验平台的 Debug 串口（左上角 DB9 接口 J10），打开串口终端软件。将烧有控制程序的 TF 卡插到实验平台下侧的 TF 卡槽中，给实验平台上电，即可执行，观察第一个 LED 灯的闪烁情况。

10.7 C 语言程序按键中断

1. 实验原理

本实验工程为"ours – a53 – key – interrupt"。这里只是通过中断的方式采集按键状态控制 LED 灯和蜂鸣器，LED 灯与蜂鸣器的控制原理不变。采用中断方式的好处是避免了 CPU 轮询，节省了 CPU 的资源开销。一般实际应用中均采用中断方式处理。

主要的控制逻辑见如下代码：

```
ours – a53 – key – interrupt \source\main.c
ours – a53 – key – interrupt \source\tester – key – interrupt.c
```

在主函数 main() 中，通过 do_system_initial() 函数初始化硬件相关寄存器，通过 s5p6818_irq_init() 函数初始化中断。在 tester_key_interrupt() 函数中，首先初始化对应按键的 GPIO 端口，再调用 request_irq() 函数注册中断服务函数，当按下对应按钮时，中断服务函数 gpio * _interrupt_func() 被触发，执行相应控制，同时会在串口上打印相关信息。

申请中断服务函数，下降沿触发中断，即按下按键时触发（注意触发类型设置）。代码如下：

```
request_irq("GPIOB30", gpiob30 _interrupt _func, IRQ _TYPE _EDGE _
FALLING, 0);
request_irq("GPIOB31", gpiob31 _interrupt _func, IRQ _TYPE _EDGE _
FALLING, 0);
```

　　为两个按键申请不同的中断服务函数，在中断服务函数中控制 LED 灯及蜂鸣器，代码如下：

```
static void gpiob30_interrupt_func(void * data){
     serial_printf(0, "\r\n GPIOB30 interrupt \r\n");
     if(gpio_get_value(S5P6818_GPIOB(30)) ==0){
          led_set_status(LED_NAME_LED1, LED_STATUS_ON);
          ……
     }
     else{
          led_set_status(LED_NAME_LED1,LED_STATUS_OFF);
          ……
     }
}
static void gpiob31_interrupt_func(void * data){
     serial_printf(0, "\r\n GPIOB31 interrupt \r\n");
     if(gpio_get_value(S5P6818_GPIOB(31)) ==0)
     { beep_set_status(BEEP_STATUS_ON); }
     else
     { beep_set_status(BEEP_STATUS_OFF);        }
}
```

2. 实验现象

　　将烧写了镜像的 TF 卡插到实验平台下侧的 TF 卡槽中，上电开机，串口会打印提示信息，当按下"VOL +"按键时触发中断，4 个 LED 灯被点亮，按下"VOL –"按键时蜂鸣器被打开。

3. 实验步骤

　　1）导入并编译工程

　　通过 Eclipse 导入"ours – a53 – key – interrupt"工程。工程导入完成后，用鼠标右键单击工程名，选择"Build Project"命令编译工程，编译的过程和结果会在"Console"窗口中显示，最终生成"ours – a53 – key – interruptpak. bin"文件，这是要使用的镜像文件。

　　2）烧写 TF 卡

　　以管理员身份运行工程目录下的"tools/windows/SDcardBurner. exe"烧写软件，选择编译生成的"ours – a53 – key – interruptpak. bin"文件进行烧写。

　　烧写完成后，通过串口线连接实验平台的 Debug 串口（左上角 DB9 接口 J10），打开串口终端软件。将烧有控制程序的 TF 卡插到实验平台下侧的 TF 卡槽中，给实验平台上电，串口会输出打印信息，如图 10 – 10 所示，可按下按键观察现象。

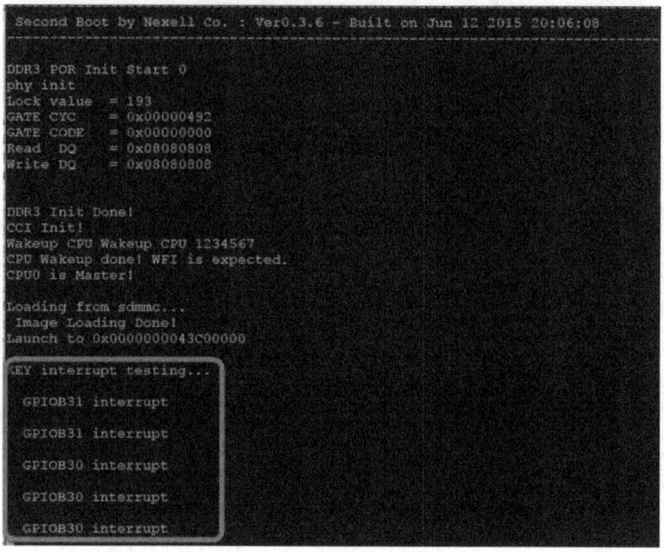

图 10 - 10 中断信息提示

10.8 C 语言程序串口 Shell

1. 实验原理

本实验工程为"ours – a53 – serial – shell"。本实验通过初始化串口，实现串口通信，并完成简单的 Shell 交互。串口初始化在汇编章节中已经说明，更详细的说明请参考数据手册。主要的控制逻辑见如下代码：

```
ours – a53 – serial – shell \source\main.c
ours – a53 – serial – shell \source\tester – serial – shell.c
```

在主函数 main() 中通过 do_system_initial() 函数初始化相关寄存器，调用 s5p6818_serial_initial() 函数初始化串口，然后在主函数中调用 tester_serial_shell() 函数测试串口 Shell 指令。本实验只是作了非常简单的命令交互以展示此功能。代码如下：

```c
static void s5p6818_serial_init(int ch)
{
    switch(ch)
    {
    case 0:
        s5p6818_ip_reset(RESET_ID_UART0, 0);
        clk_enable("GATE – UART0");
        gpio_set_cfg(S5P6818_GPIOD(18), 0x1);
        gpio_set_cfg(S5P6818_GPIOD(14), 0x1);
```

```
        gpio_set_direction(S5P6818_GPIOD(18), GPIO_DIRECTION_
OUTPUT);
        gpio_set_direction(S5P6818_GPIOD(14), GPIO_DIRECTION_
INPUT);
      break;
  ……
      return;
  }
  s5p6818_serial_setup(ch, B115200, DATA_BITS_8, PARITY_NONE, STOP
_BITS_1);
}
```

本实验默认使用串口 0，当然也可以使用其他串口。初始化串口函数中首先配置相应引脚，配置引脚复用作为 UART，然后配置串口通信参数（波特率、数据位、停止位等），具体的配置函数如下：

```
  bool_t s5p6818_serial_setup(int ch, enum baud_rate_t baud, enum
data_bits_t data, enum parity_bits_t parity, enum stop_bits_t stop)
  {
    u32_t base = S5P6818_UART0_BASE;
    const u32_t udivslot_code[16] = {0x0000, 0x0080,
0x0808, 0x0888,
              0x2222, 0x4924, 0x4a52, 0x54aa,
              0x5555, 0xd555, 0xd5d5, 0xddd5,
              0xdddd, 0xdfdd, 0xdfdf, 0xffdf};
    u32_t ibaud, baud_div_reg, baud_divslot_reg;
    u8_t data_bit_reg, parity_reg, stop_bit_reg;
    u64_t rate;
    switch(ch)
    {
    ……
    }
    ……
  baud_div_reg = (u32_t)((rate /(ibaud * 16))) - 1;
```

```
    baud_divslot_reg = udivslot_code[((u32_t)((rate %(ibaud * 16))/
ibaud))&0xf];
        write32(base + UART_UBRDIV, baud_div_reg);
        write32(base + UART_UFRACVAL, baud_divslot_reg);
        write32(base + UART_ULCON, (data_bit_reg <<0 |stop_bit_reg <<2
|parity_reg <<3));
        return TRUE;
    }
```

本实验通过判断输入的命令（读取串口），打印不同的显示信息（写串口），读取和写入串口，最终均为操作寄存器。

将数据写入串口发送缓冲区的详细函数如下：

```
ssize_t s5p6818_serial_write(int ch, u8_t * buf, size_t count)
{
    u32_t base = S5P6818_UART0_BASE;
    ssize_t i;
    switch(ch)
    {
    ......
    }
    for(i =0; i < count; i ++)
    {
        while(!(read32(phys_to_virt(base + UART_UTRSTAT))&UART_
UTRSTAT_TXFE));
        write8(phys_to_virt(base + UART_UTXH),buf[i]);
    }
    return i;
}
```

从串口接收缓冲区读取数据的详细函数如下：

```
static bool_t console_getcode(struct rl_buf * rl, u32_t * code)
{
    s8_t c;
    s32_t i;
    u32_t cp;
```

```
        s8_t * rest;
        if(s5p6818_serial_read(rl->ch,(u8_t *)&c,1)!=1)
                return FALSE;
        ......
        return FALSE;
}
ssize_t s5p6818_serial_read(int ch, u8_t * buf, size_t count)
{
        u32_t base = S5P6818_UART0_BASE;
        ssize_t i;
        switch(ch)
        {
        ......
        }
}
```

2. 实验现象

将烧写了镜像的 TF 卡插到实验平台下侧的 TF 卡槽中，上电开机，串口会打印提示信息，输入 Shell 测试命令查看返回信息，命令有 help、clear、hello3 个。

3. 实验步骤

1）导入并编译工程

通过 Eclipse 导入 "ours – a53 – serial – shell" 工程。工程导入完成后，用鼠标右键单击工程名，选择 "Build Project" 命令编译工程，编译的过程和结果会在 "Console" 窗口中显示，最终生成 "ours – a53 – serial – shellpak. bin" 文件，这是要使用的镜像文件。

2）烧写 TF 卡

以管理员身份运行工程目录下的 "tools/windows/SDcardBurner. exe" 烧写软件，选择编译生成的 "ours – a53 – serial – shellpak. bin" 文件进行烧写。

烧写完成后，通过串口线连接实验平台的 Debug 串口（左上角 DB9 接口 J10），打开串口终端软件。将烧有控制程序的 TF 卡插到实验平台下侧的 TF 卡槽中，给实验平台上电，串口会输出打印信息，依次输入 "help" "hello" 测试，最后输入 "clear" 清除回显，如图 10 – 11、图 10 – 12 所示。

图 10-11　串口 Shell 测试界面（1）　　**图 10-12　串口 Shell 测试界面（2）**

10.9　C 语言程序串口输入

1. 实验原理

本实验工程为"ours-a53-serial-echo"。主要的控制逻辑见如下代码：

```
ours-a53-serial-echo\source\main.c
ours-a53-serial-echo\source\tester-serial-echo.c
```

本实验与上个实验类似，在主函数 main（）中，通过 do_system_initial（）函数调用 s5p6818_serial_initial（）函数初始化串口，再调用 tester_serial_echo（）函数实现串口监控。通过 s5p6818_serial_read（）函数获取按下的按键字符，调用 s5p6818_serial_write（）函数将字符回显到串口终端。

2. 实验现象

将烧写了镜像的 TF 卡插到实验平台下侧的 TF 卡槽中，上电开机，串口会有打印信息提示。这时按下 PC 上的按键，实验平台能监测到对应按键并回显。

3. 实验步骤

1）导入并编译工程

通过 Eclipse 导入"ours-a53-serial-echo"工程。工程导入完成后，用鼠标右标单击工程名，选择"Build Project"命令编译工程，编译的过程和结果会在"Console"窗口中显示，最终生成"ours-a53-serial-echopak.bin"文件，这是要使用的镜像文件。

2）烧写 TF 卡

以管理员身份运行工程目录下的"tools/windows/SDcardBurner.exe"烧写软件，选择编译生成的"ours-a53-serial-echopak.bin"文件进行烧写。

烧写完成后，通过串口线连接实验平台的 Debug 串口（左上角 DB9 接口 J10），打开串口终端软件。将烧有控制程序的 TF 卡插到实验平台下侧的 TF 卡槽中，给实验平台上电，串口会输出打印信息，按下 PC 上的按键，实验平台能监测到对应按键并回显，如图 10 – 13 所示。

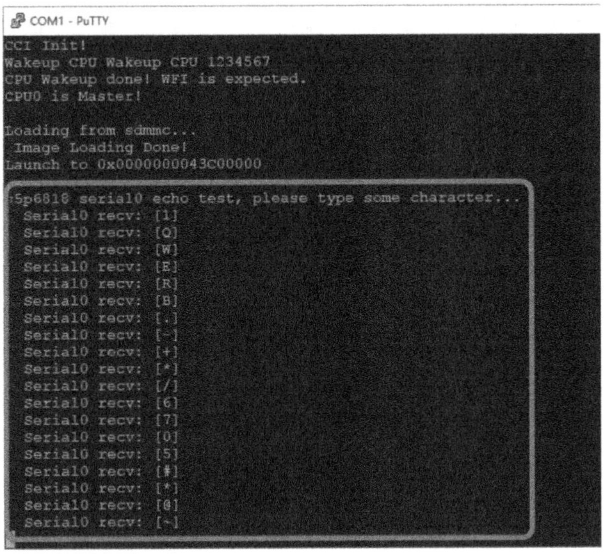

图 10 – 13　串口输入测试图

10.10　C 语言程序移植 printf( ) 函数

1. 实验原理

本实验工程为"ours – a53 – serial – stdio"。此程序模拟了 C 库函数中的 printf( ) 函数，主要的控制逻辑见如下代码：

```
ours – a53 – serial – stdio\source\main.c
ours – a53 – serial – stdio\source\tester – serial – stdio.c
```

在主函数 main( ) 中，通过 do_system_initial( ) 函数调用 s5p6818_serial_initial( ) 函数初始化 4 路串口，通过 tester_serial_stdio( ) 函数测试串口 0。如果需要测试其他串口，只需在 tester_serial_stdio( ) 函数中将 s5p6818_serial_write_string( ) 和 serial_printf( ) 函数的第一个传入参数改为想要测试的串口即可。

通过实现 serial_printf( ) 函数模拟 C 库函数中的 printf( ) 函数，其底层同样是调用 s5p6818_serial_write( ) 函数直接将数据写入 UART_UTXH 寄存器，实现串口输出。

2. 实验现象

将烧写了镜像的 TF 卡插到实验平台下侧的 TF 卡槽中，上电开机，串口会不断打印信息。

3. 实验步骤

1）导入并编译工程

通过 Eclipse 导入"ours – a53 – serial – stdio"工程。工程导入完成后，用鼠标右键单击工程名，选择"Build Project"命令编译工程，编译的过程和结果会在"Console"窗口中显示，最终生成"ours – a53 – serial – stdiopak. bin"文件，这是要使用的镜像文件。

2）烧写 TF 卡

以管理员身份运行工程目录下的"tools/windows/SDcardBurner. exe"烧写软件，选择编译生成的"ours – a53 – serial – stdiopak. bin"文件进行烧写。

烧写完成后，通过串口线连接实验平台的 Debug 串口（左上角 DB9 接口 J10），打开串口终端软件。将烧有控制程序的 TF 卡插到实验平台下侧的 TF 卡槽中，给实验平台上电，串口会不断输出打印信息。

参 考 文 献

［1］侯殿有. 基于 ARM9 微处理器 C 语言程序设计（第 5 版）［M］. 北京：清华大学出版社，2015.

［2］张石. ARM Cortex - A9 嵌入式技术教程［M］. 北京：机械工业出版社，2018.

［3］刘洪涛，秦山虎. ARM 嵌入式体系结构与接口技术（Cortex - A9 版）［M］. 北京：人民邮电出版社，2017.

［4］冯新宇. ARM Cortex - M3 体系结构与编程［M］. 北京：清华大学出版社，2016.

［5］杨源鑫，侯继红，陈锦勇，刘凯强. 嵌入式 C 语言技术实战开发［M］. 北京：北京航空航天大学出版社，2018.

［6］北京瀚恒星火科技有限公司. 嵌入式教学试验系统——ARM 体系结构用户指南［EB］.

［7］文全刚，郝志刚. 汇编语言程序设计——基于 ARM 体系结构（第 3 版）［M］. 北京：北京航空航天大学出版社，2016.

［8］杜春雷. ARM 体系结构与编程［M］. 北京：清华大学出版社，2003.

［9］韩旭，王娣. C 语言从入门到精通［M］. 北京：清华大学出版社，2010.

［10］张石. ARM 嵌入式系统教程［M］. 北京：机械工业出版社，2008.

［11］凌明. 嵌入式系统高级 C 语言编程［M］. 北京航空航天大学出版社，2011.

［12］［美］马克·西格斯蒙德. 嵌入式 C 编程：PIC 单片机和 C 编程技术与应用［M］. 机械工业出版社，2017.

［13］［瑞典］Lars Bengtsson（本特松），Lennart Lindh（林德）. 嵌入式 C 编程实战［M］. 北京：人民邮电出版社，2016.

［14］李令伟. 嵌入式 C 语言实战教程［M］. 北京：电子工业出版社，2014.